应用型本科系列规划教材

建筑工程制图

主　编　刘晓宁

副主编　李瑞娟　张奕飞

西北工业大学出版社

西　安

【内容简介】 本书是为了满足应用型本科院校新的教学大纲要求，并针对相关专业特点编写而成的。主要内容包括投影的基本知识，点、直线和平面的投影，基本形体的投影，轴测投影，房屋建筑的图样画法，组合体投影，制图的基本规定与基本技能，建筑施工图，结构施工图，建筑给水排水施工图，采暖通风施工图，建筑电气施工图等。全书总结了同类院校建筑制图课程的教学改革成果，参考了大量资料，结合编者多年的教学经验，在编写上力求理论联系工程实际，密切结合专业需求，以加强对学生能力的培养和作图技能的训练，使学生掌握各专业施工图的阅读与绘制方法。

本书可用作普通高等院校建筑工程类及相关专业（如建筑工程管理、给水排水科学与工程、建筑环境与能源应用工程、能源与动力工程等）的规划教材，也可用作相关技术人员的培训教材和学习参考资料。

图书在版编目(CIP)数据

建筑工程制图 / 刘晓宁主编 . — 西安 ：西北工业大学出版社，2020.12

ISBN 978-7-5612-7357-9

Ⅰ.①建… Ⅱ.①刘… Ⅲ.①建筑制图-高等学校-教材 Ⅳ.①TU204

中国版本图书馆 CIP 数据核字(2020)第 237778 号

JIANZHU GONGCHENG ZHITU

建 筑 工 程 制 图

刘晓宁 主编

责任编辑：张 潼 曹 江　　**策划编辑**：蒋民昌

责任校对：王梦妮　　**装帧设计**：李 飞

出版发行：西北工业大学出版社

通信地址：西安市友谊西路 127 号　　邮编：710072

电　　话：(029)88491757，88493844

网　　址：www.nwpup.com

印 刷 者：陕西天意印务有限责任公司

开　　本：787 mm×1 092 mm　　1/16

印　　张：12.625

字　　数：331 千字

版　　次：2020 年 12 月第 1 版　　2020 年 12 月第 1 次印刷

书　　号：ISBN 978-7-5612-7357-9

定　　价：45.00 元

前　言

为进一步提高应用型本科高等教育教师教学的水平，推动应用型人才培养工作的开展，提升学生的实践能力和创新能力，提高应用型本科教材的建设和管理水平，西安航空学院与国内众多高校、科研院所、企业进行深入探讨和研究，编写了“应用型本科系列规划教材”用书，包括本书在内，共计30种。本系列教材的出版，将对基于生产实际并符合市场的人才培养工作起到积极的促进作用。

建筑业是国民经济的主导产业之一，随着国民经济的飞速发展，建筑业对建筑工程从业人员提出了更高的要求。“建筑工程制图”是建筑行业从业人员必须掌握的一项基本技能，本书结合了建筑工程制图和现代施工图的特点，依据最新的建筑制图标准，根据建筑工程制图课程的学习内容和课时数进行编写，以满足新的教学大纲要求。

本书作为应用型本科院校建筑工程类专业用的制图教材，依据最新的国家标准进行编写，不同专业的师生在使用本书时，可根据需要查阅相关标准。全书共分为12章，主要内容有画法几何部分和工程制图（包括建筑施工图、结构施工图、建筑给排水施工图、采暖通风施工图、建筑电气施工图）部分。画法几何部分是各建筑专业学生需掌握的基础内容，工程制图部分可供不同专业的学生选用。

本书由西安航空学院刘晓宁担任主编，李瑞娟、张奕飞担任副主编。具体编写分工：第1、8章由西安航空学院的李瑞娟编写，第2、9章由西安航空学院的张奕飞编写，第5、6章由西安工程大学的邱荣华编写，第3、4、7、10章由西安航空学院的刘晓宁编写，第11章由陕西建工安装集团有限公司的谭克林编写，第12章由西安航空学院的张倩编写。

本书由中联西北工程设计研究院张浩总工进行图纸与教材的内容校核，在此表示感谢！

在本书编写过程中，得到了陕西建工安装集团有限公司的大力支持，该公司提供了相关的施工图纸，在此表示感谢！

由于水平有限，书中难免存在不足之处，希望广大师生和读者批评指正。

编　者

2020年8月

目　录

第 1 章　投影的基本知识

1.1　投影的方法及其分类

用平面图形表示空间形体，是画法几何学研究的主要问题之一。

在画法几何学中，用投影的方法就能获得准确反映空间形体形状的平面图形。

设在空间有一个定平面 P，A 是形体上的一点，则过 A 点的直线 l 与 P 平面交于点 a，我们就把 P 称为投影面，l 称为投射线，a 称为 A 点以某种投影方式在 P 平面上的投影，如图 1－1所示。

"投影方式"可以分为以下两种。

1.1.1　中心投影

过 A 点的投射线必须通过空间一定点 S，S 称为投影中心，这种投影方式称为中心投影法，用中心投影法得到的投影称为中心投影。

空间线 $ABCDE$ 在 P 平面上的中心投影 $abcde$ 即为以投影中心 S 为顶点，连接线上各点而形成的投射锥面与投影面 P 的交线，如图 1－2 所示。

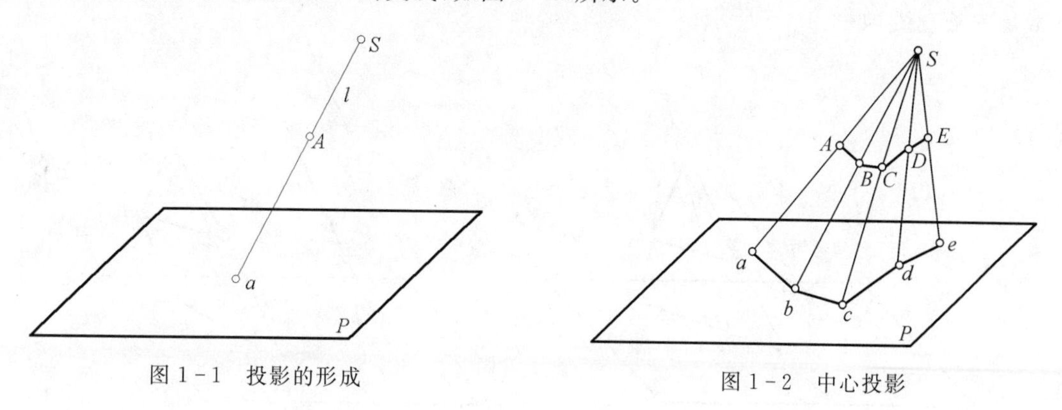

图 1－1　投影的形成

图 1－2　中心投影

1.1.2　平行投影

设想将图 1－2 中的点 S 移向无穷远处，则所有的投射线 SA，SB……将趋于平行，如图 1－3所示，这种投影方式称为平行投影法，用平行投影法得到的投影称为平行投影。

在平行投影中，投射线的方向与投影面成直角时，称此投影方式为正投影(法)；成斜角时，称此投影方式为斜投影(法)，如图 1-4 所示。

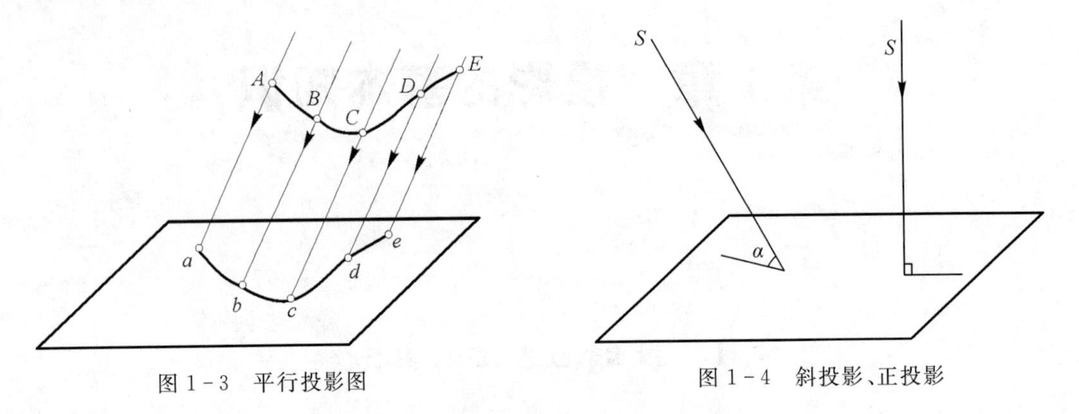

图 1-3　平行投影图　　　图 1-4　斜投影、正投影

综上所述，投影(法)的分类如下：

- 投影(法)
  - 中心投影(法)
  - 平行投影(法)
    - 正投影(法)
    - 斜投影(法)

1.2　投影的性质

1.2.1　投影的一般性质

中心投影和平行投影的共同性质有积聚性和从属性。

1. 积聚性

积聚性指当直线沿投射线方向投射时，其投影是一个点；当平面沿投射线方向投射时，其投影是一条直线，如图 1-5 所示。

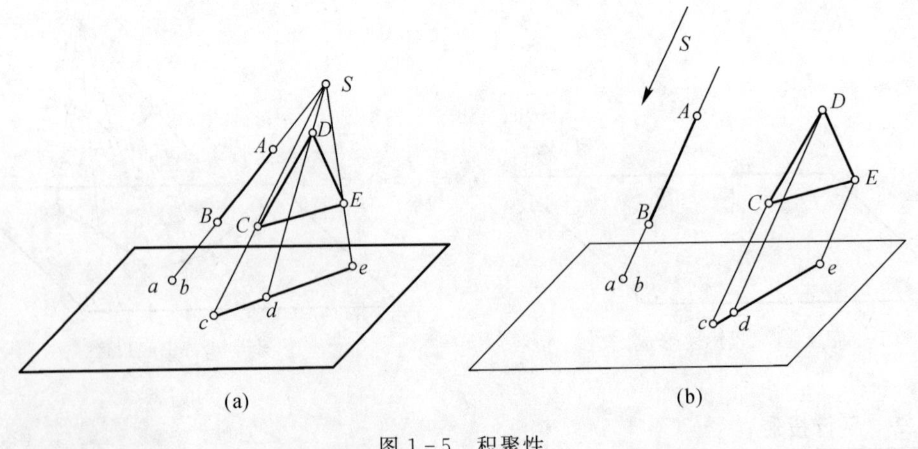

图 1-5　积聚性

2. 从属性

从属性指线(直线或曲线)上的点的投影在该线的投影上，如图 1-6 所示的点 C。

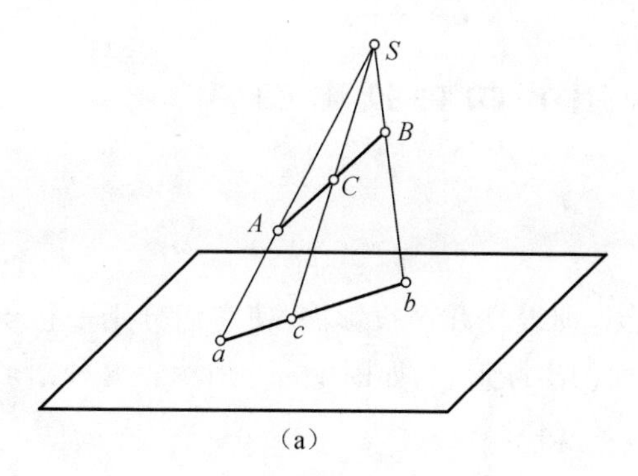

(a)

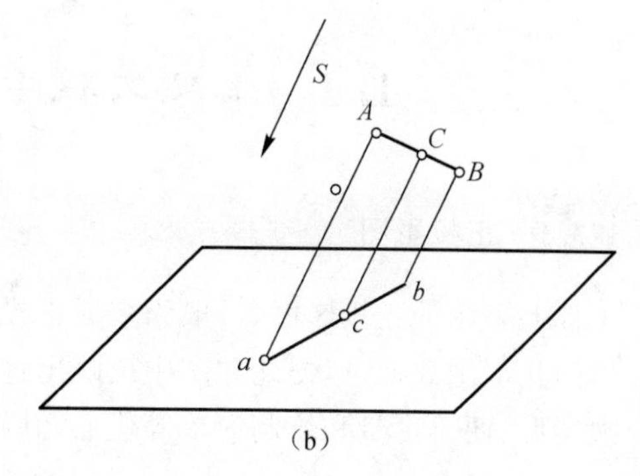

(b)

图1-6　从属性

1.2.2　平行投影的特殊性质

1. 平行性

平行直线的投影相互平行，如图1-7所示，因为 $AB//CD$，则过 AB、CD 的投射面 $ABba//CDdc$，它们与投影面的交线也一定平行，即 $ab//cd$。

2. 定比性

1)直线上两线段长度之比等于其投影长度之比，如图1-6(b)所示，即 $AC:CB=ac:cb$

2)两平行线段长度之比等于其投影长度之比，如图1-7所示，即 $AB:CD=ab:cd$。

3. 显实性

平行于投影面的任何线(曲线或折线)或图形，其投影会反映线或图形的实形，如图1-8所示。

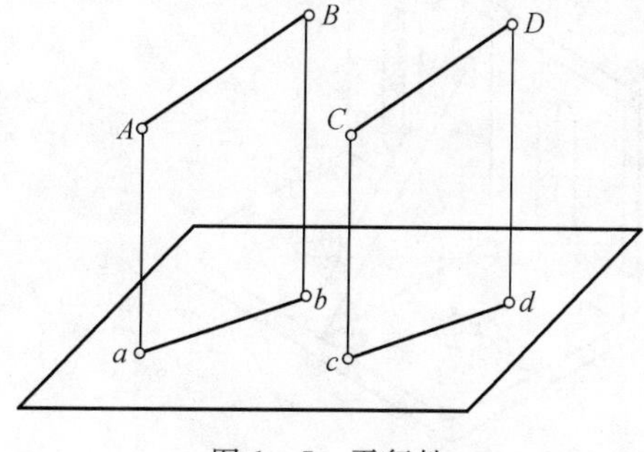

图1-7　平行性

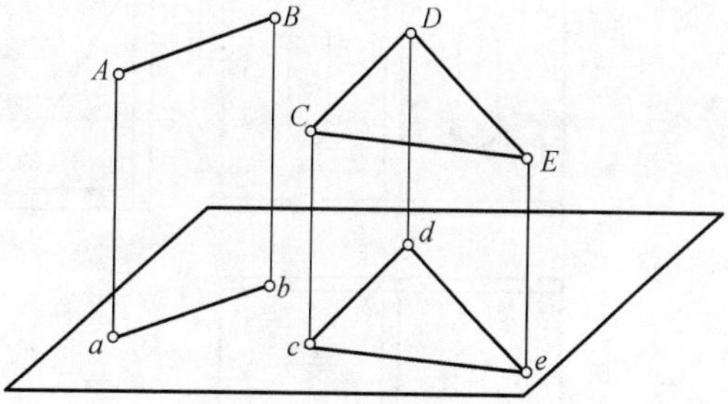

图1-8　显实性

4. 类似性

当平面图形倾斜于投影面时，其投影的形状与原平面图形相比，保持了“两个不变”的性质，即平行关系不变、边数不变，如图1-9所示。原图形 $ABCDEF$ 为“L”形，其投影 $abcdef$ 也为“L”形。

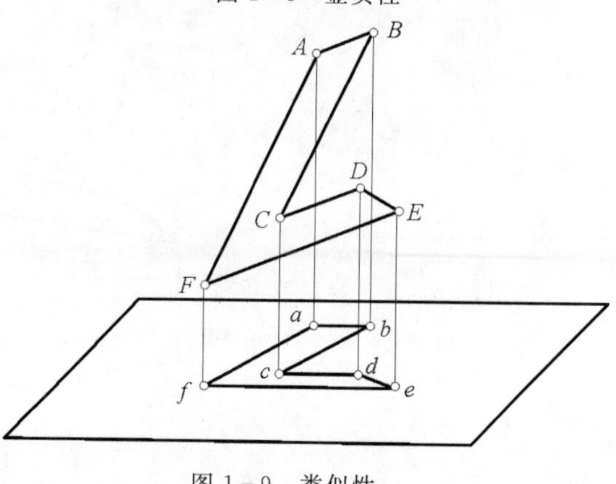

图1-9　类似性

1.3 土建工程中常用的四种投影图

1.3.1 正投影图

工程上采用的正投影图，一般为多面正投影图，即设立几个投影面，使它们分别平行于工程形体的几个主要面，以便能在图中反映出这些面的实际形状，如图 1 - 10 所示。这种图形具有反映实形、便于度量和绘制简单等优点，其缺点是立体感差。

1.3.2 轴测投影图

在一个投影面上能反映出工程形体三个互相垂直方向尺度的平行投影图，称为轴测投影图，如图 1 - 11 所示。这种图立体感较强，但度量不够简便，绘制较费时，因此常作为工程中的辅助图样。

1.3.3 透视图

工程形体在一个投影面上的中心投影，称为透视图，如图 1 - 12 所示，这种图具有良好的立体感，但比轴测图更为复杂，且很难度量。透视图在土建工程中常作为设计方案和展览用的直观图样。

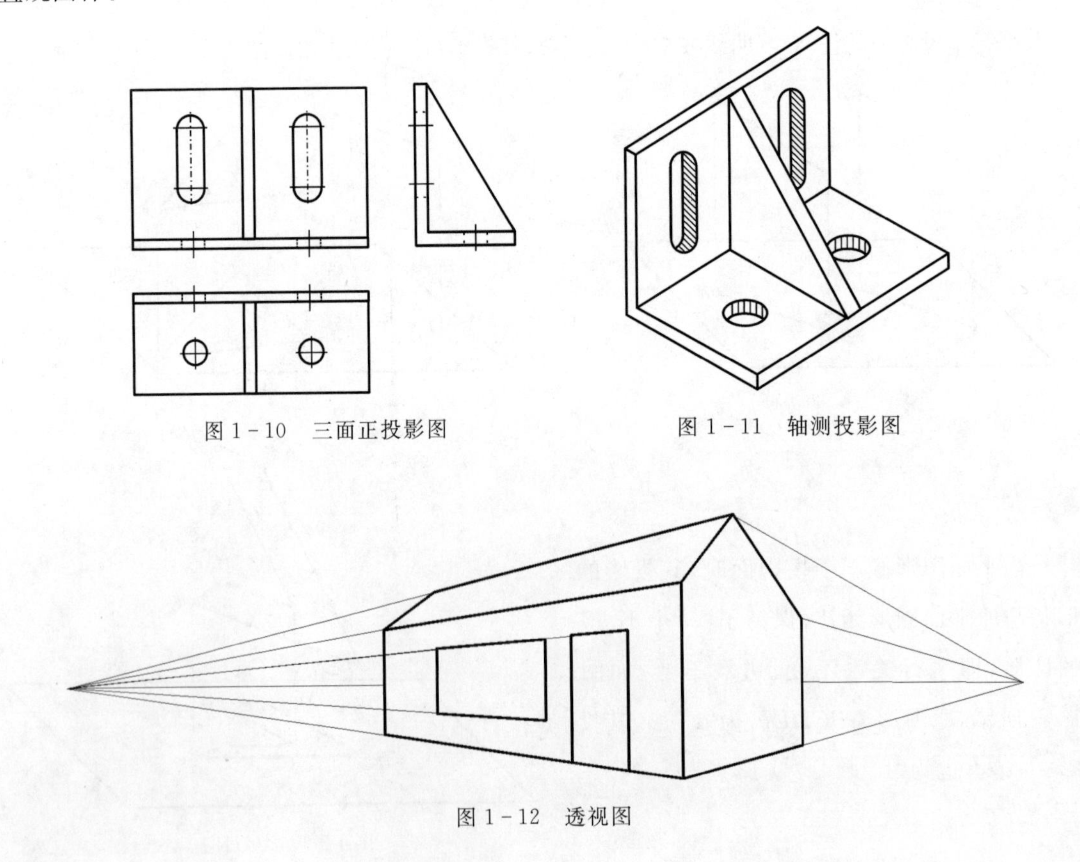

图 1 - 10 三面正投影图

图 1 - 11 轴测投影图

图 1 - 12 透视图

1.3.4 标高投影图

在一个水平投影面上标有高度数字的正投影图，称为标高投影图，如图1-13所示。这种图是表示不规则曲面的一种有效形式。标高投影图可以为施工中计算土方量、确定施工界限提供依据。

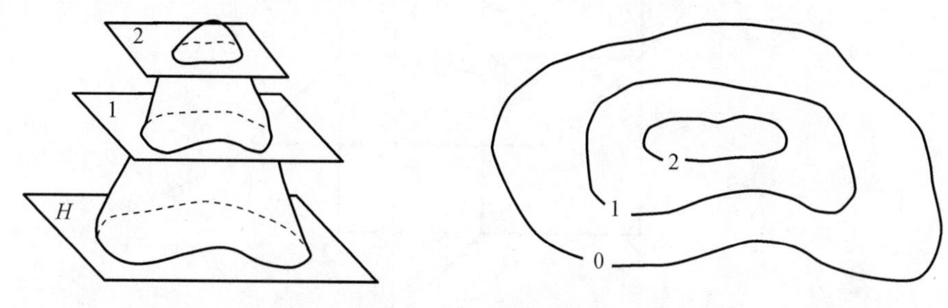

图1-13 标高投影图

1.4 三面正投影图

如不做特别说明，以下内容所采用的投影方式均为正投影法。

1.4.1 三面投影体系

一般情况下，单面投影或两面投影不能确定物体的形状，如图1-14和图1-15所示，而物体的三面正投影则可以确定物体的形状，如图1-10所示。

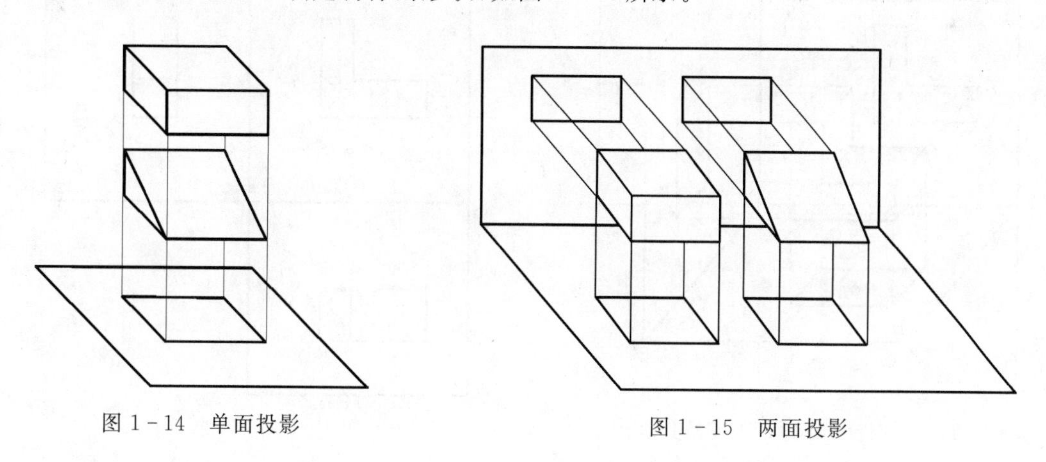

图1-14 单面投影　　图1-15 两面投影

1. 三面投影体系的建立

设三个两两垂直的投影面，水平位置的 H 面称为水平投影面，正立位置的 V 面称为正立投影面，侧立在 V 面右侧的 W 面称为侧立投影面，从而构成一个三面投影体系。它们两两相交的交线即为投影轴，也互相垂直。其中 V 面与 H 面交于 X 轴，H 面与 W 面交于 Y 轴，V 面与 W 面交于 Z 轴，三轴交于原点 O，三投影面把空间分成8个象限，其划分顺序如图1-16所示。

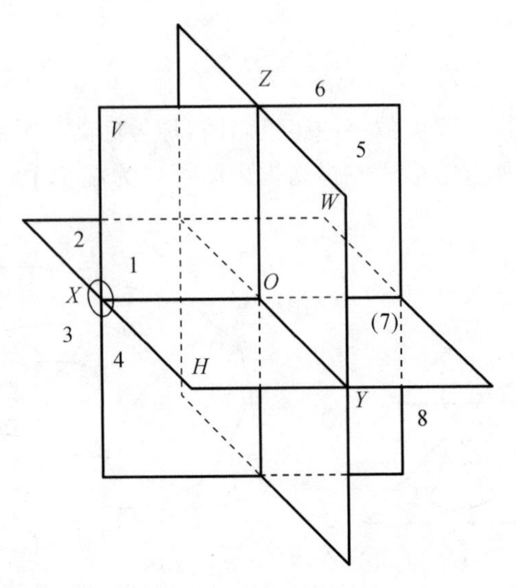

图 1-16　象限的确定

2. 三面投影体系的展开

如图 1-17 所示，将物体向 V、H、W 面作正投影，假定 V 面不动，并把 H 面和 W 面沿 Y 轴分开，H 面绕 X 轴向下旋转 90°，W 面绕 Z 轴向后旋转 90°，使 H、V 和 W 面处在同一平面上。

三个投影面展开后，三条投影轴成了两条垂直相交的直线，原 OX、OZ 轴位置不变，原 OY 轴则分成 OY_H 和 OY_W 两条轴线（见图 1-18）。实际作图时，不必画投影面的边框线。

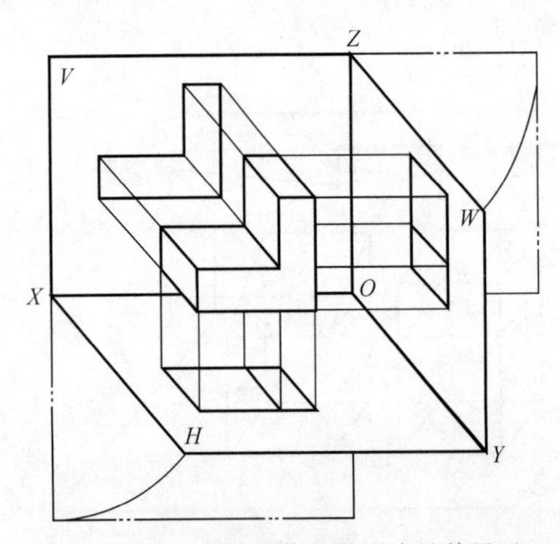

图 1-17　三面投影体系的形成及其展开

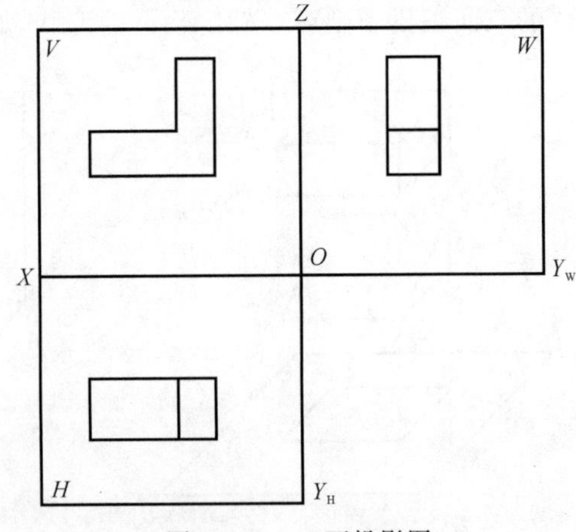

图 1-18　三面投影图

3. 三面投影图的特性（即“三等关系”）

若在三面投影体系中，定义形体上平行于 X 轴的尺度为“长”，平行于 Y 轴的尺度为“宽”，平行于 Z 轴的尺度为“高”，则形体三面投影图的特性可叙述为（见图 1-19）：

1）长对正——V 投影和 H 面投影的对应长度相等，画图时要对正。

2）高平齐——V 投影和 W 面投影的对应高度相等，画图时要平齐。

3）宽相等——H 面投影和 W 面投影的对应宽度相等。

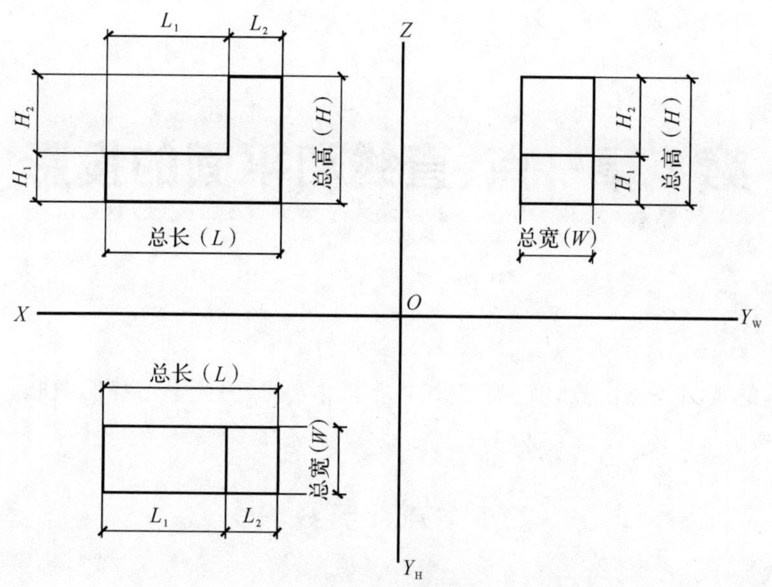

图1-19　长、宽、高的确定及"三等关系"

第2章　点、直线和平面的投影

任何形体的表面都是由点、线、面等几何元素组成的，因此学习投影图时必须先研究点、线、面投影的基本规律。

2.1　点的投影

2.1.1　点的三面投影

如图2-1所示，将空间点A置于H、V、W三面投影体系中，过点A分别向H、V、W作垂直投影线Aa、Aa'、Aa''，所得垂足分别为点A的水平投影a、正面投影a'和侧面投影a''。为了把点A的三个投影画在一个平面上，规定V面保持不动，H面绕OX轴向下旋转90°，W面绕OZ轴向右旋转90°，这样就使得点A的三个投影展平在同一个平面上，称为点的三面投影图，简称点的三面投影。

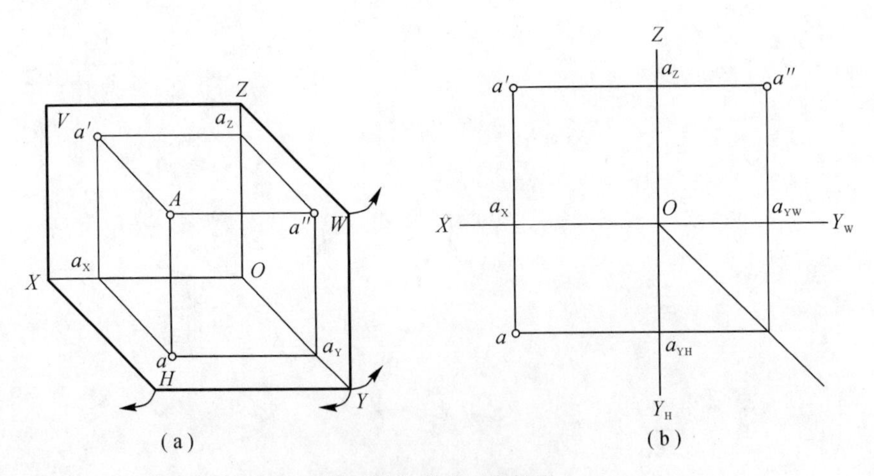

图2-1　点的三面投影

(a)直观图；(b)投影图

分析图2-1，可以得出点的三面投影的规律：

1)点A的水平投影a与正面投影a'的连线垂直于OX轴，即$aa' \perp OX$。

2)点A的正面投影a'与侧面投影a''的连线垂直于OZ轴，即$a'a'' \perp OZ$。

3)点A的水平投影a到OX轴的距离等于侧面投影a''到OZ轴的距离，即$aa_X = a''a_Z$。

根据上述投影规律可知，在点的三面投影中，每两个投影之间均有联系，只要给出一点的任意两个投影，就可以求出其第三个投影。

［**例 2-1**］　已知点 A、B、C 在两个面上的投影，求作在第三面上的投影。如图 2-2 所示。

作图：

1)过 a' 作 OX 轴的垂线 $a'a_X$。

2)过 a'' 作 OY_W 轴的垂线与 45°辅助线相交，过交点作 OY_H 轴的垂线与 $a'a_X$ 的延长线相交得 a。

3)过 b 作 OY_H 轴的垂线与 45°辅助线相交，过交点作 OY_W 轴的垂线得交点 b''。

4)由于 c、c' 均在 OX 轴上，所以可直接求得 c'' 位于投影原点。

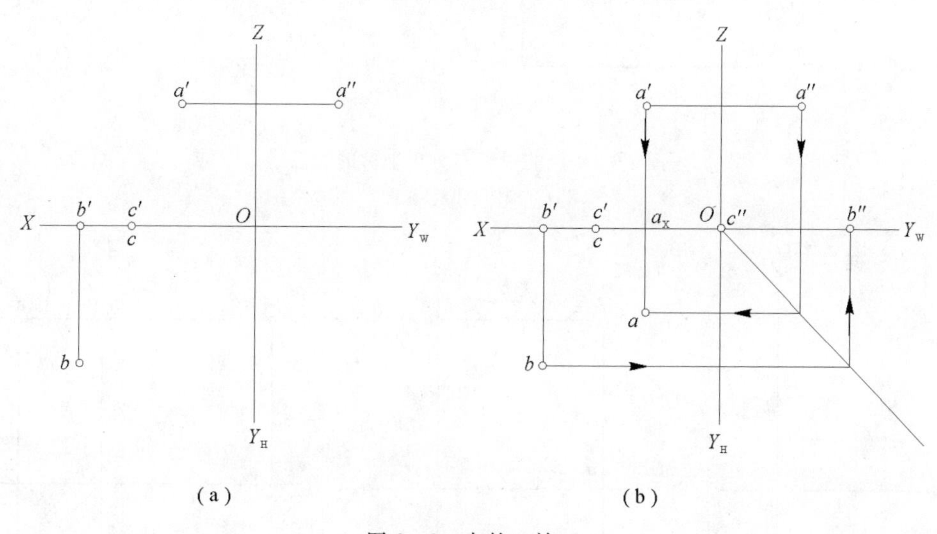

图 2-2　点的二补三

(a)已知；(b)作图

2.1.2　点的坐标

在三面投影体系中，若把投影轴看作坐标轴，投影面即为坐标面，三投影轴的交点 O 即为坐标原点。这样三面投影体系即为空间直角坐标系，空间点及其投影的位置就可以用坐标来确定。空间一点到三投影面的距离，就是该点的三个坐标，如图 2-3 所示，用 X、Y、Z 表示。空间点到 W 面的距离为该点的 X 坐标，即 $Aa''=X=Oa_X$；空间点到 V 面的距离为该点的 Y 坐标，即 $Aa'=Y=Oa_Y$；空间点到 H 面的距离为该点的 Z 坐标，即 $Aa=Z=Oa_Z$。

可用坐标表示空间点，如点 A 的空间位置是 $A(x,y,z)$，则点 A 的 H 面的投影是 $a(x,y)$，V 面投影是 $a'(x,z)$，W 面投影是 $a''(y,z)$。由此可见，已知点的三个坐标，就可以求出该点的三面投影；相反，已知点的三面投影，也可以量出该点的三个坐标。

［**例 2-2**］　已知点 $A(20,10,20)$，求作 A 点的三面投影图。如图 2-4 所示。

作图：

1)画出投影轴，并在 OX 轴上量取 $Oa_X=20$ mm，在 OY_H 轴上量取 $Oa_{YH}=10$ mm，在 OZ 轴上量取 $Oa_Z=20$ mm，如图 2-4(a)所示。

2)过 a_X 作 OX 轴的垂线，过 a_Z 作 OZ 轴的垂线，过 a_{YH} 作 Y_H 轴的垂线，可得交点 a 和 a'，如图 2-4(b)所示。

3)根据点的投影规律,由 a 和 a' 求出 a'',如图 2-4(c)所示。

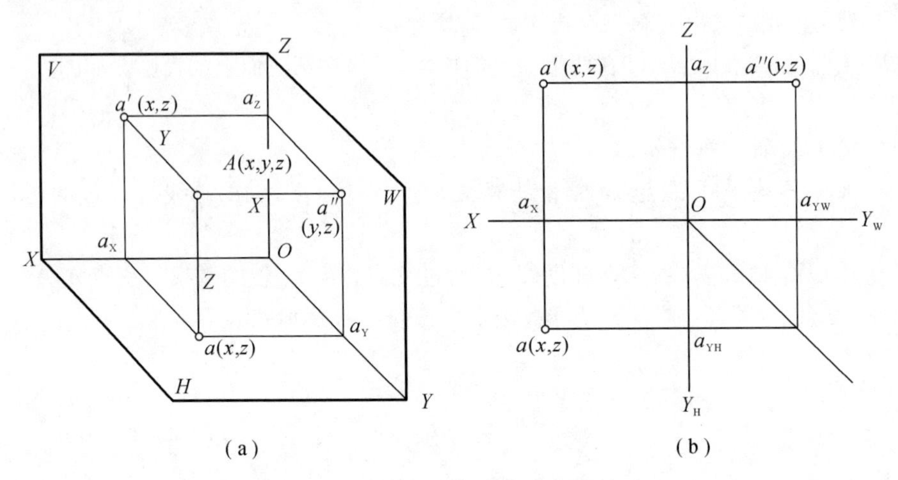

图 2-3 点的投影与直角坐标的关系

(a)直观图;(b)投影图

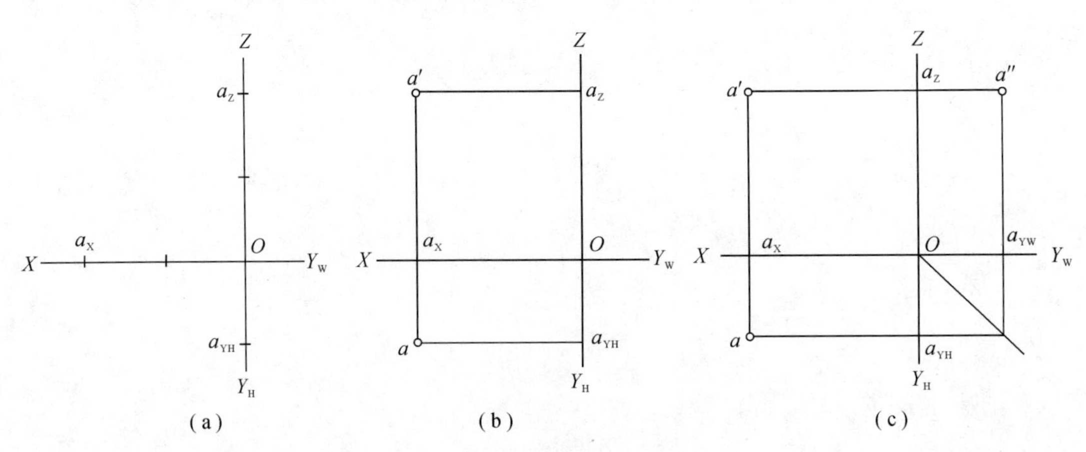

图 2-4 由点的坐标求投影

通过了解点的投影与点的坐标之间的关系,初学者可以准确判断空间点的位置。当空间点位于某一个投影面内时,它的三个坐标中必有一个为零。在图 2-2 中,由于 B 点的 Z 坐标等于零,所以 B 点位于 H 面内。B 点的水平投影 b 与 B 点本身重合,正面投影 b' 落在 OX 轴上,侧面投影 b'' 落在 OY_W 轴上。空间点如果位于投影轴上,则它的三个坐标中有两个坐标为零,它的三面投影图如图 2-2 中的 C 点所示。

2.1.3 两点的相对位置与重影点

1. 两点的相对位置

两点的相对位置,是指两点间的上下、左右、前后位置的关系。在投影图中,判断两点的相对位置,是读图的重要问题。在三面投影中,V 面投影能反映出上下、左右关系,H 面投影能反映出左右、前后关系,W 面投影能反映出上下、前后关系,如图 2-5 所示。

[例 2-3] 判别图 2-6 中空间两点 A、B 的相对位置。

分析：由 V 面投影可以看到，A 点在 B 点的上方、左方，在 H 面投影中可以得知 A 点在 B 点的前方，因此判断出点 A 在点 B 的上、左、前方。

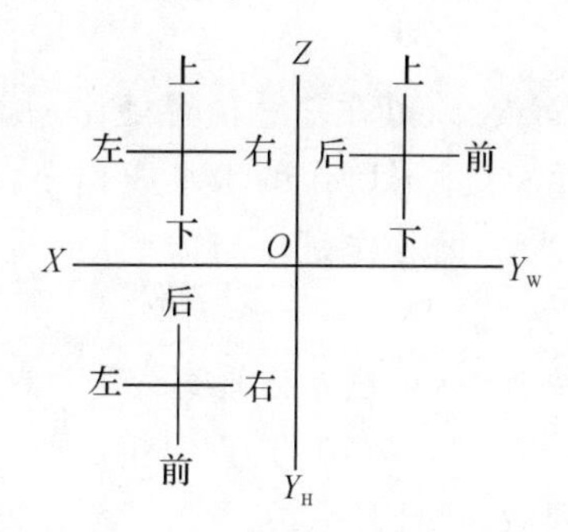

图 2-5　上下、左右、前后位置关系

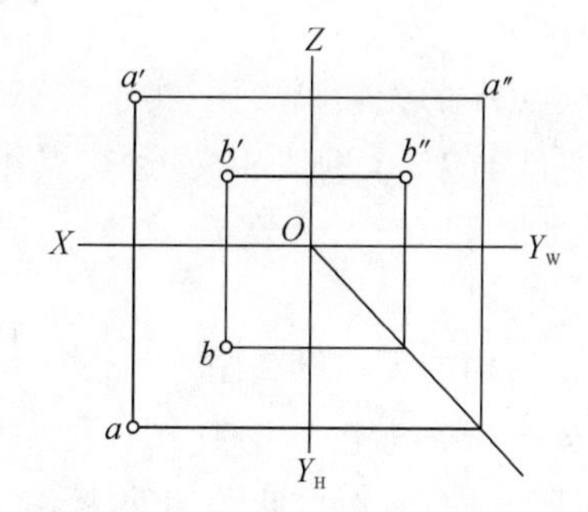

图 2-6　判断空间两点的相对位置

2. 重影点

当空间两点对某投影面而言位于同一条投影线上时，这两点在该投影面上的投影重合，则这两点就被称为该投影面的重影点。

如图 2-7 所示，点 A 和点 B 位于相对 H 面的同一条投影线上，在 H 面上的投影重合，称为 H 面的重影点；点 C 和点 D 位于相对 V 面的同一条投影线上，在 V 面上的投影重合，称为 V 面的重影点。

两点重影必有一点被“遮挡”，这就产生了可见与不可见的问题，所以要判别可见性。显然，距投影面较远的一点是可见的。如图 2-7 所示，点 A 在点 B 的正上方，所以 a 可见，b 不可见；点 C 在点 D 的正前方，所以 c' 可见，d' 不可见。在投影图中把不可见的投影 b、d' 加括号，用$(b)$$(d')$表示。同理，可判断 W 面的重影点的可见性。

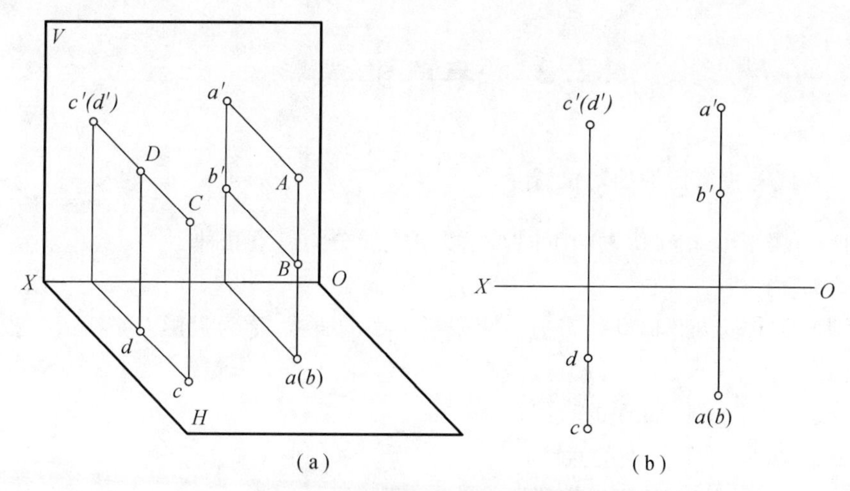

图 2-7　重影点及可见性的判别

(a)直观图；(b)投影图

2.1.4　无轴投影图

把空间形体向投影面进行正投影时，所得投影图的形状、大小不受投影面距离远近的影响。这是正投影法的一个显著特点。

在工程上，一般只要求投影图能够表达出空间形体的形状和大小，而不需要考虑相对投影面的距离。因此，在作图时，投影轴也就没有意义了，不必画出。这种不画出投影轴的正投影图就叫作无轴投影图。

图 2－8 是点 A 的无轴投影图，为求点 A 的侧面投影，可在任意位置处作一条 45°的辅助线，过 a 作水平线与 45°辅助线相交，过交点作竖直线与过 a' 所作的水平线相交，即得 a''。在本题中，45°辅助线可以作出无数条，这意味着可以把 W 面看作是在与 H、V 面垂直的任意的位置处。

图 2－9 是点 B 的无轴投影图，为求点 B 的正面投影，可过 b 作垂直线与过 b'' 所作的水平线相交，即得 b'。在本题中，没有使用 45°辅助线。但是，本题中的 W 面投影是已知的，说明 W 面的位置是唯一的，若作出此题中的 45°辅助线的话，则只有一条。

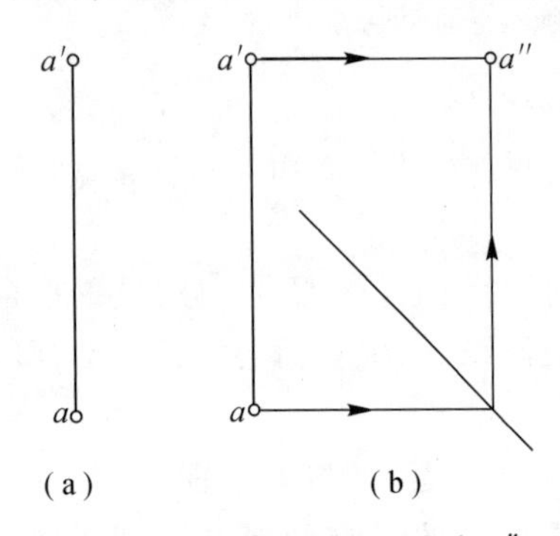

图 2－8　在无轴投影图中求 a''

(a)已知；(b)作图

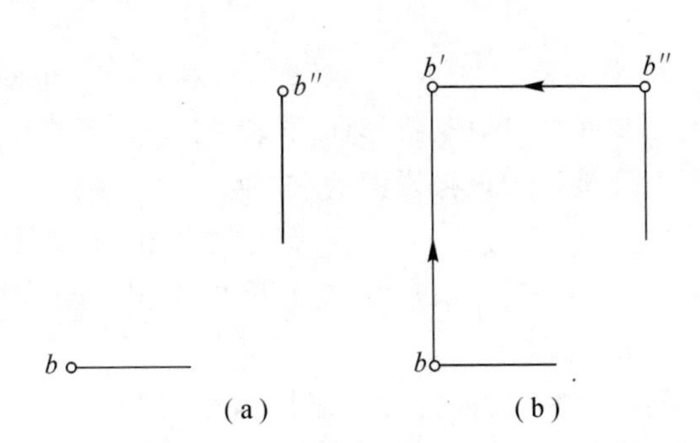

图 2－9　在无轴投影图中求 b'

(a)已知；(b)作图

2.2　直线的投影

2.2.1　直线与投影面的相对位置

根据直线与投影面相对位置的不同，可以将直线分为以下几种。

1. 投影面平行线

平行于某一个投影面、但倾斜于另外两个投影面的直线，称为投影面平行线。投影面平行线共有三种：

1)水平线——平行于 H 面的直线；

2)正平线——平行于 V 面的直线；

3)侧平线——平行于 W 面的直线。

2. 投影面垂直线

垂直于某一个投影面的直线，称为投影面垂直线。投影面垂直线共有三种：

1)铅垂线——垂直于 H 面的直线；

2)正垂线——垂直于 V 面的直线；

3)侧垂线——垂直于 W 面的直线。

3. 一般位置直线

与各投影面均倾斜的直线，称为一般位置直线。

2.2.2　各种位置直线的投影规律

1. 投影面平行线的投影规律

表 2－1 列出了三种投影面平行线的投影图及立体图，其中 α、β、γ 分别表示直线与 H、V、W 三投影面的倾角。以水平线为例说明其投影特性：水平线平行于 H 面，所以水平线 AB 上所有的点与 H 面的距离相等，其在 V、W 面上的投影分别平行于投影轴，即 $a'b'//OX$，$a''b''//OY_W$，水平线的 H 面投影反映实长，即 $ab=AB$，且 ab 与 OX 轴的夹角反映该直线与 V 面的倾角 β，ab 与 Y_H 的夹角反映该直线与 W 面的倾角 γ。

同理，可得正平线和侧平线的投影特性（见表 2－1）。

表 2－1　投影面的平行线

名称	立体图	投影图	投影特性
水平线	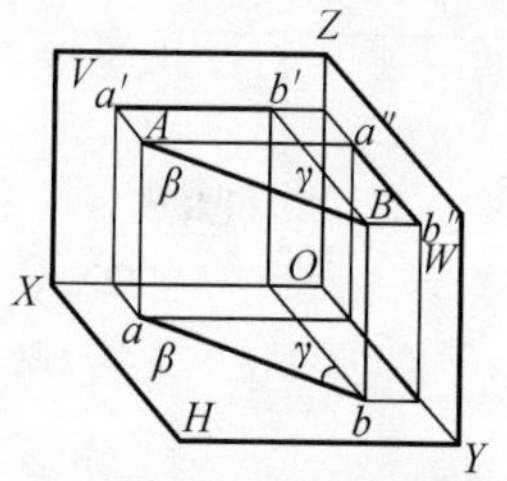	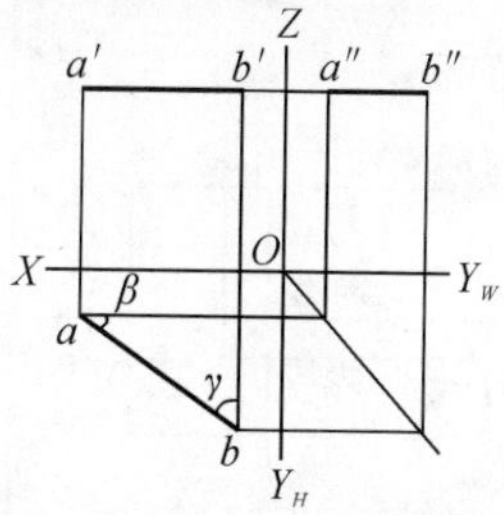	(1)水平投影 ab 反映实长，并反映倾角 β 和 γ； (2)正面投影 $a'b'$ // OX 轴，侧面投影 $a''b''$ // OY_W 轴
正平线	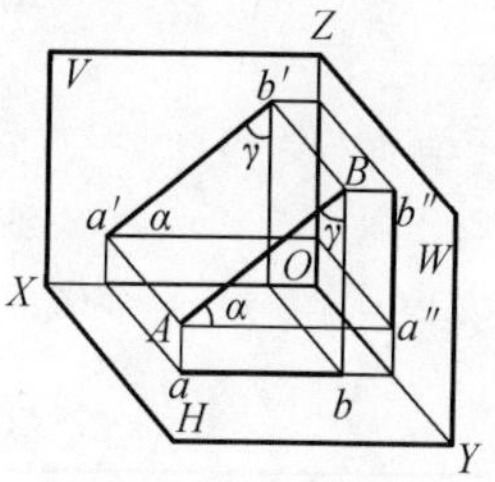	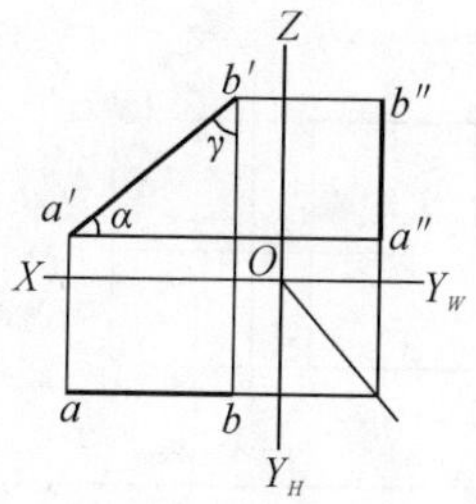	(1)正投影面 $a'b'$ 反映实长，并反映倾角 α 和 γ； (2)水平投影 ab // OX 轴、侧面投影 $a''b''$ // OZ 轴
侧平线	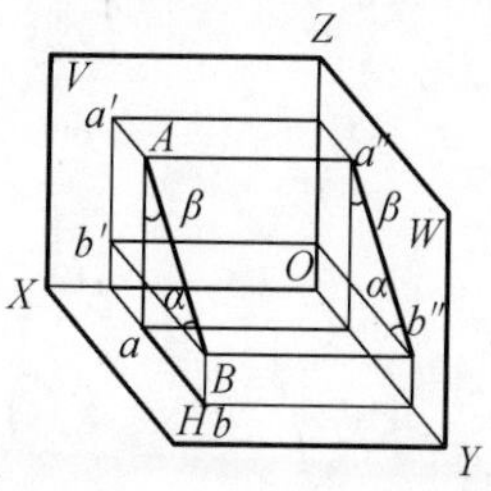	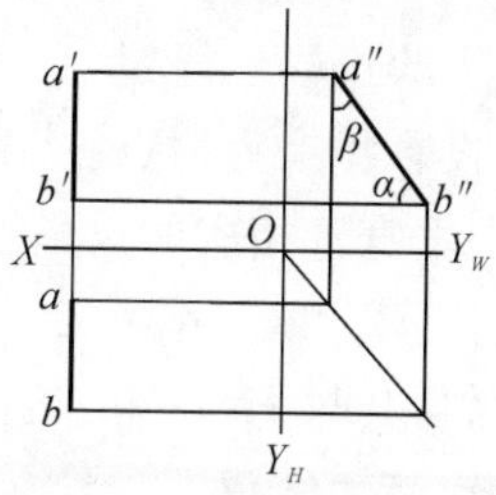	(1)侧面投影 $a''b''$ 反映实长，并反映倾角 α 和 β； (2)正面投影 $a'b'$ // OZ 轴，水平投影 ab // OY_H 轴

由上述分析可归纳出投影面平行线的投影规律：

1)直线在其所平行的投影面上的投影反映实长，该投影与投影轴的夹角等于空间直线与相应投影面的倾角。

2)其他两投影均小于实长，且分别平行于相应的投影轴。

2. 投影面垂直线的投影规律

表 2－2 列出了三种投影面垂直线的投影图及立体图。以铅垂线为例说明其投影特性：铅垂线垂直于 H 面，所以铅垂线 AB 的 H 面投影为一点 $a(b)$，有积聚性；铅垂线平行于 OZ 轴，所以它的 V 面投影垂直于 OX 轴，W 面投影垂直于 OY_W 轴，即 $a'b' \perp OX$，$a''b'' \perp OY_W$；同时铅垂线平行于 V 和 W 两投影面，所以它的 V、W 面上的投影均反映线段实长。

同理，可得正垂线和侧垂线的投影特性（见表 2－2）。

表 2－2　投影面的垂直线

名称	立体图	投影图	投影特性
铅垂线	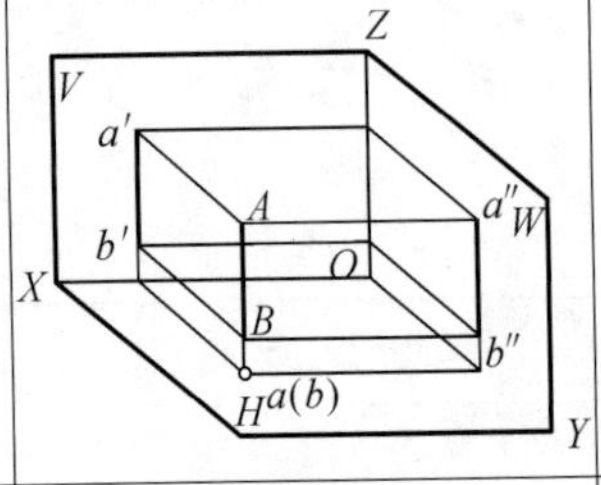	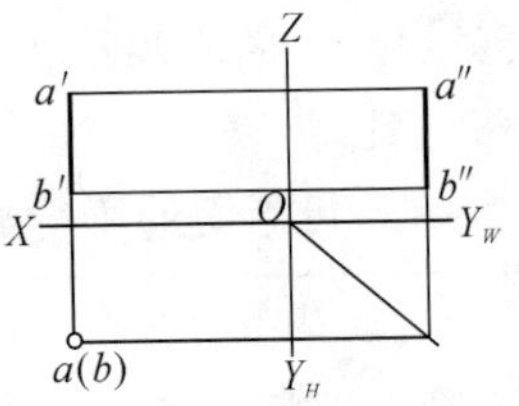	(1)水平投影积聚成一点 $a(b)$； (2)正面投影 $a'b' \perp OX_W$ 轴，侧面投影 $a''b'' \perp OY_W$ 轴，并且都反映实长
正垂线	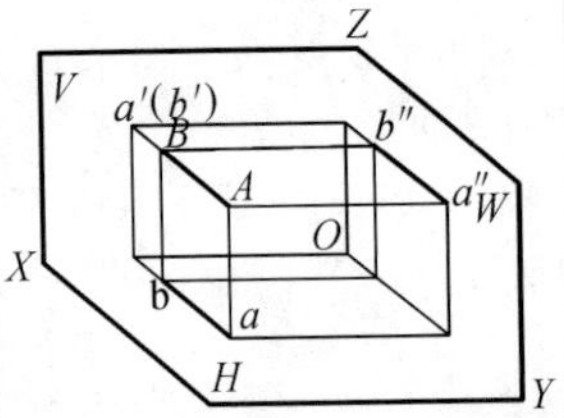	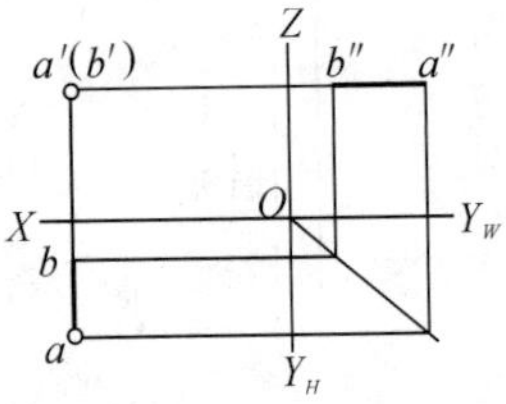	(1)正面投影积聚成一点 $a'(b')$； (2)水平投影 $ab \perp OX$ 轴，侧面投影 $a''b'' \perp OZ$ 轴，并且都反映实长
侧垂线	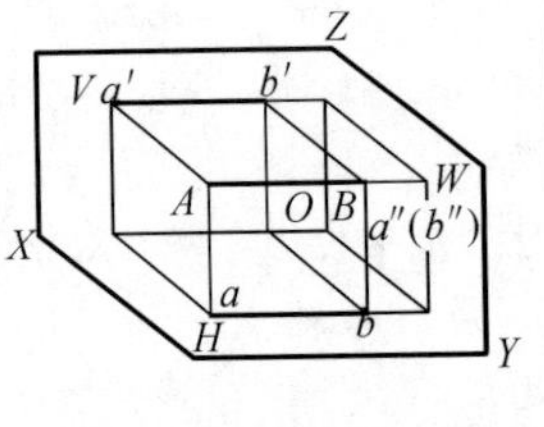	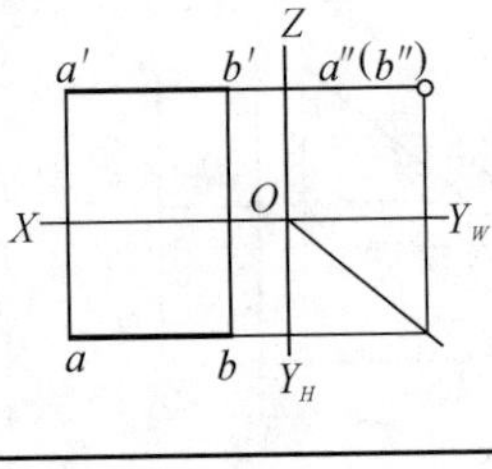	(1)侧面投影积聚成一点 $a''(b'')$； (2)正面投影 $a'b' \perp OZ$ 轴，水平投影 $ab \perp OY_H$ 轴，并且都反映实长

由上述分析可归纳出投影面垂直线的投影规律：

1)直线在其所垂直的投影面上的投影积聚为一点。

2)其他两投影均反映实长，且分别垂直于相应的投影轴。

3. 一般位置直线的投影规律

一般位置直线与各个投影面均倾斜，其与 H、V 和 W 面的倾角分别为 α、β、γ，在投影图上各投影均不反映线段的实长及其与投影面的倾角。

2.2.3　直线上的点

1. 直线上点的投影（从属性）

由平行投影的特性可知，点在直线上，则点的投影必在直线的同名投影上，如图 2－10 所示。点 M 在直线 AB 上，则 m 在 ab 上，m' 在 $a'b'$ 上。反之，如果点的各投影均在直线的各同名投影上，则点在该直线上。

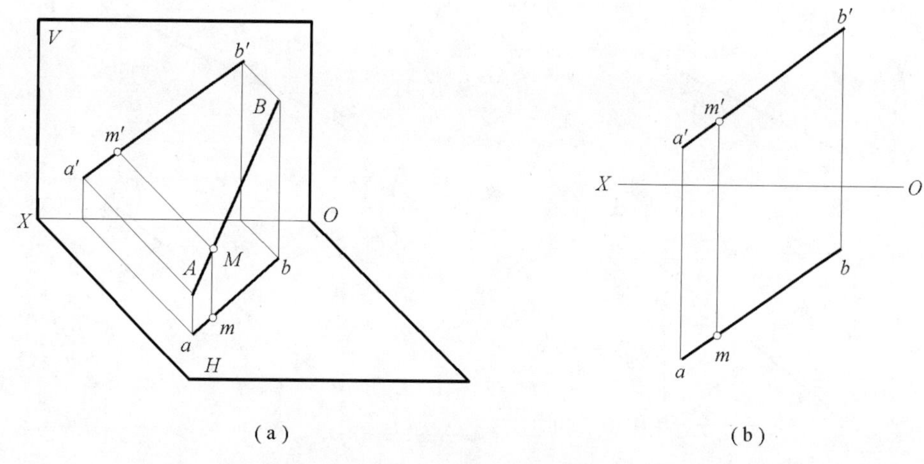

图2-10　直线上点的投影
(a)直观图；(b)投影图

对于一般位置直线，通过点和直线的任意两面投影，就可以判断空间点是否在空间直线上；但是对于投影面平行线，需通过直线在所平行的投影面上的投影才能确定。在图2-11中，虽然点C的投影c、c'均在其相应的同名投影ab、$a'b'$上，但是由于AB是侧平线，必须观察其侧面投影，因c''不在$a''b''$上，所以点C不在直线AB上。

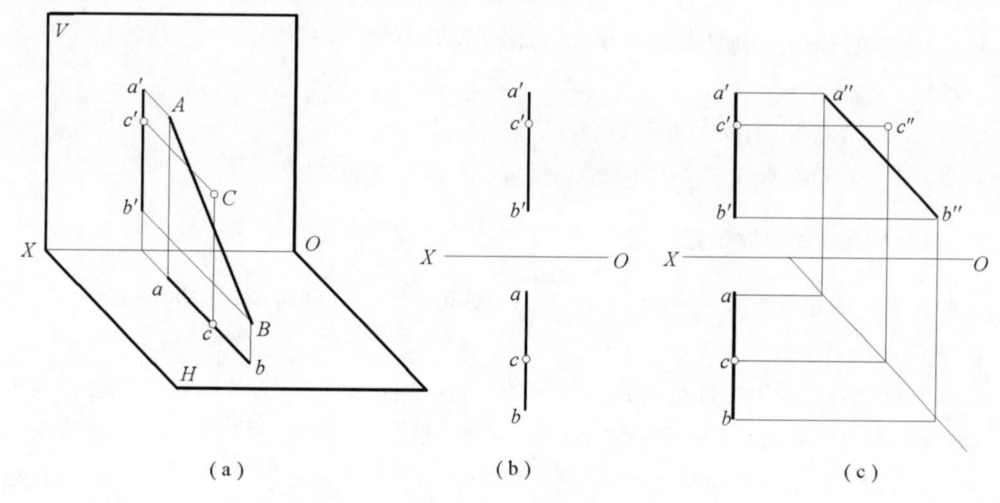

图2-11　判别点是否在侧平线上
(a)直观图；(b)已知；(c)作图

2. 定比性

由平行投影中定比性的投影特性可知：点分线段成某一比例，则该点的投影也与分线段的同名投影成相同的比例，如图2-10所示。点M在AB上，它把该线段分成AM、MB两段，则$AM : MB = am : mb = a'm' : m'b'$。

［例2-4］　试在线段AB上取一点D，使$AD : DB = 2 : 3$，求点D的投影，如图2-12所示。

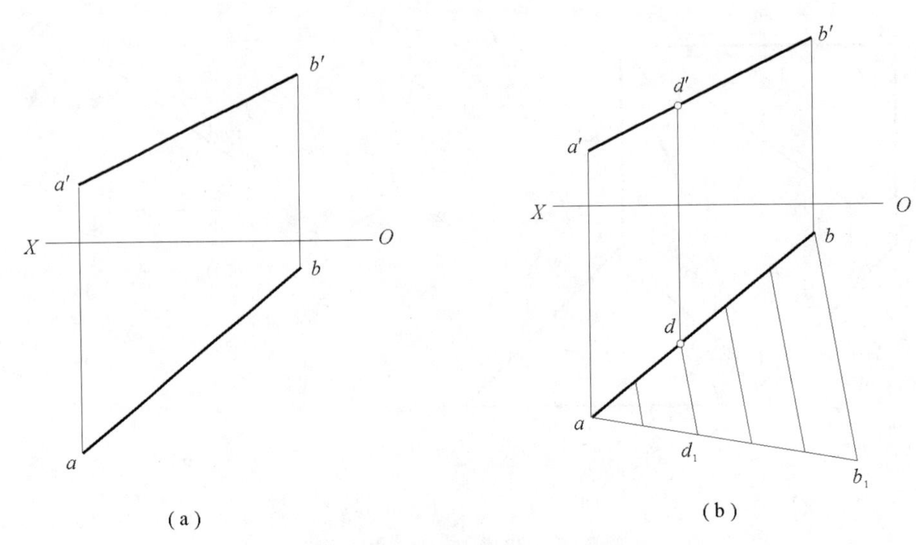

图 2-12　求线段的定比分点

(a)已知;(b)作图

分析:点 D 的投影,必在 AB 线段的各同名投影上,且 $ad:db=a'd':d'b'=2:3$,可用定比性作图。

作图:

1)过 a(或 b)任作一辅助线 ab_1,取点 d_1 使 $ad_1:d_1b_1=2:3$。

2)连接 b、b_1。

3)过 d_1 作出 $d_1d//b_1b$,与 ab 交于 d。

4)过 d 作 ox 轴的垂线交 $a'b'$ 于点 d',则 d 、d' 即为点 D 的投影。

2.2.4　两直线的相对位置

空间两直线的相对位置有三种:平行、相交、交叉。下面分别讨论它们的投影特性。

1. 两直线平行

根据平行投影的投影特性可知:空间两直线相互平行,则它们的各同名投影必相互平行;反之,两直线的各同名投影相互平行,则此两直线在空间一定相互平行,如图 2-13 所示。

一般情况下,根据直线的两面投影,就能判断空间两直线是否平行。但是,当空间两直线为投影面平行线时,必须作出该两直线所平行的投影面上的投影,才能判断其是否平行。如图 2-14 所示,虽然 $ab//cd$、$a'b'//c'd'$,因 AB、CD 均为侧平线,故需要作出侧面投影,因直线 $a''b''$ 与 $c''d''$ 相交,所以空间两直线 AB 与 CD 不平行。

2. 两直线相交

空间两直线相交,则它们的各同名投影必定相交,且交点的连线垂直于相应的投影轴。

反之,两直线的各同名投影相交,并且其交点的连线垂直于相应的投影轴,则该两直线在空间必定相交。

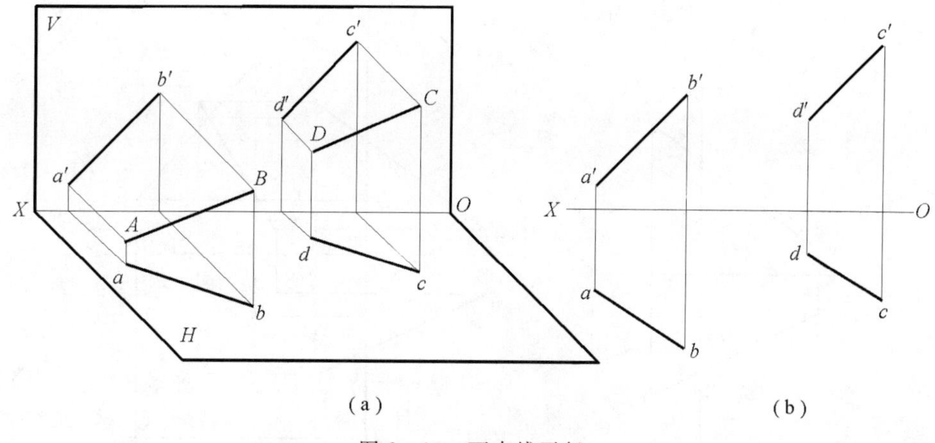

图 2-13　两直线平行

(a) 直观图;(b) 投影图

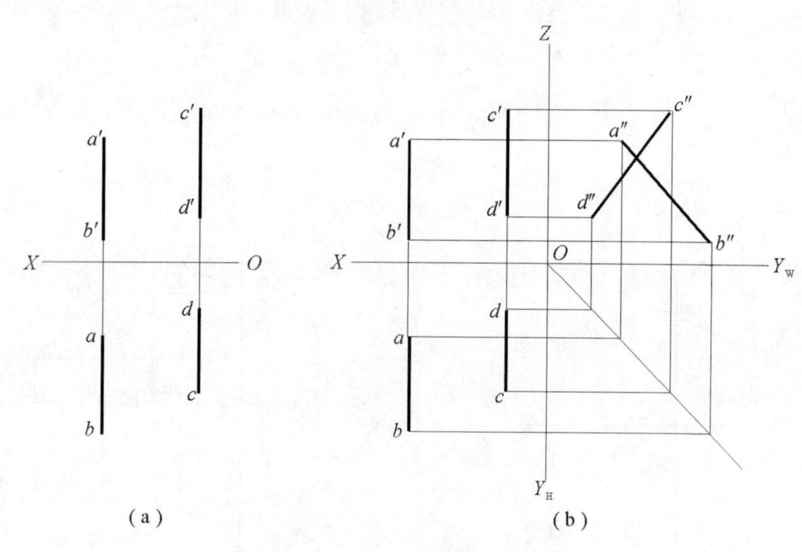

图 2-14　判别两侧平线是否平行

(a) 已知;(b)作图

一般情况下,只根据两面投影就能判断空间两直线是否相交。但是,当两直线之一是投影面平行线时,则必须作出第三面投影,才能其是否相交,如图 2-15 所示。虽然 ab 与 cd 相交于 m,$a'b'$ 与 $c'd'$ 相交于 m',且 mm' 垂直于 OX 轴,但 CD 是侧平线,故需作出侧面投影。虽然在侧面投影上 $a''b''$ 和 $c''d''$ 相交,但交点的连线与 OZ 轴不垂直,所以空间两直线 AB 与 CD 不相交。

3. 两直线交叉

空间两直线既不平行也不相交时,称为交叉两直线。交叉两直线的同名投影可能相互平行,但其在三个投影面上的同名投影不会全部相互平行。交叉两直线的同名投影可能相交,但其同名投影的交点不符合点的投影规律,即交点的连线不垂直于相应的投影轴。

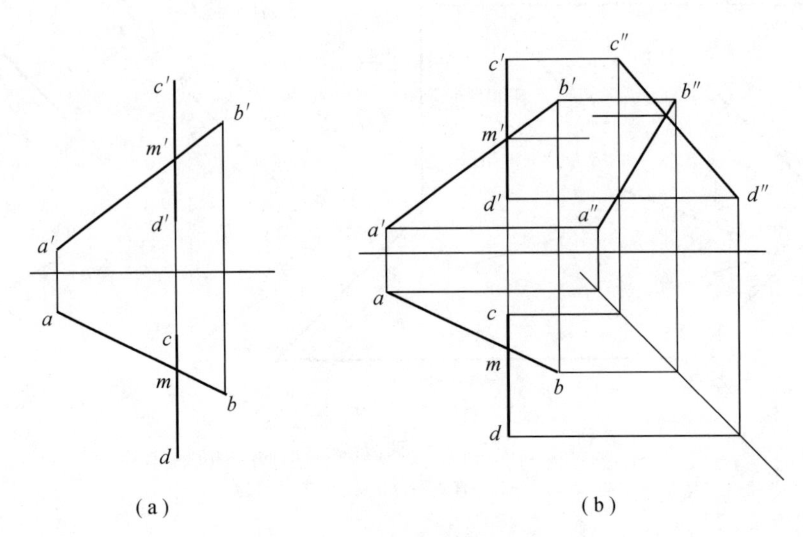

图 2-15 判别两直线是否相交

(a)已知;(b)作图

[例 2-5] 已知直线 AB 与 CD 相交，CD 为侧平线，试完成直线 AB 的 H 面的投影 ab，如图 2-16 所示。

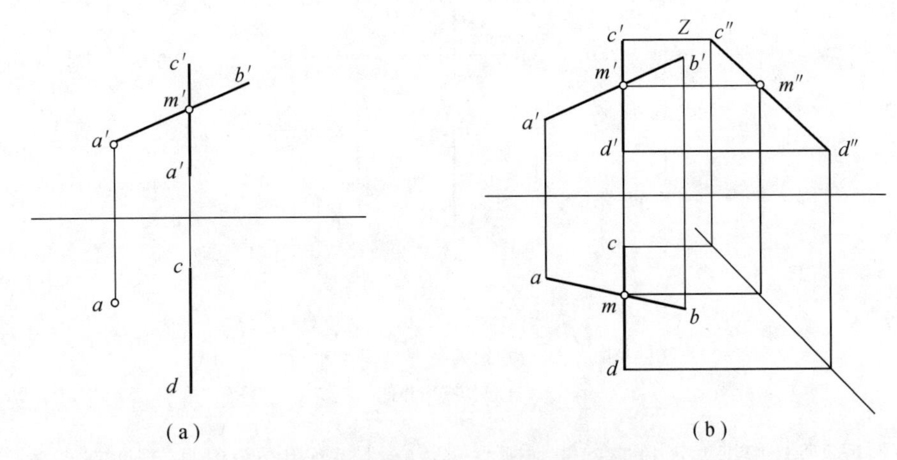

图 2-16 求直线 AB 的 H 面投影 ab

(a)已知;(b)作图

作图：

1)由 cd 和 $c'd'$，补出直线 CD 的 W 面投影 $c''d''$。

2)过 m' 作 OZ 轴的垂线，与 $c''d''$ 相交得 m''。

3)过 m'' 作 OY_W 轴的垂线与 45°辅助线相交，过交点作 OY_H 轴的垂线与 cd 相交得 m。

4)过 b' 作 OX 轴的垂线与 am 的连线相交得 b。

2.3　平面的投影

2.3.1 平面的表示方法

平面是广阔无边的，它在空间的位置可用下列的几何元素来确定和表示：

1)不在同一条直线上的三点；

2)直线和直线外一点；

3)相交两直线；

4)平行两直线；

5)平面图形。

所谓确定位置，是指通过上述每一组元素，只能作出唯一的一个平面。在投影图中，为了形象起见，常采用平面图形来表示一个平面。但必须注意，这种平面图形可能仅表示其本身，也可能表示包括该图形在内的一个无限广阔的平面。

图 2-17 是用三角形表示的平面，为了画出该平面的投影，首先求出它的三个顶点的两面投影，再分别将各同名投影连接起来。同理，根据平面的两面投影可求出其第三面投影。

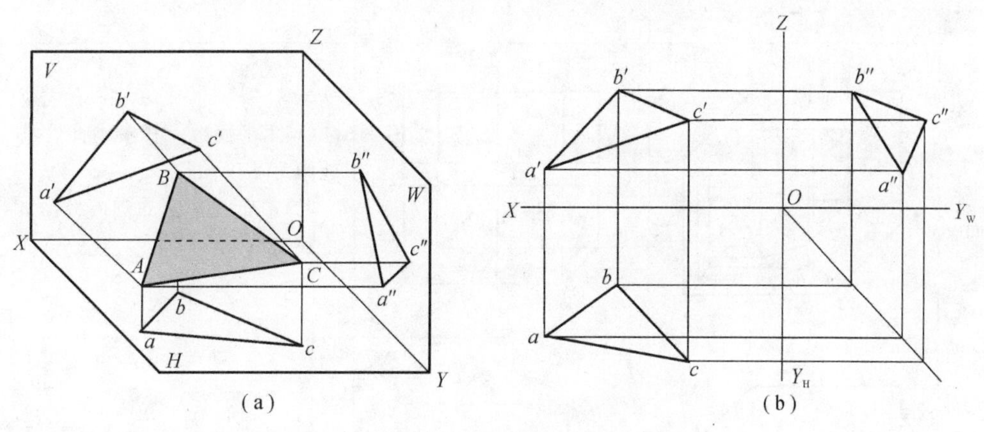

图 2-17　平面的投影

(a)直观图；(b)投影图

2.3.2　平面与投影面的相对位置

根据与投影面相对位置的不同，可以将平面分为以下几种：

1. 投影面垂直面

垂直于某一个投影面、但倾斜于另外两个投影面的平面，称为投影面垂直面。投影面垂直面有以下三种：

1)铅垂面：垂直于 H 面的平面；

2)正垂面：垂直于 V 面的平面；

3)侧垂面：垂直于 W 面的平面。

2. 投影面平行面

平行于某一投影面的平面，称为投影面平行面。投影面平行面有以下三种：

1)水平面：平行于 H 面的平面；

2)正平面：平行于 V 面的平面；

3)侧平面：平行于 W 面的平面。

3. 一般位置平面

与 H、V、W 三投影面均倾斜的平面，称为一般位置平面。

2.3.3 各种位置平面的投影规律

1. 投影面垂直面的投影规律

表 2-3 列出了这三种投影面垂直面的投影图和立体图，其中 α、β、γ 分别表示平面与 H、V、W 三投影面的倾角。以铅垂面为例说明其投影特性：铅垂面 P 垂直于 H 面，所以，其 H 面投影积聚为一条直线，H 面投影与 OX 轴的夹角反映该平面对 V 面的倾角 β，与 OY_H 轴的夹角反映该平面对 W 面的倾角 γ。V、W 面的投影 p'、p'' 均小于实形，但与原平面成类似形。同理，可得正垂面和侧垂面的投影特性。

表 2-3 投影面的垂直面

名称	立体图	投影图	投影特性
铅垂面	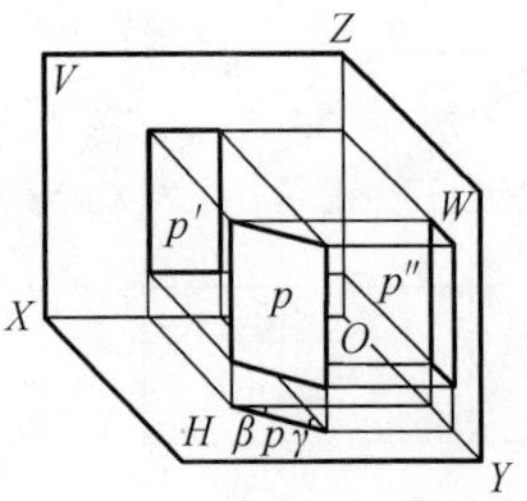	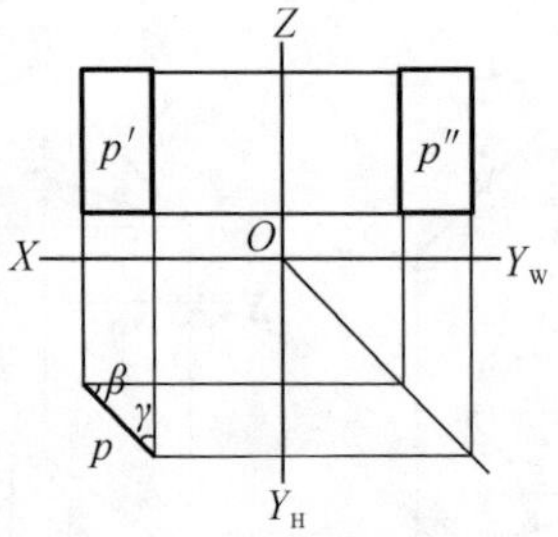	(1)水平投影 p 积聚成直线，并反映倾角 β 和 γ； (2)正面投影 p' 和侧面投影 p'' 不反映实形
正垂面	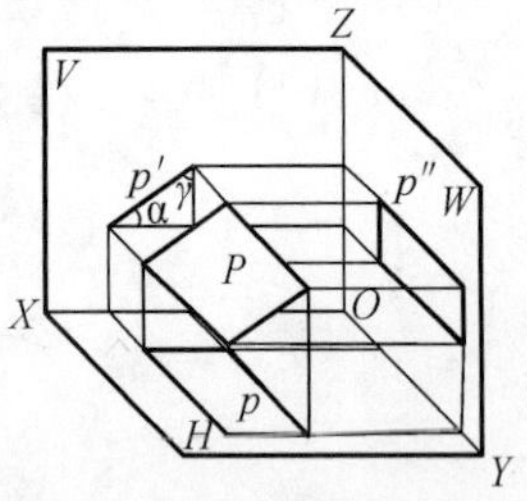	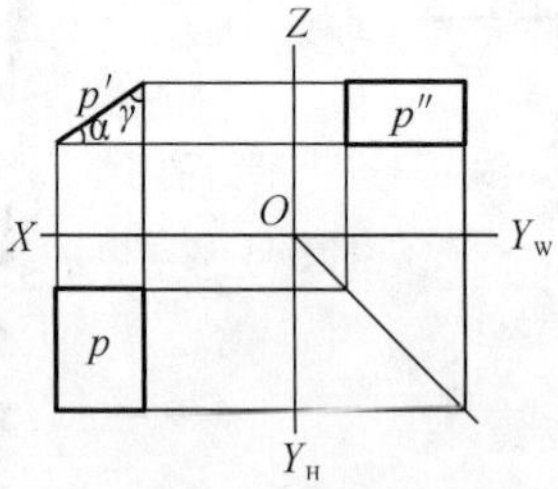	(1)正平投影 p' 积聚成直线，并反映倾角 α 和 γ； (2)水平投影 p 和侧面投影 p'' 不反映实形
侧垂面	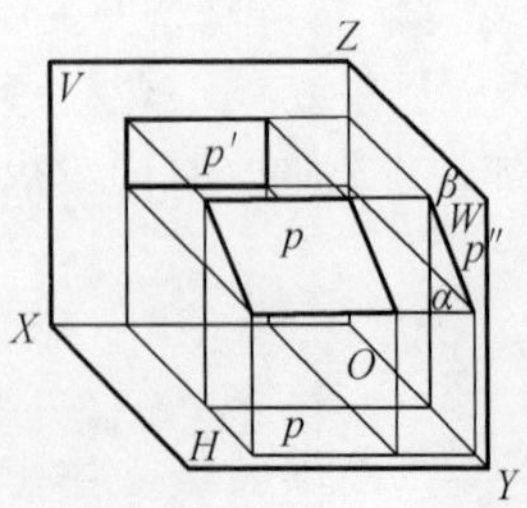	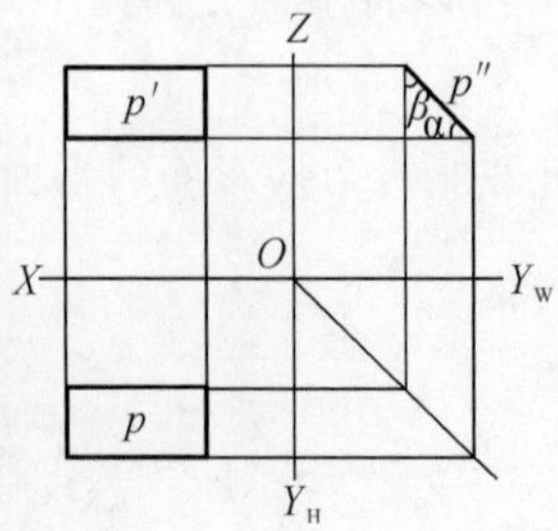	(1)侧面投影 p'' 积聚成直线，并反映倾角 α 和 β； (2)正面投影 p' 和侧面投影 p 不反映实形

由上述分析，可归纳出投影面垂直面的投影规律：

1)平面在其所垂直的投影面上的投影积聚为直线，该直线与投影轴的夹角等于空间平面与相应投影面的倾角。

2)其他两投影不反映实形，均为类似形。

2. 投影面平行面的投影规律

表 2-4 列出了三种投影面平行面的投影图和立体图，以水平面为例说明其投影特性：水平面 P 平行于 H 面，垂直于 V、W 面，所以水平面的 V、W 面投影 p'、p''均积聚为直线，且平行于相应的投影轴，水平面的 H 面投影反映实形。同理，可得正平面和侧平面的投影特性。

表 2-4　投影面的平行面

名称	立体图	投影图	投影特性
水平面	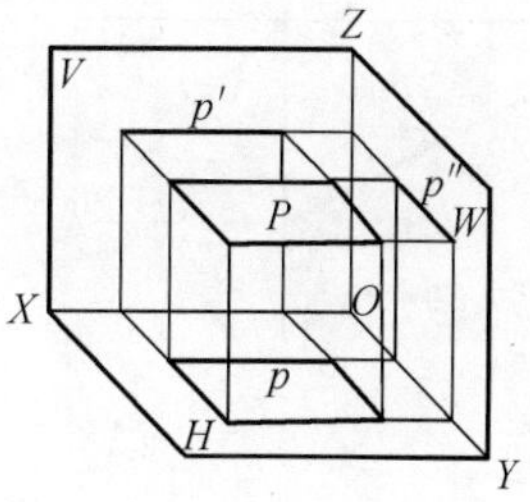	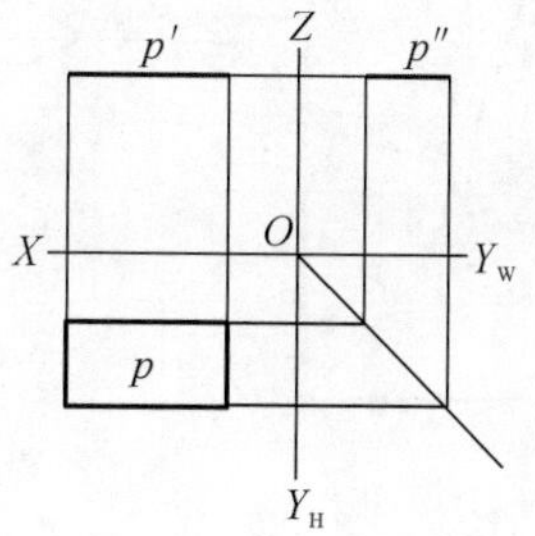	(1)水平投影 p 反映实形； (2)正面投影 p'有积聚性，且 p' // OX 轴； (3)侧面投影 p''有积聚性，且 p'' // OY_W 轴
正平面	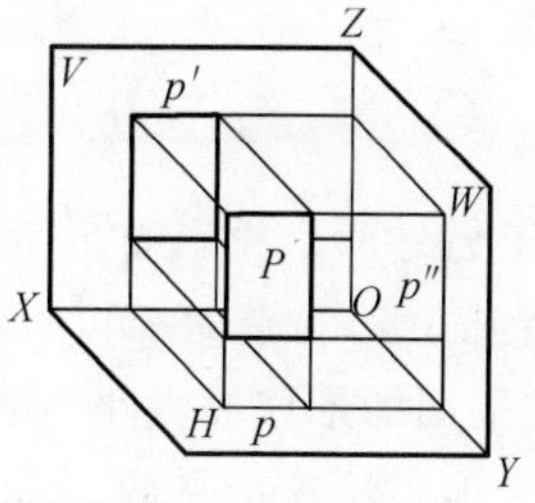	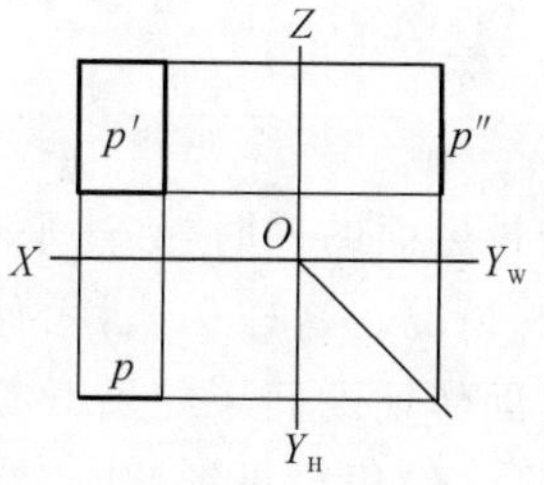	(1)正面投影 p'反映实形； (2)水平投影 p 有积聚性，且 p // OX 轴； (3)侧面投影 p''有积聚性，且 p'' // OZ 轴
侧平面	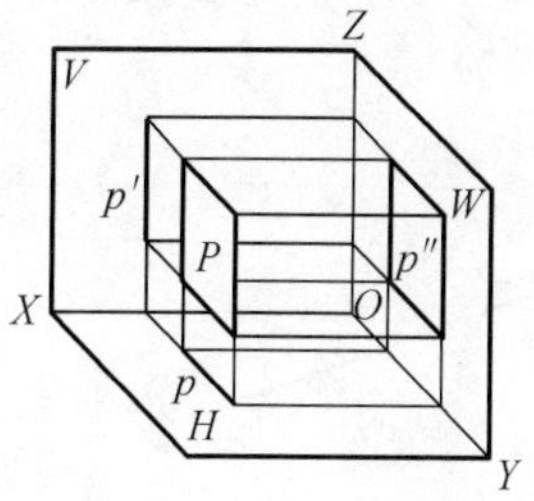	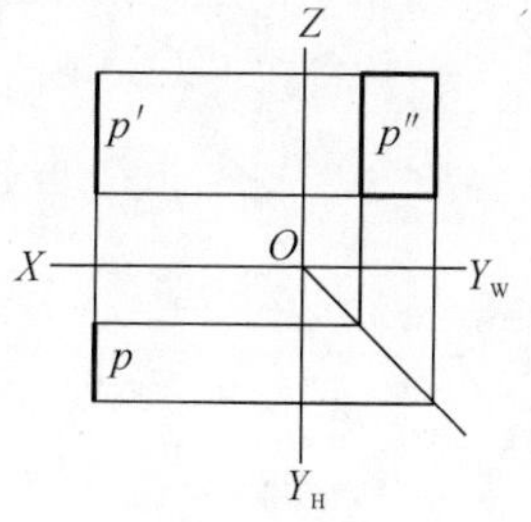	(1)侧面投影 p''反映实形； (2)正面投影 p'有积聚性，且 p' // OZ 轴； (3)水平投影 p 有积聚性，且 p // OY_H 轴

由上述分析，可归纳出投影面平行面的投影规律：

1)平面在其所平行的投影面上的投影反映实形。

2)其他两投影均积聚为直线，且平行于相应的投影轴。

3. 一般位置平面

一般位置平面与 H、V、W 面均倾斜，故其投影特性是平面在三个投影面上的投影均不反映实形，但为类似形。

2.3.4 垂直面的表示方法

1. 平面的迹线

平面与投影面的交线叫作平面的迹线，其中与 H 面的交线叫作水平迹线，与 V 面的交线叫作正面迹线，与 W 面的交线叫作侧面迹线。若平面用字母 P 表示，则其水平迹线、正面迹线、侧面迹线分别用 P_H、P_V、P_W 表示，如图 2－18 所示。

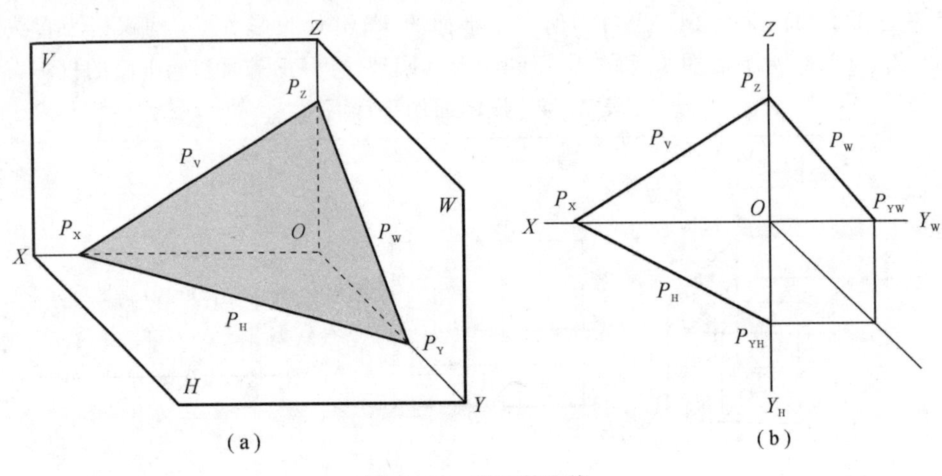

图 2－18　平面的迹线

(a)直观图；(b)投影图

2. 垂直面的迹线表示

投影面的平行面，在平行于一个投影面的同时，必然垂直于另外两个投影面。所以可以将投影面的平行面看作是垂直面的特殊情况。这样一来，六种特殊位置的平面都可以称为垂直面。在后面的解题过程中，常以垂直面作辅助面。如果不考虑平面的形状和大小，而只考虑空间平面的位置，那么在投影图中，垂直面的积聚投影就能够充分地表示这个平面。垂直面的积聚投影其实就是垂直面扩大后与它所垂直的投影面的迹线。图 2－19 所示是水平面和铅垂面的迹线表示法。

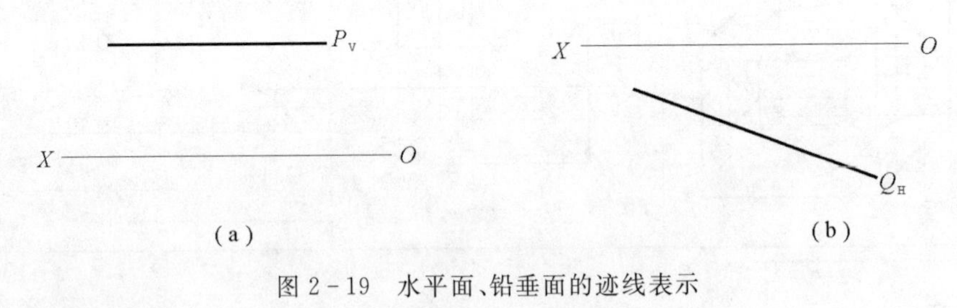

图 2－19　水平面、铅垂面的迹线表示

(a)水平面；(b)铅垂面

[例 2－6]　过直线 AB 作一正垂面。如图 2－20 所示。

分析：过已知直线 AB 作正垂面，只要所作正垂面的积聚投影与直线 AB 的正面投影 $a'b'$ 重合就可以。若不考虑平面的形状和大小，而只考虑空间平面的位置，那么，只要将直线 AB 的正面投影 $a'b'$ 适当延长，用 P_V 表示，平面 P 即为过直线 AB 所作的正垂面。

作图：

1)将 $a'b'$适当延长。

2)用字母 P_V 标示该直线。

若要求过直线 AB 作一铅垂面，读者可自行分析画出。

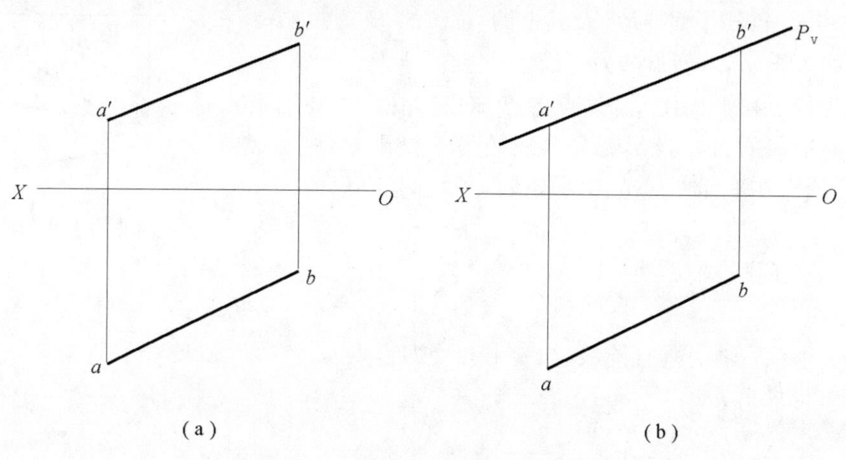

图 2-20　过直线 AB 作一正垂面

(a)已知；(b)作图

2.3.5　平面上的直线和点

1. 平面上的直线

直线在平面上的几何条件是：

1)若一条直线通过平面上的两个点，则此直线在该平面上。

如图 2-21 (a)所示，M 点在直线 AC 上，N 点在直线 BC 上，所以直线 MN 在 ABC 平面上。

2)若一条直线通过平面上的一点，又平行于平面上的任一直线，则此直线在该平面上。

如图 2-21(b)所示，K 点在直线 AC 上，且 $KL//AB$，所以直线 KL 在平面 ABC 上。

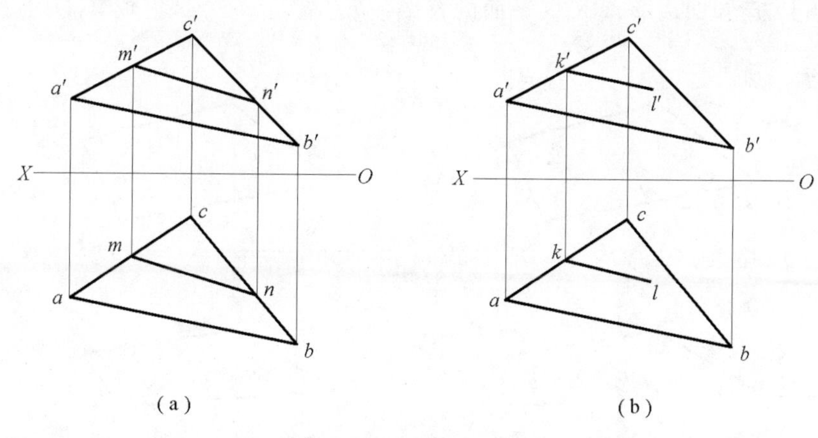

图 2-21　平面上的直线

2. 平面上的点

点在平面上的几何条件是：若点在平面上的某一条直线上，则此点在该平面上，如图 2-22 所示。直线 MN 为平面 ABC 上的一条直线，点 K 在直线 MN 上，所以点 K 在平面 ABC 上。

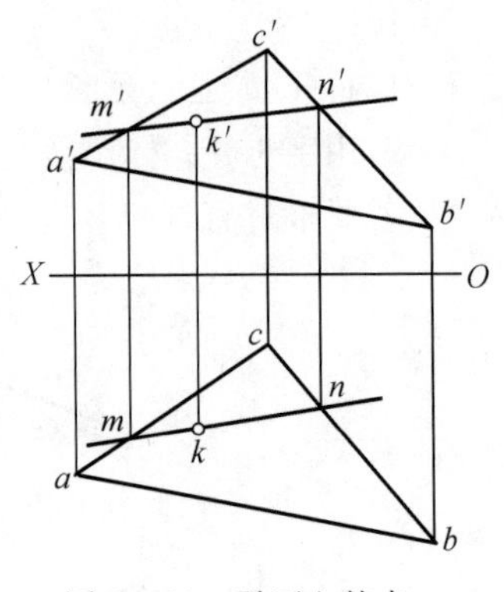

图 2-22　平面上的点

[例 2-7] 已知平面 ABC 及其上的点 M 的 H 面投影 m 和点 N 的 V 面投影 n'，求两点的另一投影 m' 及 n，如图 2-23 所示。

分析：为使点在平面上，需过点的已知投影在平面上任作一辅助线，使所取点的另一投影在辅助线的另一投影上，则点就在平面上。无论点在平面图形范围内或范围外，都是一样的。

作图：

1)过点 m 任作一辅助线 $a1$。

2)求 $a'1'$。

3)过 m 作 OX 轴的垂直连线，与 $a'1'$ 相交即得点 m'。

4)同理，可求出 n。

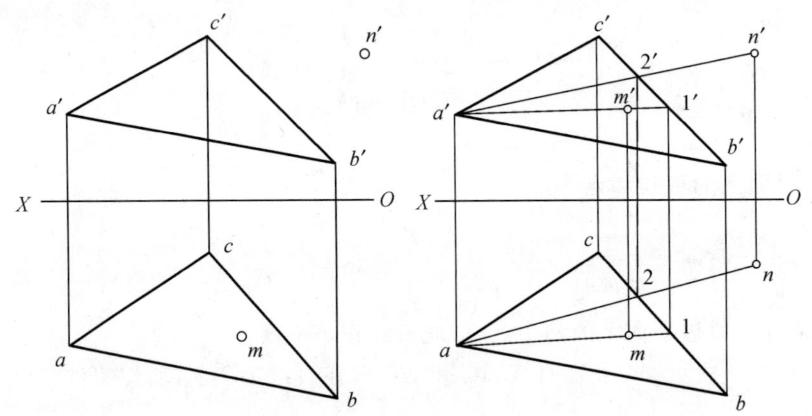

图 2-23　辅助直线法求 n 及 m'

(a)已知；(b)作图

[例 2-8] 已知四边形 $ABCD$ 平面的投影 $a'b'c'd'$ 及 abc，试完成其 H 面投影。如图 2-24 所示。

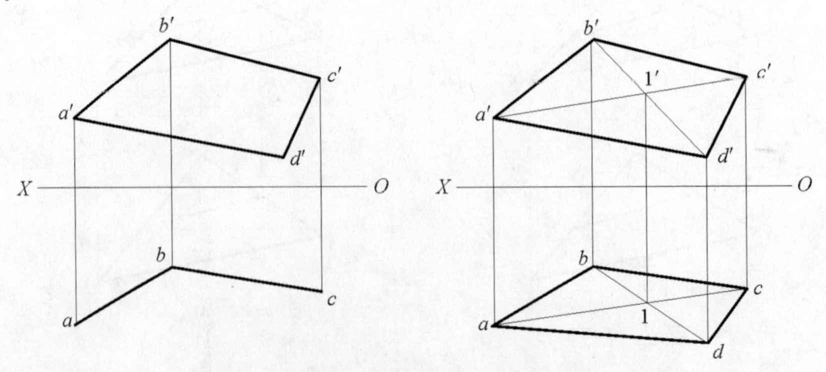

图 2-24　完成四边形平面的 H 面投影 $abcd$

(a)已知；(b)作图

分析：A、B、C 三点确定一平面，它们的 H、V 面投影为已知，因此，完成四边形 $ABCD$ 的 H 面投影的问题，实际上就是已知平面 ABC 上一点 D 的投影 d'，求其 H 面投影 d 的问题。

作图：

1)连接 a、c 和 a'、c'。

2)连接 $b'd'$ 与 $a'c'$ 相交于点 $1'$。

3)由 $1'$ 在平面上求出 1。

4)连接 $b1$，在其延长线上求出 d。

5)分别连接 ad 和 cd，即为所求。

2.4　直线和平面、平面和平面相交

直线和平面相交，有一个交点。两个平面相交，有一条交线。本书仅就几种特殊情况进行讨论。

2.4.1　一般位置直线与特殊位置平面相交

一般位置直线与特殊位置平面相交求交点，如图 2-25 所示。

分析：由于交点 K 在平面 P 上，水平投影 k 一定在 P_H 上，又由于 K 在直线 AB 上，所以 k 一定在 ab 上。因此，水平投影 k 可直接由 ab 与 P_H 的交点求得，有了水平投影 k，就可以在直线的正面投影上求出 k'。

作图：

1)用字母 k 标出 ab 和 P_H 的交点。

2)过 k 作 OX 轴的垂直连线，与 $a'b'$ 相交即得 k'。

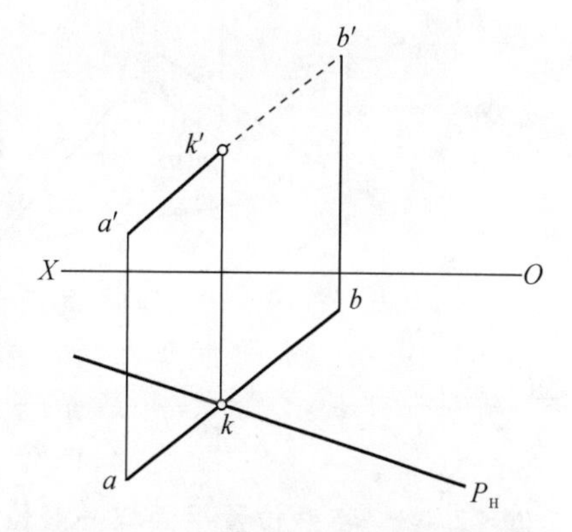

图 2-25　一般位置直线与铅垂面相交

我们认为平面是不透明的，因此，在直线和平面的交点确定了以后，还会产生判别直线的可见性问题。也就是说，当我们从上向下看直线的水平投影时，位于平面之上的部分是看得见的，用实线画出，位于平面之下被平面遮住的部分是看不见的，用虚线画出。同样，当我们从前向后看直线的正面投影时，位于平面之前的部分是看得见的，用实线画出，位于平面之后被平面遮住的部分是看不见的，用虚线画出。

判别可见性的基本方法有两种：

1)直观判断。

2)利用直线和平面上的重影点的可见性，确定直线的可见性。

从图 2-25 中可以看出，水平投影无须判断可见性，正面投影以 K 为分界，可以直观地从水平投影中看出，AK 在平面 P 的前方，故 $a'k'$ 可见；KB 在平面 P 的后方，故 $k'b'$ 不可见。

2.4.2　投影面垂直线与一般位置平面相交

投影面垂直线与一般位置平面相交求交点，如图 2-26 所示。

分析：由于交点 K 必在直线 MN 上，所以交点 K 的水平投影 k 一定在直线的积聚投影 $m(n)$ 上，又由于点 K 在三角形 ABC 平面上，所以三角形 ABC 平面上的点 K 的水平投影已知，

利用辅助直线法即可求得点的正面投影 k'。

作图：

1)在 m (n)上标出 k。

2)过 k 任作一条辅助线 $a1$。

3)求 $a'1'$ 。

4)$a'1'$与$m'n'$相交即得 k'。

利用重影点判别可见性，具体判断如图 2-26 所示。

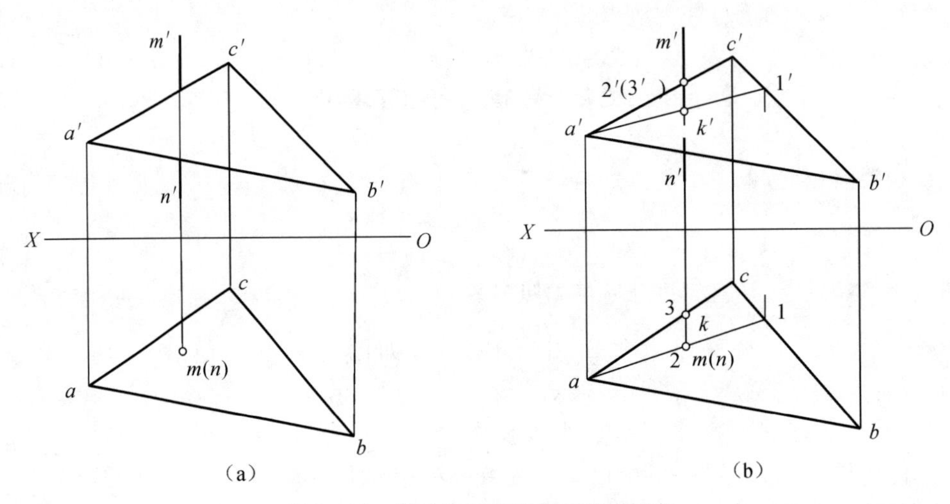

图 2-26 铅垂线与一般位置平面相交

(a)已知；(b)作图

2.4.3 特殊位置平面与一般位置平面相交

特殊位置平面与一般位置平面相交求交线，实质上是求两条直线与平面的两个交点，两交点的连线即是两平面的交线，如图 2-27 所示。

分析：从水平投影可以看出，直线 AB 和 AC 与平面 P 相交，交点为 M、N。在投影图上，利用 P_H的积聚性，可以直接求出 M、N 的水平投影 m 、n ，有了水平投影，就可以在直线的正面投影上定出 m'、n' 。

作图：

1)用 m、n 分别标出 ab 和 ac 与 P_H 的交点。

2)过 m、n 分别作 OX 轴的垂直连线，与 $a'b'$和 $a'c'$相交即得 m'、n'。

3)连接 m'、n'。

利用直观判断法判别可见性，具体判断如图 2-27 所示。

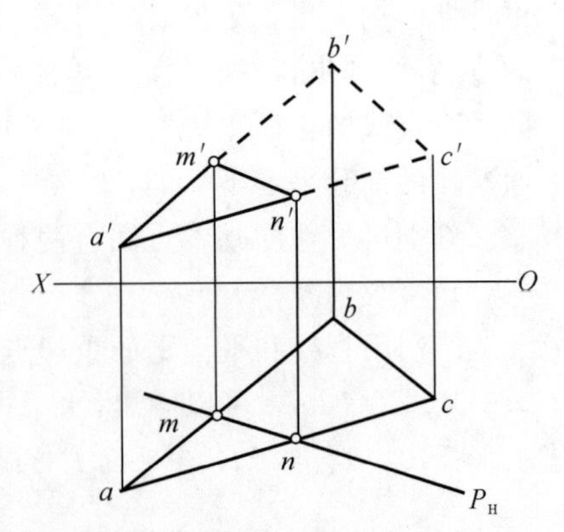

图 2-27 铅垂面与一般位置平面相交

第3章　基本形体的投影

体是由点、线、面等几何元素组成的，所以体的投影实际上就是点、线、面投影的综合。基本形体包括平面体和曲面体两大类。由平面图形所围成的形体称为平面体，由曲面或由曲面和平面共同围成的形体称为曲面体。

3.1　平面体的投影

在建筑工程中，如果对建筑物的形体进行分析，不难看出，绝大部分的形体属于平面体。平面体的基本类型主要有棱柱、棱锥和棱台等。

作平面体的投影，其关键在于作出平面体的点（顶点）、直线（棱线）和平面（棱面）的投影。

1. 棱柱的投影

图3-1是一个竖放的三棱柱的直观图和投影图。作图之前，应首先分析形体的几何特征。该三棱柱是由上、下两个底面和三个棱面组成的。上、下两底面是水平面，左、右两个棱面为铅垂面，后棱面为正平面。三条棱线为铅垂线。

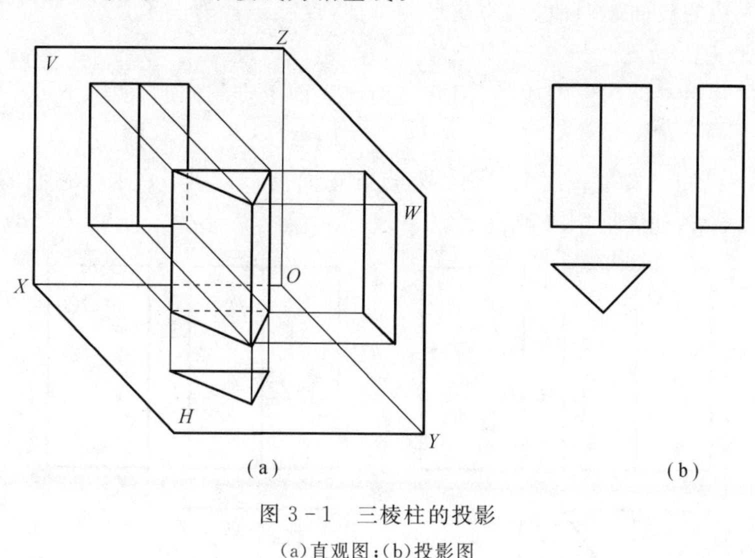

图3-1　三棱柱的投影

(a)直观图；(b)投影图

在 H 面投影中，三角形反映了上、下两底面的实形，三角形的三条边线即为三个棱面的积聚投影，三角形的三个顶点即为三条棱线的积聚投影。在 V 面投影中，上、下两条线是上、下两个水平面的积聚投影，左、右两个矩形分别为左、右两个棱面的投影，外围矩形线框表示后棱面的实形。在 W 面投影中，上、下两底面仍积聚为直线，矩形是左、右两个棱面投影的重合，只是右边的棱面被左边的棱面遮挡住，后面的棱面积聚为一条直线。

2. 棱锥的投影

图 3-2 是一个正三棱锥的直观图和投影图。该三棱锥的底面为一水平面，左、右两棱面是一般位置平面，后棱面是侧垂面，还应注意中间棱线是侧平线。

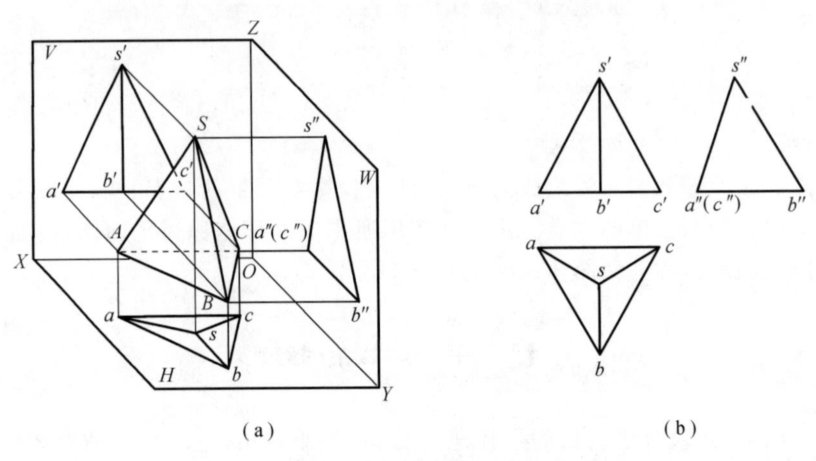

图 3-2　三棱锥的投影

(a)直观图；(b)投影图

在 H 面投影中，外围三角形反映底面的实形，三个小三角形分别为三个棱面的类似形。在 V 面投影中，左、右两个三角形分别为左、右两个棱面的类似形，外围三角形是后棱面的类似形，后棱面被前面两个棱面遮挡住。在 W 面投影中，三角形为左、右两个棱面投影的重合，右边的棱面被左边的棱面遮挡住，后棱面是侧垂面，投影积聚为一条直线。

3. 平面体表面上的点

由于平面体是由平面图形围成的，因此平面体表面上点的问题，实际上就是在平面上取点的问题。

[例 3-1]　已知三棱柱表面上 A、B 两点的正面投影 a'、(b')，求作它们的 H 面投影 a、b 和 W 面投影 a''、b''，如图 3-3 所示。

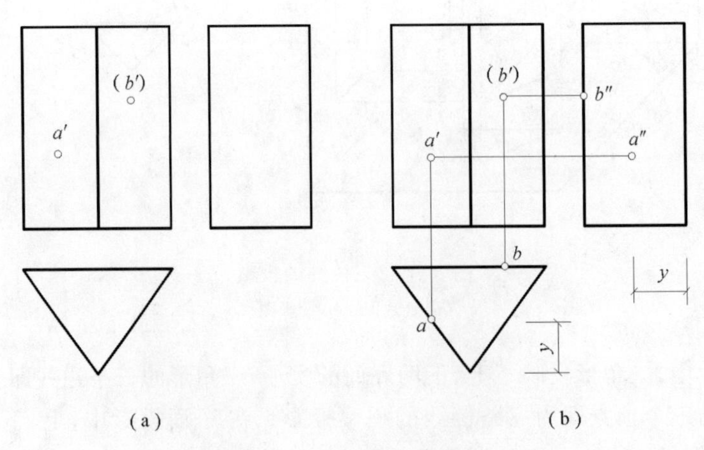

图 3-3　三棱柱体表面定点

(a)已知；(b)作图

分析：根据已知条件可知，a'是可见的，所以点 A 位于前面的可见棱面上，b'是不可见的，所以点 B 位于后面的不可见棱面上。因为两个棱面的 H 面投影都有积聚性，因此从 a'、b'分别向下作铅垂线与各自所在棱面的积聚投影相交，即得水平投影 a 、b。求侧面投影 a''、b''可归结为点的二补三。

作图：

1)过 a'、b'作 OX 轴的垂线，与各自所在棱面的积聚投影相交得 a 、b。

2)根据点的二补三，求出 a''、b'' 。

[例 3-2]　已知三棱锥表面上 M、N 两点的 V 面投影 m'、(n')，求它们的 H 面投影 m、n 和 W 面投影 m''、n''，如图 3-4 所示。

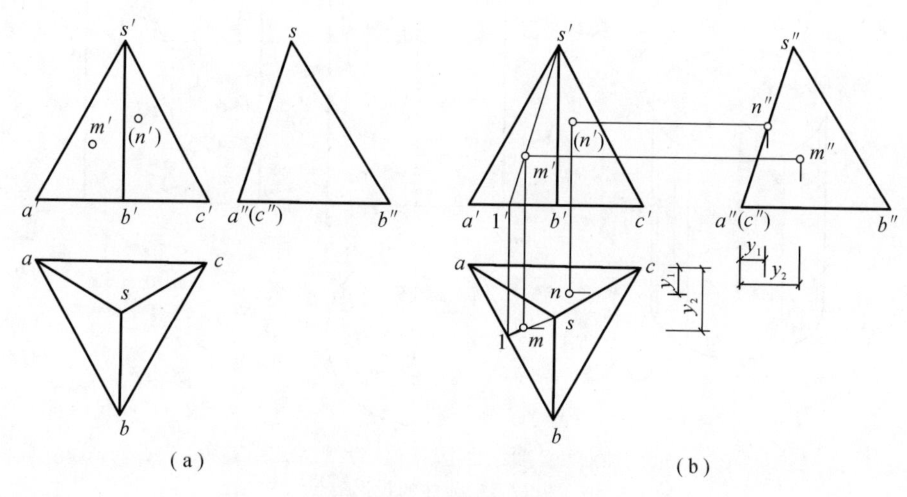

图 3-4　三棱锥体表面定点

(a)已知；(b)作图

分析：根据已知条件可知，M、N 两点分别位于 SAB、SAC 两个棱面上，SAB 为一般位置平面，它的各个投影均无积聚性。为此，需要在点所在的棱面上作辅助线来确定点的投影。SAC 为侧垂面，可直接利用积聚性作图。

作图：

1)过 m'作辅助线 $s'1'$，求出 $s'1'$ 的 H 面投影 $s1$ 。

2)过 m'作 OX 轴的垂直线，与 $s1$ 相交得点 m。

3)利用积聚性直接求出 n''，n 及 m''的求解过程可归结为点的二补三。

4)求出投影后还应判别点的可见性。

3.2　曲面体的投影

在建筑工程中，常遇到各类圆形柱子、球形屋顶、隧道拱等，因此，掌握曲面体的投影作图，在建筑制图中十分必要。

在曲面体中，回转曲面体在工程上应用较广。所谓回转曲面，就是由一条母线(直线或曲线)绕一固定轴回转所形成的曲面。母线是运动的，母线在曲面上的任一位置处，称为素线。所以，回转曲面可看成由无数条素线所组成。

曲面体最常见的基本形体有圆柱、圆锥、圆球等。

1. 圆柱体的投影及体表面的点

两条相互平行的直线，以一条为轴线，另一条为母线，母线绕轴线回转即得圆柱面。由圆柱面和上、下底面围成的形体就是圆柱体。图 3-5 给出了圆柱体的三面投影，在 H 面投影中，圆平面表示上、下两底面的实形，圆周曲线是圆柱曲面的积聚投影。在 V 面投影中，矩形表示前、后两个半圆柱面的投影，前半柱面可见，后半柱面不可见，左、右两条直线分别称为最左轮廓素线和最右轮廓素线。在 W 面投影中，矩形表示左、右两个半圆柱面的投影，左半柱面可见，右半柱面不可见，前、后两条直线分别称为最前轮廓素线和最后轮廓素线。

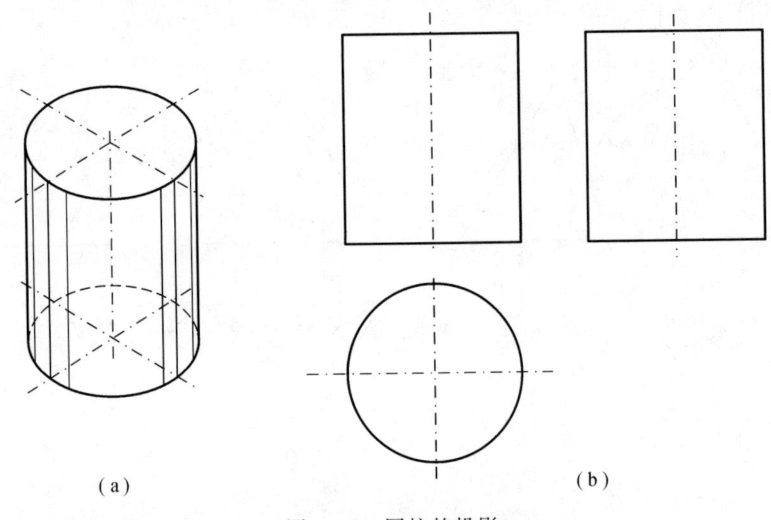

图 3-5 圆柱的投影

(a)直观图；(b)投影图

求作直立圆柱面上点的投影时，可直接利用圆柱面的积聚性。

[**例 3-3**] 已知圆柱体表面上的点 M、N 的 V 面投影 m'、(n')，求 H 面投影 m 、n 及 W 面投影 m''、(n'')，如图 3-6 所示。

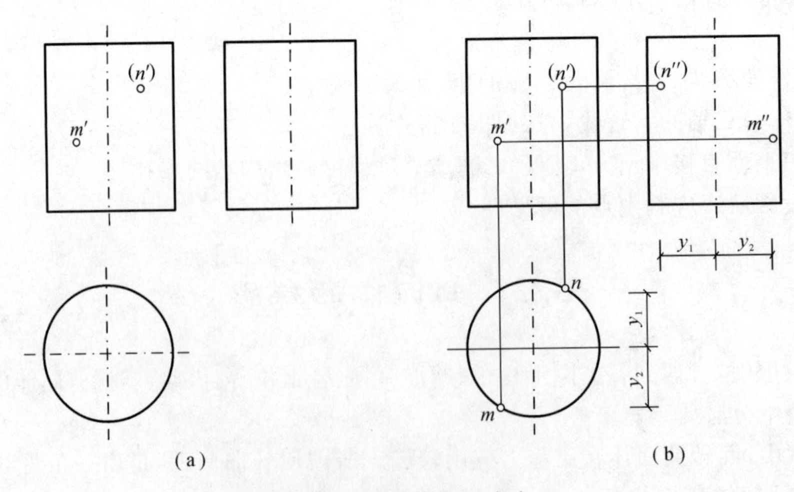

图 3-6 圆柱体表面定点

(a)已知；(b)作图

分析：由 m'、n' 的可见性可知，M 点在前半圆柱面上，N 点在后半圆柱面上。利用积聚性可直接求出 m、n，求 m''、n'' 可归结为点的二补三。

作图：

1）过 m'、n' 作 OX 轴的垂线，与各自所在的圆柱面的积聚投影相交得 m、n。

2）由 m、m' 和 n、n' 补出 m''、n''。

2. 圆锥体的投影及体表面的点

两条相交的直线，以一条为轴线，一条为母线，母线绕轴线回转即得圆锥面。由圆锥面和底面组成的形体就是圆锥体。图 3 - 7 给出了圆锥体的三面投影，在 H 面投影中，圆平面表示圆锥面和底面的投影，由此可见，圆锥面无积聚性，圆锥面可见，底面不可见。在 V 面投影中，三角形表示前、后两个半圆锥面的投影，前半圆锥面可见，后半圆锥面不可见，左、右两条直线分别为最左轮廓素线和最右轮廓素线。在 W 面投影中，三角形表示左、右两个半圆锥面的投影，左半圆锥面可见，右半圆锥面不可见，前、后两条直线分别为最前轮廓素线和最后轮廓素线。

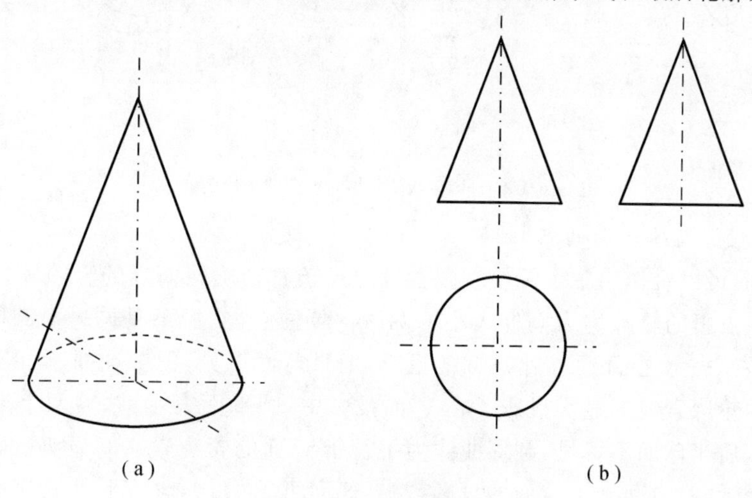

图 3 - 7　圆锥体的投影

(a)直观图；(b)投影图

求作圆锥体表面上点的投影，可以用素线法，也可以用纬圆法。素线法即将点看作在圆锥体的某一条素线上；纬圆法即将点看作在圆锥体的某一纬圆上。

[例 3 - 4]　已知圆锥体表面上一点 M 的正面投影 m'，求 m 及 m''，如图 3 - 8 所示。

分析：由 m' 的可见性可知，M 点在前半圆锥面上，圆锥面没有积聚性，可将 M 点看作是在圆锥体表面的某一条素线或纬圆上。由前面圆锥面的形成过程可以看到，素线是过锥顶的，而纬圆是垂直于轴线的。下面分别是素线法和纬圆法的作图过程。

素线法作图：

1）过 m' 作素线 $s'1'$。

2）求出 $s1$。

3）过 m' 作 OX 轴的垂线与 $s1$ 相交得 m。

4）由 m、m' 补出 m''。

纬圆法作图：

1）过 m' 作底圆的平行线，该直线即为点 M 所在纬圆的积聚投影。

2)以 s 为圆心，作出纬圆的 H 面投影，即纬圆的实形。

3)过 m' 作 OX 轴的垂线与纬圆的前面部分相交得 m。

4)由 m、m' 补出 m''。

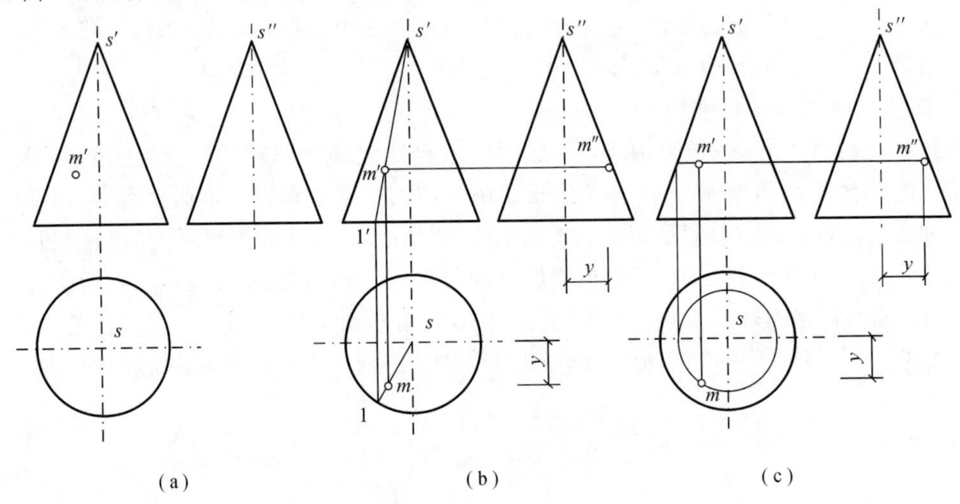

图 3-8　圆锥体表面定点

(a)已知；(b)素线法作图；(c)纬圆法作图

3. 球体的投影及体表面的点

球体的表面可以看作由一个圆绕着圆本身的一条直径旋转而成的。图 3-9 给出了球体的三面投影，各投影的轮廓均为同样大小的圆。但要注意，它们不是同一个圆的投影。在 H 面投影中，圆平面表示上、下两个半球面的投影，上半球面可见，下半球面不可见，圆周曲线为平行于 H 面的轮廓素线的显实投影。在 V 面投影中，圆平面表示前、后两个半球面的投影，前半球面可见，后半球面不可见，圆周曲线为平行于 V 面的轮廓素线的显实投影。在 W 面投影中，圆平面表示左、右两个半球面的投影，左半球面可见，右半球面不可见，圆周曲线为平行于 W 面的轮廓素线的显实投影。

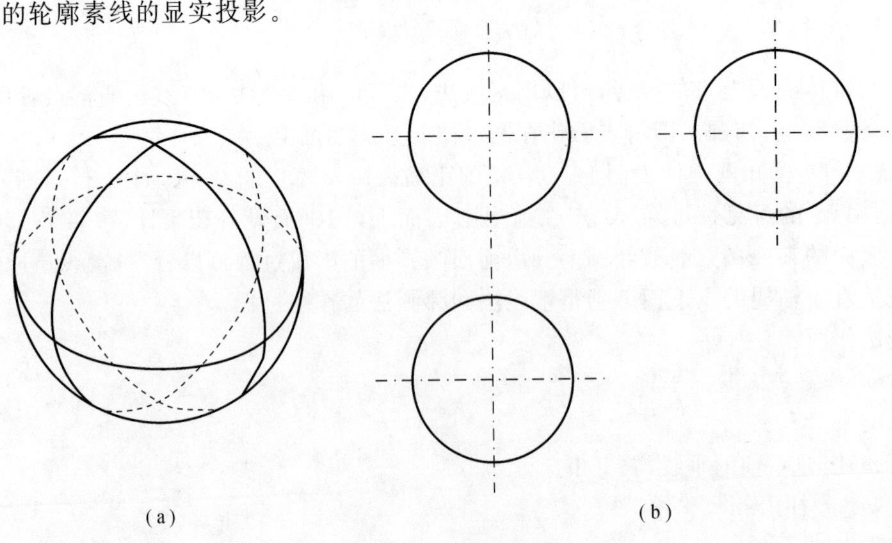

图 3-9　球体的投影

(a)直观图；(b)投影图

求作球体表面的点的投影，应使用纬圆法，即将点看作在某一个纬圆上。

［例 3－5］ 已知球体表面的点 M 的 V 面投影 m'，求 m 及 m''，如图 3－10 所示。

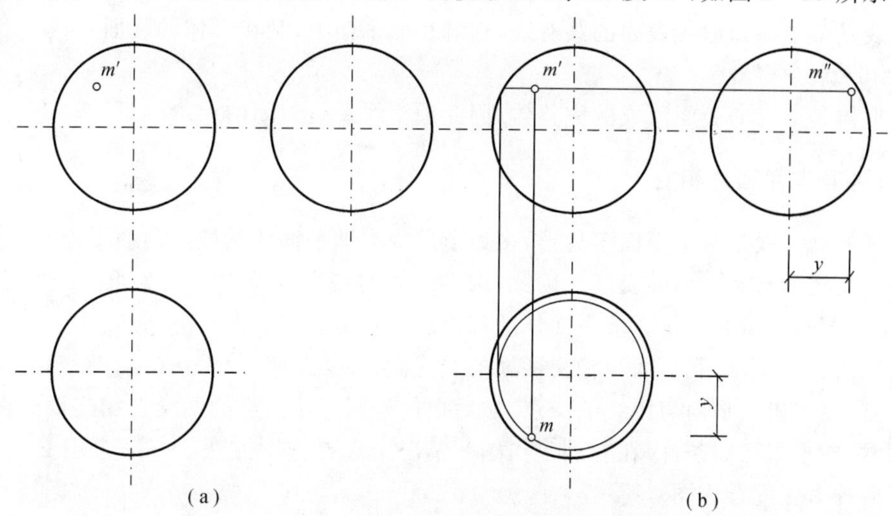

图 3－10　球体表面定点

(a)已知；(b)作图

分析：由 m' 的可见性可知，M 点在前半球面上。球面的投影没有积聚性，可将点 M 看作是在球面的某一纬圆上，求出该纬圆的投影即可求出 M 点的投影。

作图：

1)过 m' 作水平直径的平行线，即该纬圆的积聚投影。

2)以 O 为圆心，作出该纬圆的显实投影。

3)过 m' 作 OX 轴的垂线与纬圆的前面部分相交得 m。

4)由 m、m' 补出 m''。

3.3　平面与形体表面相交

平面与形体表面相交，犹如平面去截割形体，此平面叫作截平面，截平面与形体表面的交线叫作截交线；由截交线围成的平面图形，称为断面或截面；形体被一个或几个截平面截割后留下的部分，称为切割体，如图 3－11 所示。

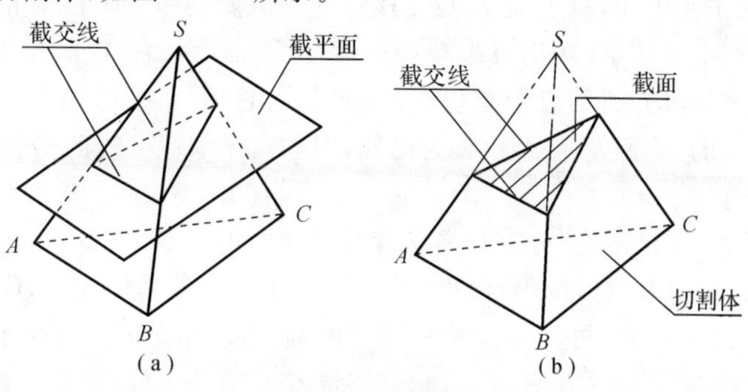

图 3－11　平面与形体表面相交

(a)截交线；(b)切割体

截交线具有以下两个基本特征：

1. 共有性

截交线是截平面和形体表面的共有线，它既在截平面上，又在形体的表面上。

2. 封闭性

由于形体是由它的表面围成的完整体，因此截交线总是封闭的。

3.3.1 平面与平面体相交

平面体的截交线是一个平面多边形，多边形的顶点即平面体的棱线与截平面的交点，多边形的各条边是棱面与截平面的交线。因此，求平面体的截交线可以归结为求直线与平面的交点，或者求平面与平面的交线。求平面体的截交线的投影有以下两种方法：

1)交线法：直接求出截平面与相交棱面的交线。

2)交点法：求出截平面与棱线的交点，然后把位于同一棱面上的两交点相连得截交线。

作图时，应根据已知条件，在有利于作图的情况下选择作图方法。一般常用交点法，有时也可以用两种方法配合作图。

特殊情况下，当截平面垂直于某一投影面时，则截交线的这一投影为已知，截交线的其余两投影，可按体表面定点的方法作出。

[例 3-6] 求正垂面 P 与三棱柱的截交线，如图 3-12 所示。

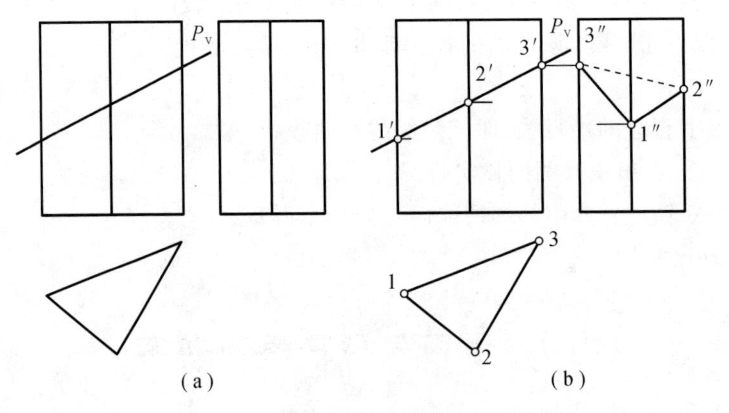

图 3-12 正垂面 P 与三棱柱的截交钱

(a)已知；(b)作图

分析：根据已知条件可知，截平面 P 与三棱柱的三条侧棱和三个棱面相交，所得截交线是一个三角形。由于截平面 P 的 V 面投影有积聚性，因此截交线的 V 面投影就积聚在 P_V 上；另外，三棱柱的三个棱面的 H 面投影有积聚性，截交线的 H 面投影积聚在 H 面投影的三角形上。经分析截交线的 H 面及 V 面投影为已知，问题在于求截交线的 W 面投影。

作图：

1)过 1′、2′、3′向右作水平线，分别与三条棱线相交即得 1″、2″、3″。

2)连接 1″、2″、3″即得截交线的 W 面投影，2″、3″位于不可见的棱面上，应连成虚线。

[例 3-7] 求正垂面 P_V与三棱锥 $S-ABC$ 的截交线，如图 3-13 所示。

分析：从图中所给截平面的位置可知，它与三棱锥的三条棱线和三个棱面均相交，所得截交线是三角形。由于截平面的 V 面投影有积聚性，因此截交线的 V 面投影就积聚在 P_V上，而

且三条棱线 $s'a'$、$s'b'$、$s'c'$ 与 P_V 的交点 1′、2′、3′就是截交线的三个顶点。首先求截交线顶点的 H 面投影，然后按一定方法两两连成直线，即为截交线，此题的作图方法为交点法。

作图：

1）自交点 1′、2′、3′向下作铅垂线，分别与 sa、sb、sc 相交即可得到交点的 H 面投影 1、2、3。

2）自交点 1′、2′、3′向右作水平线，分别与 $s''a''$、$s''b''$、$s''c''$相交即得交点的 W 面投影 1″、2″、3″。

3）连接同名投影，即得截交线的 H 面投影 123 及 W 面投影 1″2″3″，2″3″位于不可见棱面上，应连成虚线。

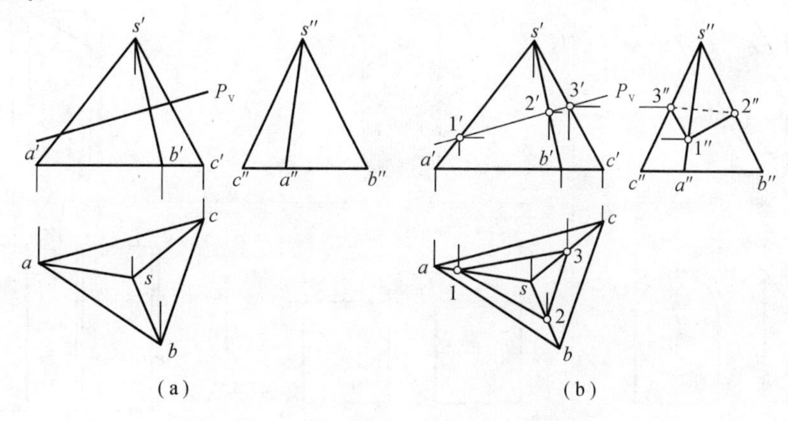

图 3-13　正垂面 P 与三棱锥的截交线

(a)已知；(b)作图

3.3.2　平面与曲面体相交

平面与曲面体相交所得的截交线，在一般情况下是平面曲线。当截平面截割到曲面体的曲表面的同时，又截割到曲面体的平面部分时，则截交线由平面曲线和直线在结合点处连接成封闭的平面图形，如图 3-14 所示。

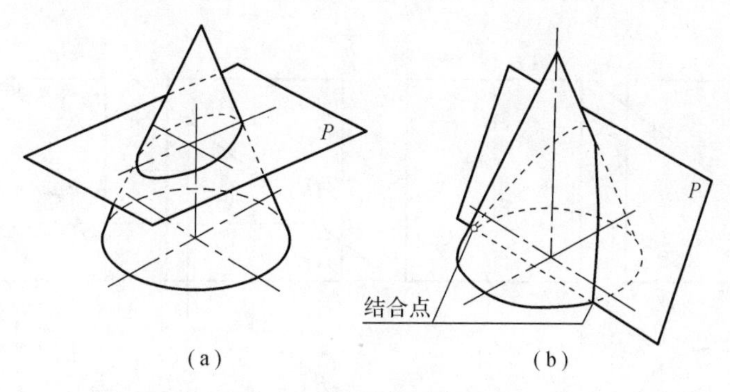

图 3-14　曲面体的截交线

分析图 3-14(a)可知，截平面 P 截割圆锥所得的截交线是一个椭圆。椭圆上的每一个点都可看成是圆锥面上的一条素线或圆锥面上的一个纬圆与截平面的交点。因此，求曲面体截交线的方法就可归结为求曲面上的一系列素线或纬圆与截平面的交点，求出一系列交点后，依次光滑地连成曲线，便可得到曲面体的截交线。

为了使所求的截交线形状准确，必须作出一些控制截交线形状的特殊点，例如轮廓素线上的点，椭圆的长、短轴的端点等。

1. 平面与圆柱相交

当截平面与圆柱的轴线处于不同的位置时，就可得出不同形状的截交线，见表 3－1。

表 3－1　圆柱的截交线

截平面倾斜于圆柱轴线	截平面垂直于圆柱轴线	截平面平行于圆柱轴线
椭圆	纬圆	矩形
P	P	P
P_V	P_V　P_W	P_W　P_H

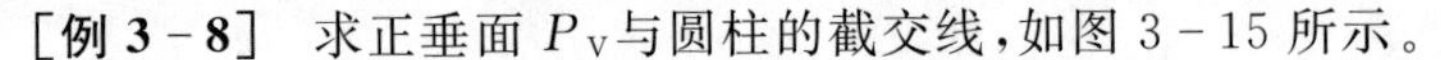

当截平面倾斜于圆柱轴线时，截交线为一椭圆；当截平面垂直于圆柱轴线时，截交线为一纬圆；当截交线通过圆柱轴线或平行于圆柱轴线时，截交线为一矩形。

［**例 3－8**］　求正垂面 P_V 与圆柱的截交线，如图 3－15 所示。

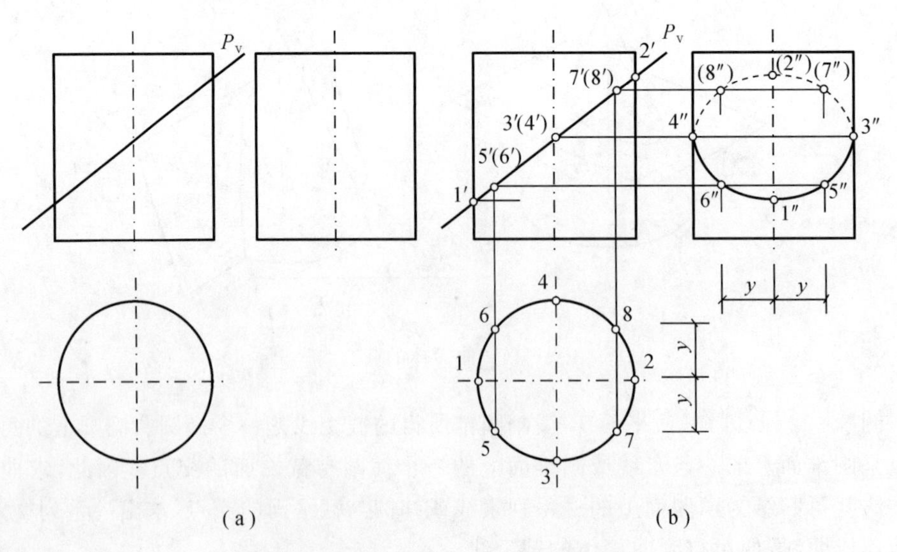

图 3－15　正垂面 P_V 与圆柱的截交线

(a)已知；(b)作图

分析：由于所给截平面与圆柱的轴线倾斜，可知其截交线为一椭圆。又因截平面的 V 面投影和圆柱的 H 面投影均有积聚性，所以椭圆的 V 面投影积聚在 P_V 上，椭圆的 H 面投影积聚在圆柱 H 面投影的圆周上。问题在于求椭圆的侧面投影。

作图：

1)在椭圆的 V 面投影中定出八个点 $1'$、$2'$、$3'$、$4'$、$5'$、$6'$、$7'$、$8'$，并找出水平投影中相对应的 1、2、3、4、5、6、7、8。其中，Ⅰ、Ⅱ、Ⅲ、Ⅳ四个点是特殊点，也就是椭圆的长短轴端点、轮廓素线上的点、可见和不可见的分界点。

2)求出八个点的侧面投影 $1''$、$2''$、$3''$、$4''$、$5''$、$6''$、$7''$、$8''$。

3)将这八个点依次连成椭圆。其中 $4''6''1''5''3''$ 这一段是可见的，应连成实线；$3''7''2''8''4''$ 这一段是不可见的，应连成虚线。

2. 平面与圆锥相交

当截平面与圆锥的相对位置不同时，就可得出不同形状的截交线，见表 3-2。

表 3-2　圆锥的截交线

截平面垂直于圆锥轴线	截平面与圆锥面上所有素线相交	截平面平行于圆锥面上一条素线	截平面平行于圆锥面上两条素线	截平面通过锥顶
圆	椭圆	抛物线	双曲线	三角形
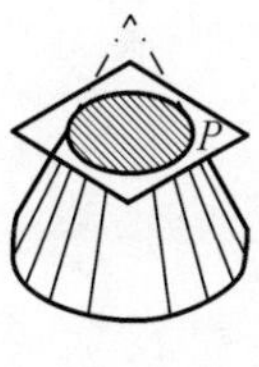 P	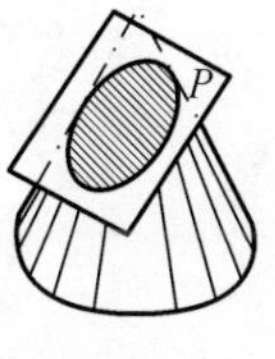 P	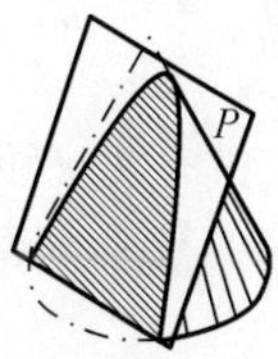 P	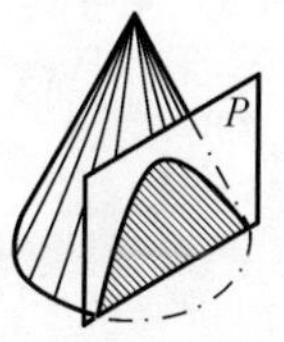 P	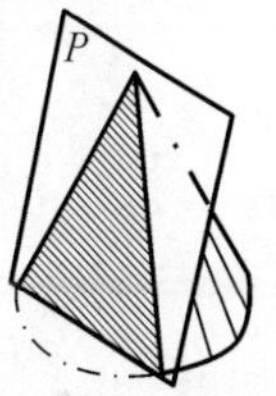 P
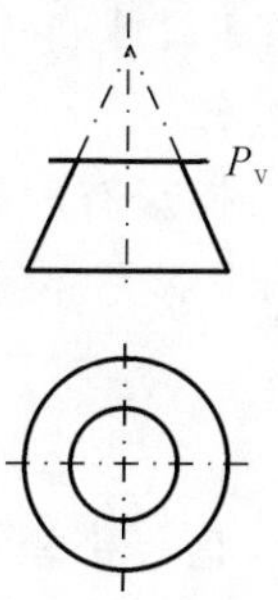 P_V	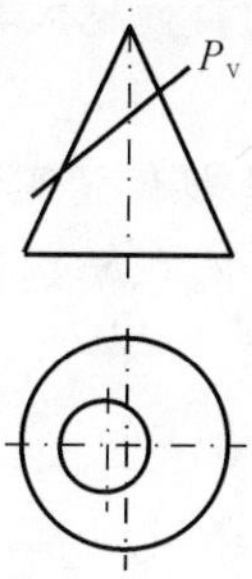 P_V	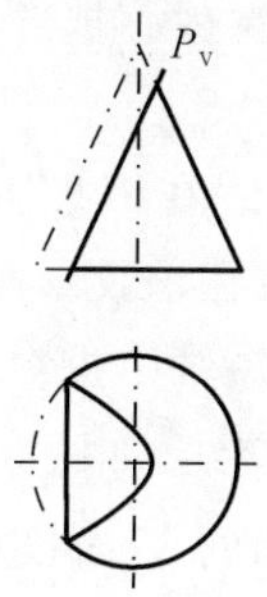 P_V	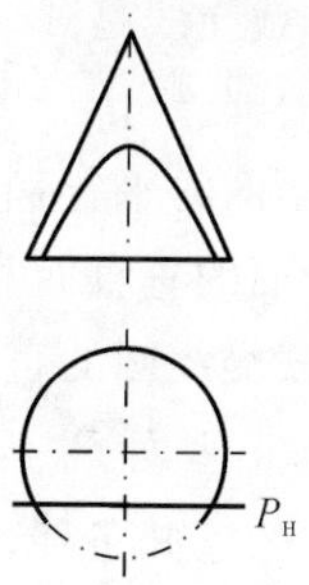 P_H	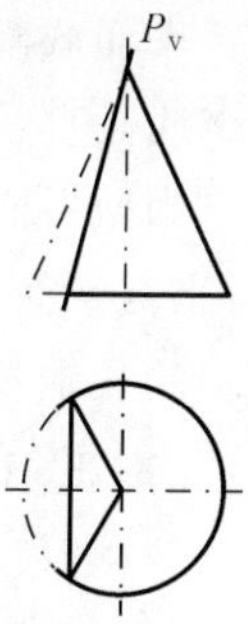 P_V

当截平面垂直于圆锥轴线时，截交线是一个纬圆；当截平面与圆锥上所有的素线都相交时，截交线是一个椭圆；当截平面平行于圆锥上一条素线时，截交线是一条抛物线；当截平面平行于圆锥上两条素线时，截交线是双曲线；当截平面通过圆锥顶时，截交线是三角形。

[**例 3-9**]　求正平面 P 与圆锥的截交线，如图 3-16 所示。

分析：图中给的截平面 P 与圆锥面上两条素线平行，因此所得截交线为双曲线。因为截平面的 H 面投影和 W 面投影都有积聚性，所以双曲线的 H 面投影和 W 面投影分别积聚在 P_H 和 P_W 上，V 面投影是双曲线，并且反映实形。

作图：

1)在双曲线的已知投影上定出Ⅰ、Ⅱ、Ⅲ三个点的 H 面投影 1、2、3 和 W 面投影 1″、2″、3″，并求出其 V 面投影 1′、2′、3′。

2)在双曲线的适当高度的位置上定 4″、5″两个点，并用纬圆法求出它们的 H 面投影 4、5 和 V 面投影 4′、5′。

3)把点依次平滑地连接起来，即为双曲线的正面投影。

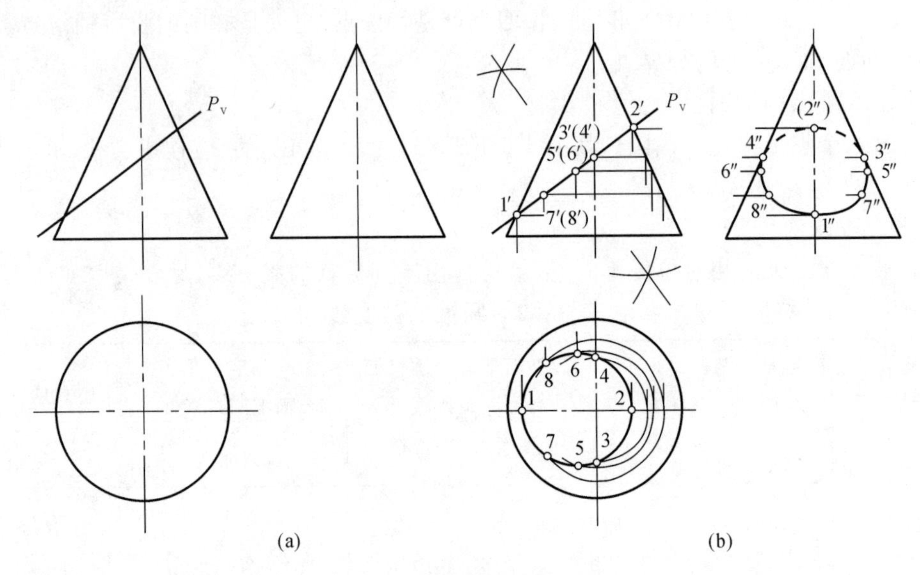

图 3－16　正平面 P 与圆锥的截交线

(a)已知;(b)作图

3. 平面与球相交

平面截割球体，截交线是圆。截平面靠球心越近，截交线的直径越大，截平面通过球心时，截交线是直径最大的圆。

当截平面是投影面的平行面时，截交线在该投影面上的投影有显实性，其余投影有积聚性；当截平面是投影面的垂直面时，截交线在该投影面上的投影有积聚性，其余两投影为椭圆，椭圆的长轴长度与截交线圆的直径相等，短轴由投影确定。

[例 3－10]　求正垂面 P_V 与球的截交线，如图 3－17 所示。

分析：根据给出的已知条件，截交线圆的 V 面投影积聚在 P_V 上，它与球的 V 面投影轮廓线的交点(1′、2′)之间的长度即为截交线圆的直径，H 面投影中截交线圆变形为椭圆，12 为椭圆的短轴。与 1′2′垂直的直径 3′4′是一正垂线，在 H 面投影中反映截交线圆直径的实长，成为椭圆的长轴。因此截交线的投影作图归结为椭圆的作图。

作图：

1)在 V 面投影中，定出 1′、2′、3′、4′、5′、6′、7′、8′八个点，分别为椭圆的长、短轴的端点和轮廓线上的点。

2)用纬圆法求出八个点的 H 面及 W 面投影。

3)将同名投影依次光滑地连接起来，H 面投影中 7351648 不可见，应连成虚线；W 面投影中，5″3″7″2″8″4″6″不可见，应连成虚线。

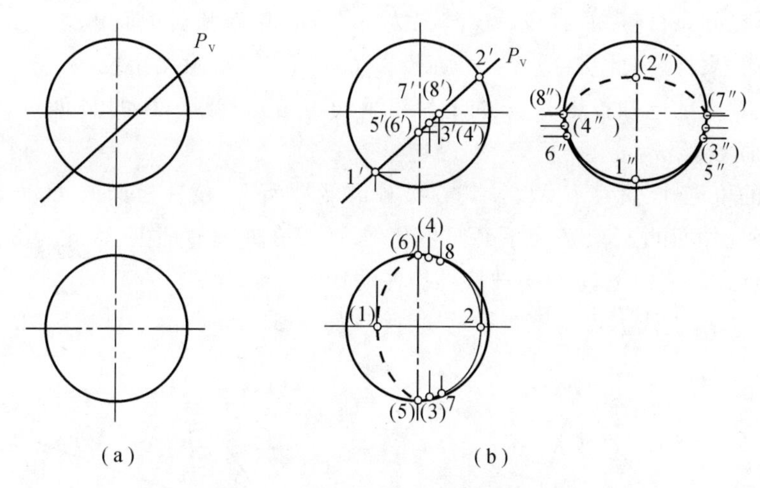

图 3－17　正垂面 P 与球的截交线

(a)已知；(b)作图

3.4　直线与形体表面相交

直线与形体表面相交，即直线贯穿形体，所得的交点叫贯穿点，如图 3－18 所示。

当直线和形体在投影图中给出后，便可求出贯穿点的投影。贯穿点是直线与形体表面的共有点，当直线或形体表面的投影有积聚性时，贯穿点的投影也就积聚在直线或形体表面的积聚投影上。

求贯穿点的一般方法是辅助平面法。其具体作图步骤是：经过直线作一辅助平面，求出辅助平面与已知形体表面的辅助截交线，辅助截交线与已知直线的交点，即为贯穿点。

特殊情况下，当形体表面的投影有积聚性时，可以利用积聚投影直接求出贯穿点；当直线为投影面垂直线时，贯穿点可按形体表面上定点的方法作出。

直线贯穿形体以后，穿进形体内部的那一段不需要画出，而位于贯穿点以外的直线需要画出，并且还要判别其可见性。

［例 3－11］　直线 AB 与三棱柱的贯穿点，如图 3－19 所示。

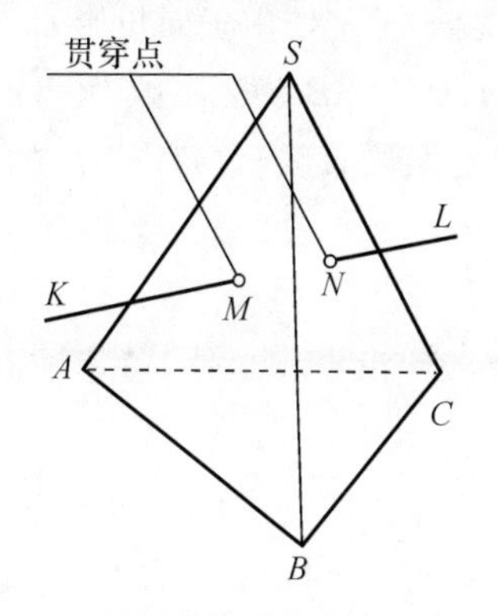

图 3－18　直线与形体表面相交

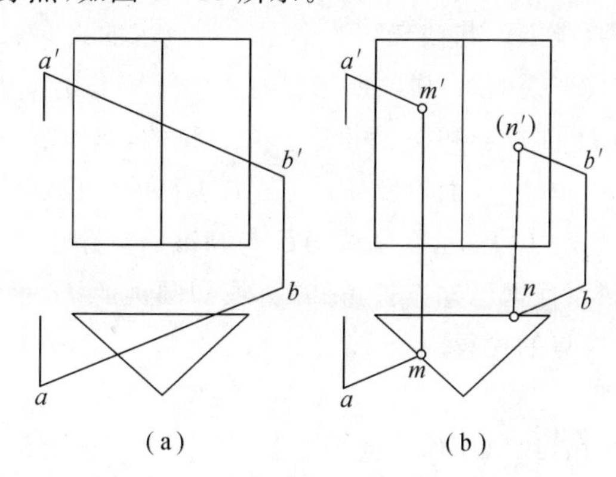

图 3－19　直线 AB 与三棱柱的贯穿点

(a)已知；(b)作图

分析：根据已知条件可知，直线 AB 与三棱柱的左前棱面和后棱面相交。由于三棱柱棱面的 H 面投影有积聚性，因此贯穿点的 H 面投影可利用积聚性直接定位。

作图：由贯穿点的已知投影 m、n 向上作铅垂线与已知直线 AB 的 V 面投影 $a'b'$ 相交，即得贯穿点的 V 面投影 m'、n'。

判别直线的可见性：贯穿点 M、N 均在棱柱的侧棱面上，棱柱棱面的 H 面投影都有积聚性，因此露在棱柱外面的 am、nb 是看得见的。但 M 点在左前棱面上，因此，$a'm'$ 是看得见的，画实线；而 N 点在后棱面上，$n'b'$ 中被棱柱挡住的那段应画虚线。

［**例 3－12**］ 求直线 KL 与三棱锥的贯穿点，如图 3－20 所示。

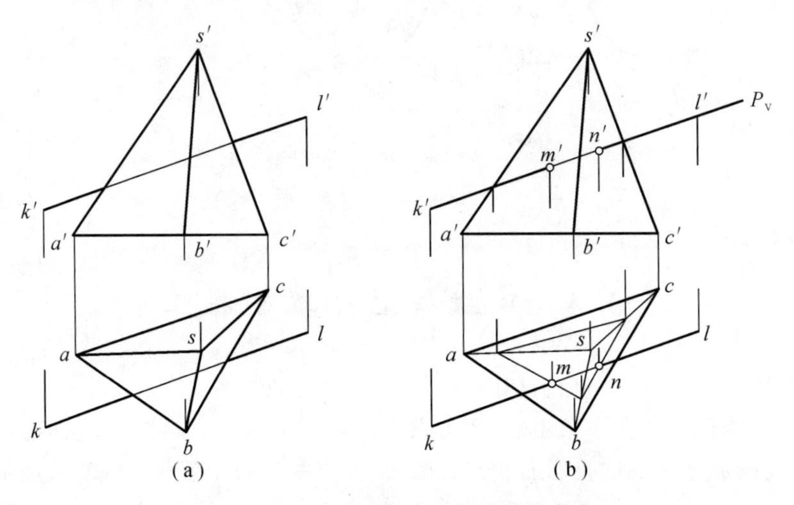

图 3－20 直线 KL 与三棱锥的贯穿点

(a)已知；(b)作图

分析：根据已知条件可知，直线与三棱锥的 SAB 和 SBC 两个棱面相交，它们的投影都没有积聚性，需要用辅助平面法求贯穿点。

作图：

1)过直线 KL 作辅助平面 P（图中 P 平面为正垂面，与直线的 V 面投影重合）。

2)求辅助平面 P 与三棱锥表面的截交线。

3)直线 KL 与截交线的交点即为所求的贯穿点(由水平投影 m、n 作出正面投影 m'、n')

判别直线的可见性：所求贯穿点 M、N 分别位于棱锥的 SAB 和 SBC 棱面上，因为这两个棱面的 H 面投影和 V 面投影都是可见的，所以露在形体外面的两段直线 KM 和 NL 的 H 面投影 km、nl 和 V 面投影 $k'm'$ 、$n'l'$ 也都应画成实线。

［**例 3－13**］ 求水平线 AB 与圆锥的贯穿点，如图 3－21 所示。

分析：根据已知条件可知，直线和圆锥的 H 面及 V 面投影均没有积聚性，可用辅助平面法求贯穿点的投影。

作图：

1)过直线 AB 作辅助平面 P(图中 P 平面为水平面，与直线的 V 面投影重合)。

2)求 P 平面与圆锥的截交线(是一个纬圆)。

3)直线与截交线(纬圆)的交点即为贯穿点的水平投影 m、n。

4)求出 m'、n'。

5)判别直线的可见性:由于点 M 位于前半圆锥面上,其 H 面、V 面投影均可见,因此 am,$a'm'$均可见,由于点 N 位于后半圆锥面上,其 H 面投影可见,V 面投影不可见,因此 nb 可见,$n'b'$被圆锥遮挡的部分不可见。

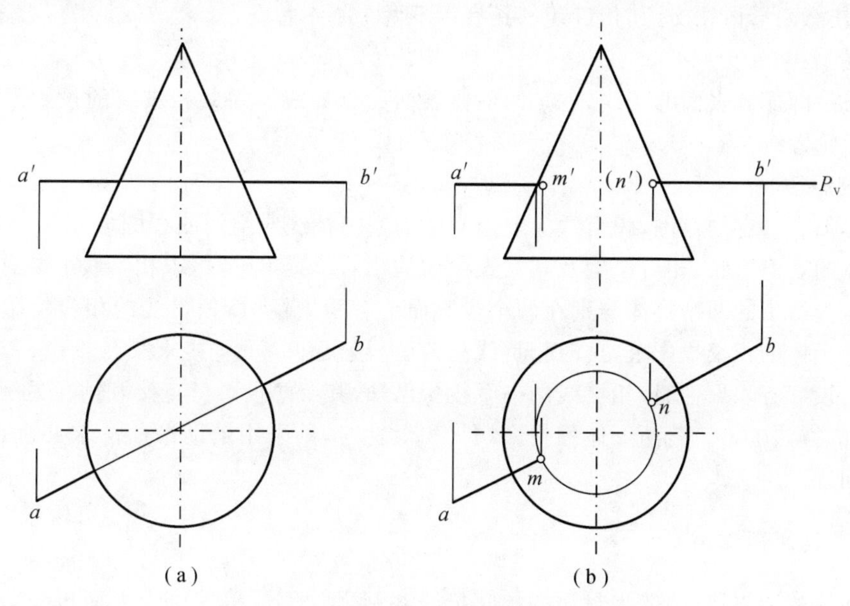

图 3-21　水平线 AB 与圆锥的贯穿点

(a)已知;(b)作图

3.5　两形体表面相交

两形体相交也叫两形体相贯。相交的形体称为相贯体,形体表面的交线称为相贯线,如图 3-22 所示。

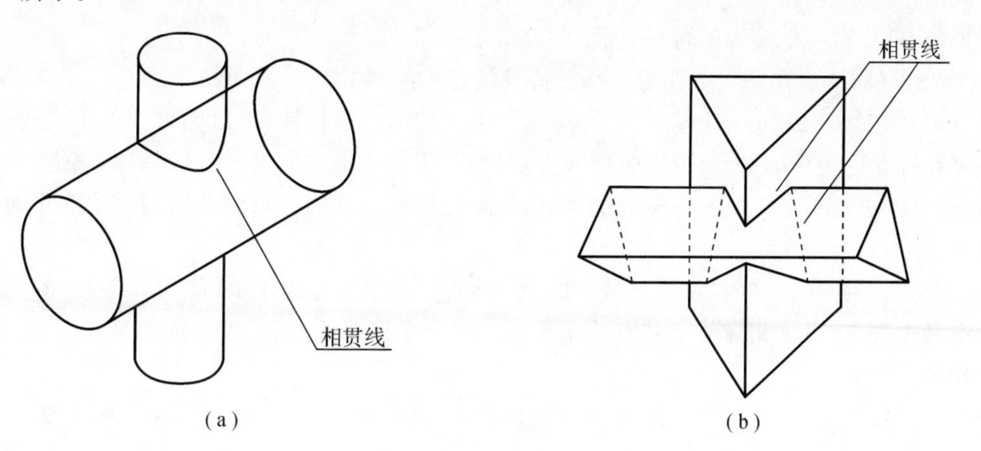

图 3-22　两形体表面相交

(a)全贯;(b)互贯

因形体分为平面体和曲面体两大类，所以两形体相交可分为两平面体相交、平面体与曲面体相交、两曲面体相交三种。

当两形体的相对位置不同时，相贯又可分为全贯和互贯两种。全贯是指一形体的表面全部与另一形体相交。互贯是指一形体的表面只有一部分与另一形体的一部分相交。

但是，任意两形体相交，其相贯线都具有以下两个基本特征：

1. 共有性

相贯线是两形体表面的交线，也是两形体表面的分界线。因此相贯线的投影不得超出两形体的外形轮廓线。

2. 封闭性

因形体都有一定的范围，相贯线一般由封闭的空间折线或空间曲线围成。

当形体的表面形状、相对位置及其对投影面的相对位置不同时，求相贯线上共有点的方法也不相同。当给出的两个形体分别在两个投影面上有积聚性时，相贯线的相应投影就分别积聚在这两个形体的积聚投影上，这时相贯线的两个投影已知，可直接求第三投影；若只有一个形体的某个投影有积聚性时，相贯线的一个投影已知，其余两投影可直接利用在另一形体表面定点、定线的方法求出。若两形体的投影均无积聚性时，则采用辅助平面法求共有点，本书不涉及这个问题。

3.5.1 两平面体相交

两平面体的相贯线，一般为封闭的空间折线，特殊情况下，相贯线为平面折线。相贯线的每一折线段都是两平面体上某两个棱面的交线，而每一个折点都是一平面体的某条棱线与另一平面体的某个棱面的交点。因此，求两平面体的相贯线，实际上还是求直线与平面的交点以及求平面与平面的交线。求两平面体的相贯线，可采用以下两个基本方法：

1)求出两平面体的有关棱面的交线，即组成相贯线。

2)分别求出各平面体的有关棱线对另一个平面体棱面的交点，即贯穿点，然后把既位于一形体的同一棱面又位于另一形体的同一棱面上的两点，顺次连成直线，即组成相贯线。

求出相贯线后，还要判别可见性。判别原则是：只有位于两形体都可见的棱面上的交线才是可见的，只要有一个棱面不可见，面上的交线就不可见。

[例 3-14] 求直立三棱柱与水平三棱柱的相贯线，如图 3-23 所示。

分析：由图 3-23(a)可知，直立三棱柱的 H 面投影有积聚性，所以相贯线的 H 面投影必然积聚在直立三棱柱的 H 面投影轮廓线上。同样，水平三棱柱的 W 面投影有积聚性，相贯线的 W 面投影必然积聚在水平三棱柱的 W 面投影轮廓线上。因此只要求出相贯线的正面投影即可。

另外，从图中还可看出，水平三棱柱的 E 棱、F 棱和直立三棱柱的 B 棱参与相交，而每条棱线有两个交点，可见相贯线上共有六个折点。只要求出这些点，便可连成相贯线。

作图：

1)在相贯线的已知投影上，用数字分别标出六个折点的投影 1、2、3、4、5、6 和 $1''$、$2''$、$3''$、$4''$、$5''$、$6''$。

2)用线上定点的方法作出各折点的正面投影 $1'$、$2'$、$3'$、$4'$、$5'$、$6'$。

3)按照连点原则，把 $1'6'2'4'5'3'1'$ 连成封闭的相贯线。

4)判别可见性:在 V 面投影中,参与相贯的部分,只有 EF 棱面为不可见,因此其上的 $1'3'$、$2'4'$不可见,应画虚线。其余均可见,一概画实线。

5)补全投影:在 V 面投影中,D 棱在最前方,不参与相贯,应全部画实线。E 棱和 F 棱与 AB 和 BC 棱面贯穿,应用实线画至相应的贯穿点。A 棱和 C 棱被水平三棱柱遮挡住的部分应画虚线。

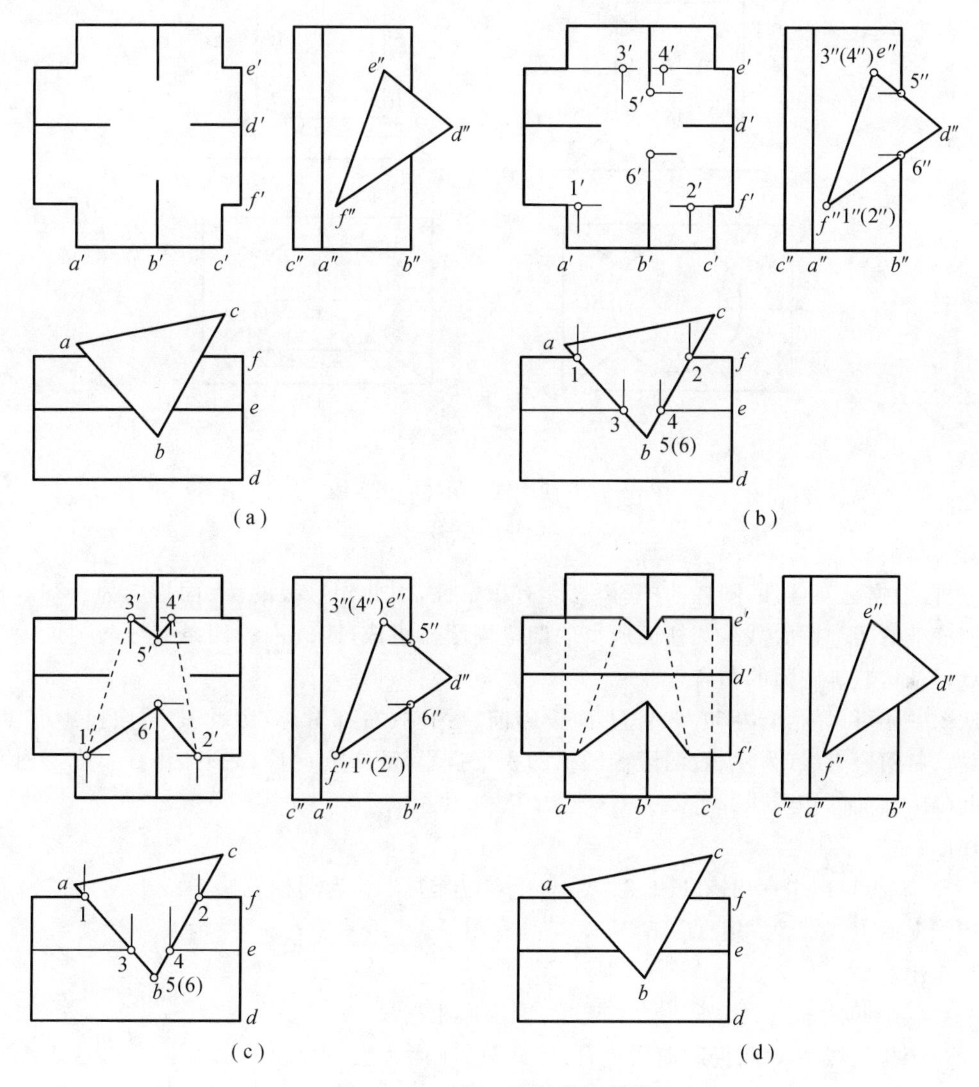

图 3-23　两个三棱柱的相贯线

3.5.2　平面体与曲面体相交

平面体和曲面体相交所得相贯线的形状,在一般情况下,是由几段平面曲线所组成的封闭的空间曲线。每段平面曲线都是平面体上某一棱面截割曲面体的截交线,而相邻两段平面曲线的连接点就是平面体的棱线与曲面体的贯穿点。在特殊情况下,相贯线也可由直线段与若干平面曲线组成,如平面体的棱面与曲面体上的平面部分相交,或平面体与曲面体相交于直素线时，相贯线都有直线部分。由此可见，求平面体与曲面体的相贯线，可归结为求曲面体的截交线和直线与曲面体的贯穿点。

可见性的判别方法与两平面体相贯一样。

［**例 3－15**］ 求圆柱与四棱锥的相贯线，如图 3－24 所示。

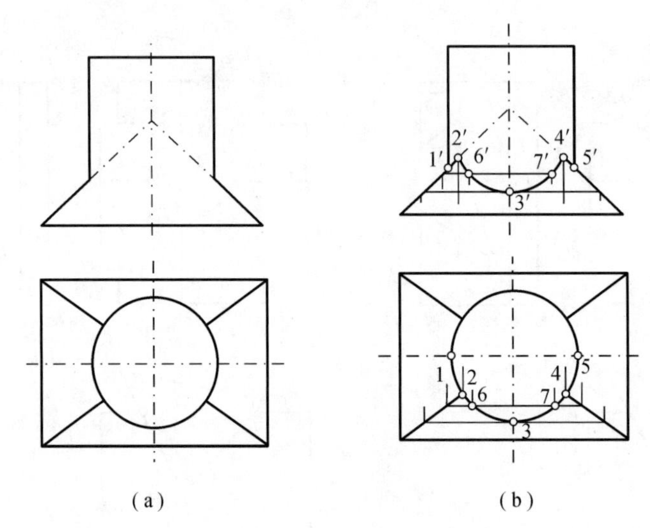

图 3－24 四棱锥与圆柱的相贯线

(a)已知；(b)作图

分析：根据已知条件，圆柱的 H 面投影有积聚性，因此相贯线的 H 面投影为已知。相贯线由四棱锥的四个棱面截割圆柱面所得的四段椭圆弧组成，四棱锥的四条棱线与圆柱面的四个交点就是这些椭圆弧的结合点。

从图中还可以看出，相贯线的 H 面投影前、后、左、右都对称，因此其 V 面投影前、后重合，由左、右两段直线(为左、右两段椭圆弧的积聚投影)和中间一段椭圆弧组成。作图时只需作出前半圆柱面的相贯线即可。

作图：

1)在 H 面投影中标出点 1、2、3、4、5、6、7，其中，1、3、5 为圆柱轮廓素线上的点，2、4 为四棱锥棱线上的点，6、7 为一般点。

2)求出 1′、2′、3′、4′、5′、6′、7′。

3)将位于四棱锥同一棱面上的点连接，即组成相贯线。

4)由于相贯线的 V 面投影前后重合，因此只需画实线。

3.5.3 两曲面体相交

两曲面体相交所得的相贯线，在一般情况下是封闭的空间曲线，在特殊情况下为平面曲线。当两曲面体的表面都有平面部分并且相交时，相贯线还会出现直线段。

求两曲面体的相贯线，实质上是求出两曲面体上的若干共有点，然后依次光滑地连接而成。这些共有点是一个曲面体上的某些素线与另一曲面体表面的贯穿点。

为了能够控制所求相贯线的投影形状和范围，常根据两曲面体的相交情况，进行具体分析，作出一些特殊的共有点，简称“特殊点”。如一曲面体的外形轮廓素线与另一曲面体表面的贯穿点，它是相贯线与外形轮廓线的切点，有时还是相贯线的虚实分界点。除外形轮廓线上的点外，相贯线上还有最高点、最低点、最左点、最右点、最前点、最后点等。在作图时，应加以注意。

［**例 3－16**］　求直立圆柱与水平半圆柱的相贯线，如图 3－25 所示。

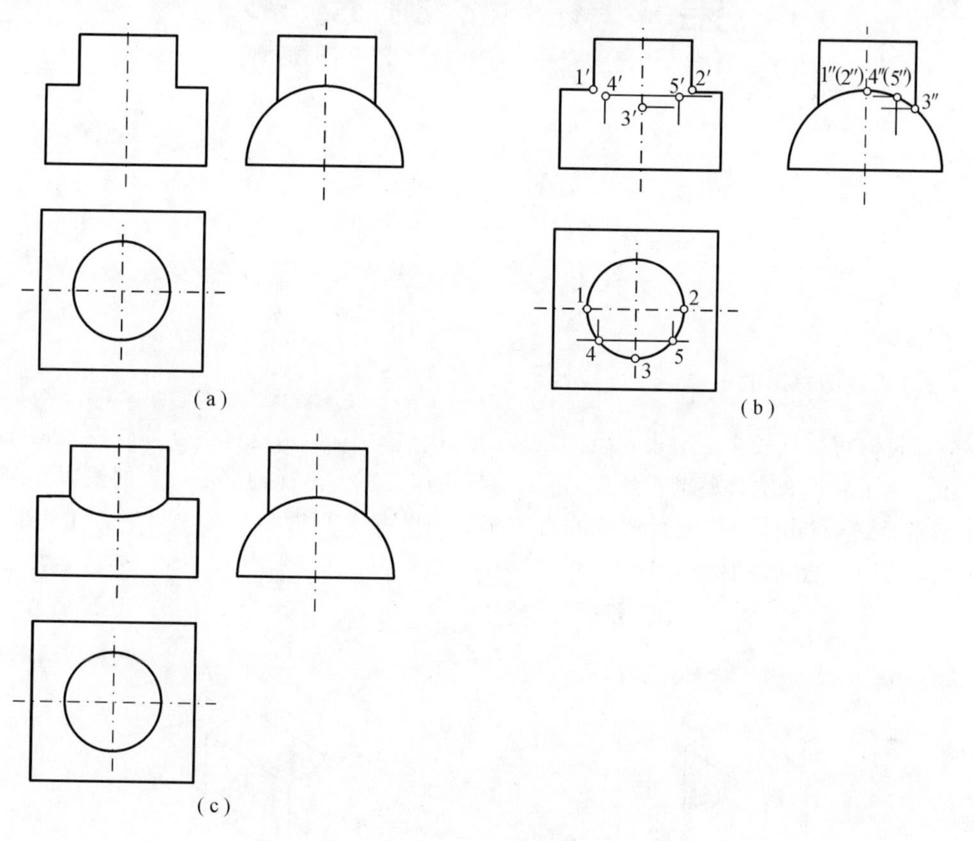

图 3－25　直立圆柱与水平半圆柱的相贯线

(a)已知；(b)作图；(c)连线

分析：根据已知条件，直立圆柱的 H 面投影和水平半圆柱的 W 面投影有积聚性，所以相贯线的 H 面投影积聚在直立圆柱的 H 面投影上，相贯线的 W 面投影积聚在水平半圆柱的 W 面投影上，须作出相贯线的 V 面投影。

由图中还可以看出，相贯线前、后、左、右都对称，因此相贯线的 V 面投影前、后重合，所以只要作出前半部分的相贯线的 V 面投影即可。

作图：

1)在 H 面投影中，标出点 1、2、3、4、5，并在 W 面投影中找出相应的 1″、2″、3″、4″、5″。其中 1、2 是直立圆柱的最左、最右轮廓线与水平半圆柱的最上轮廓线的交点，3 是直立圆柱的最前轮廓线上的点，4、5 是一般点。

2)根据点的二补三，求出 1′、2′、3′、4′、5′。

3)将各点顺次地、光滑地连接起来即得相贯线的 V 面投影。

4)由于相贯线前、后对称，所以只需画实线。

第4章 轴测投影

4.1 基本概念

4.1.1 轴测投影的形成

三面投影可以比较全面地表示空间物体的形状和大小，但是这种图立体感较差，有时不容易看懂。为了获得有立体感的投影图，可采用与物体的三个坐标轴都不一致的投影方向，如图4－1所示，将空间物体及确定其位置的直角坐标系一起平行投影于某一投影面上，便得到富有立体感的图。这就是轴测投影图。

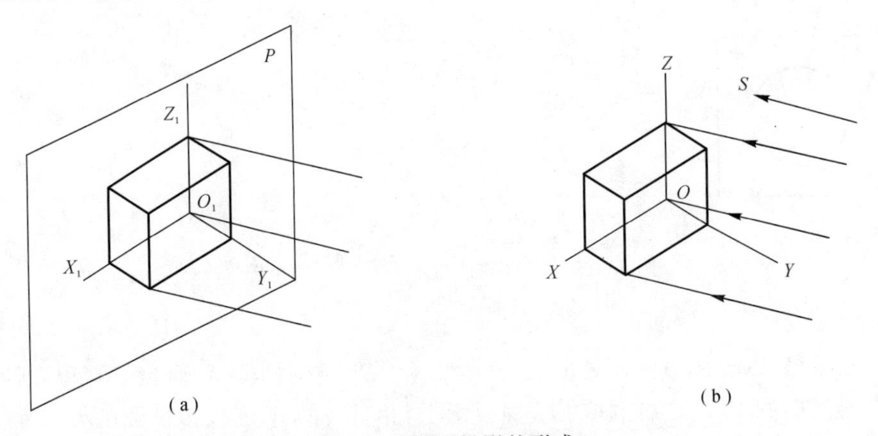

图4－1 轴测投影的形成

P：轴测投影面；S：投影方向；OX、OY、OZ：空间直角坐标系；O_1X_1、O_1Y_1、O_1Z_1：轴测投影轴，简称“轴测轴”；$\angle X_1O_1Y_1$、$\angle X_1O_1Z_1$、$\angle Y_1O_1Z_1$：轴测轴之间的夹角，简称“轴间角”；p、q、r：轴测投影轴与空间直角坐标系上各轴的单位长度之比，称轴向变形系数。

4.1.2 轴测投影的基本性质

空间互相平行的直线，它们的轴测投影依然互相平行。

空间互相平行的直线段长度之比，等于其轴测投影长度之比。

4.1.3 轴测投影的分类

轴测投影属于平行投影，当形体斜放，投射线与轴测投影面垂直时的投影为正轴测投影；

当形体正放，投射线与轴测投影面倾斜时的投影为斜轴测投影。其中，正等测、斜二测投影，是工程上常用的轴测投影。工程上常用的几种轴测投影，都有其特有的变形系数和轴间角。轴测投影必须沿着轴测轴来测量。"轴测"两字的命名就是从这里来的，表示沿轴测量的意思。

4.2　正等轴测投影

4.2.1　轴间角与轴向变形系数

正等轴测图的三个轴间角都相等，并且等于 120°，如图 4－2 所示。一般规定把表示高向的轴 O_1Z_1 画成铅垂位置，那么表示长向和宽向的两条轴 O_1X_1 和 O_1Y_1 必与水平线成 30°角。这样就可以利用丁字尺配合三角板画出轴测轴。

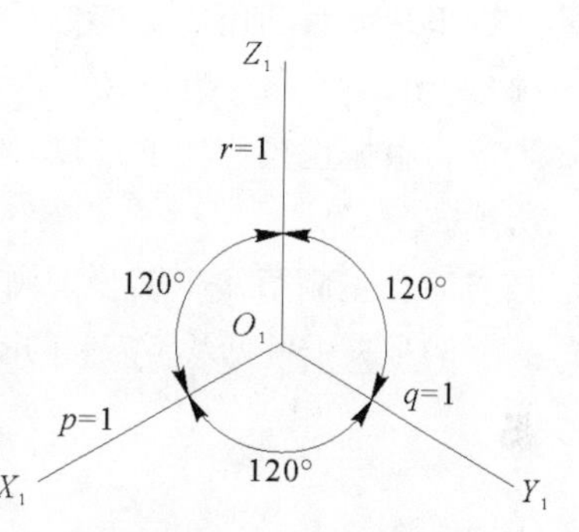

图 4－2　正等轴测图的轴间角和轴向简化变形系数

正等轴测图的轴向比例都相等，即长度、宽度和高度均按同一个系数变形。经过解析几何的计算可得其变形系数为 0.82。为了作图方便，常采用简化的轴向变形系数"1"，即三个轴向变形系数均为 1∶1(这样画出来的图就相当于把物体放大了 1.22 倍)。

因为我们采用的轴测轴，三个轴间角和三个轴向变形系数都相等，所以用它画出来的正轴测图又叫正等轴测图。

4.2.2　基本作图

绘制形体的轴测投影图的步骤如下：

第一步，确定决定物体形状及位置的直角坐标原点及坐标轴的位置。

第二步，按拟采用某种轴测投影方法，画出轴测轴(将直角坐标变换为轴测坐标)。

第三步，按轴测投影的性质及形体与坐标的关系，作出形体的轴测图。

[例 4－1]　已知台阶的正投影图，完成其正等轴测图，如图 4－3 所示。

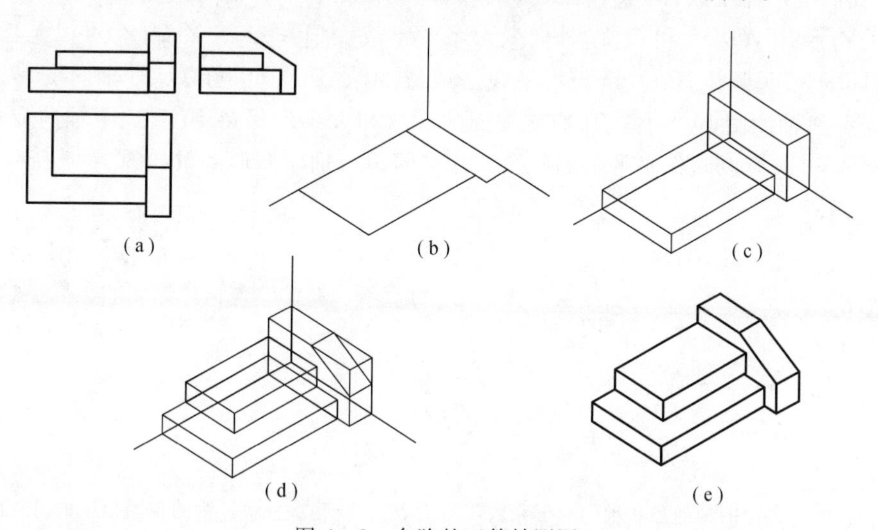

图 4－3　台阶的正等轴测图

作图步骤如下：

1)首先形体分析，由正投影图可以看出，该台阶由两个踏步和右侧的挡墙组成，踏步可看作是由两个扁平的长方体叠加而成，挡墙则可看作是一个长方体被切去一块三棱柱而形成的。因此，画踏步部分的轴测图时，可先画下部的一个踏步，再把上面的踏步画上去，这种画法称叠加法。画挡墙时，可先画出完整长方体，再切去一部分，这种画法称切割法。

2)在正投影图上确定空间坐标的位置，本例可将坐标原点放在立体的右、后、下角，如图4－3(a)所示。

3)按要求或经选择确定绘制轴测图类别，如画正等轴测图则按120°轴间角画出轴测轴，并按坐标关系利用简化变形系数画出该台阶水平正投影的轴测图(称水平次投影)，如图4－3(b)所示。

4)根据正投影图的高度，画出左侧的第一个踏步及右侧完整挡墙轴测图，如图4－3(c)所示。

5)在左侧第一个踏步上画出第二个踏步，并切去右挡墙的一部分，如图4－3(d)所示。

6)擦去不可见及不需要的图线，加深需要的图线，完成台阶的正等轴测图，如图4－3(e)所示。

4.3 斜轴测投影

4.3.1 轴间角与轴向变形系数

把形体正放，向正面进行斜投影得到的投影叫正面斜轴测图。由于坐标面 XOZ 平行于正面，O_1X_1 与 O_1Z_1 成90°夹角。一般 O_1Z_1 位于铅垂位置，$\angle Y_1O_1Z_1$ 随斜投影方向的改变而改变，一般选用 O_1Y_1 与 O_1X_1 成45°夹角(也可以成30°或60°夹角)。

轴向变形系数 $p=r=1$，q 随斜投影的倾角不同而改变，为作图方便起见，常采用 $q=0.5$。以这种轴间角和轴向变形系数所作的图称正面斜二测轴测图，简称“斜二测”。其轴间角与轴向变形系数如图4－4所示。

如果我们把形体正放，向水平面进行斜投影，就得到水平斜轴测图。此时斜轴测轴的轴间角 $\angle X_1O_1Y_1=90°$，O_1X_1 和 O_1Y_1 轴向变形系数不改变(1∶1)，$\angle Y_1O_1Z_1$ 可以是任意角，但 O_1Z_1 习惯位于铅垂的位置，O_1Y_1 与水平线一般成30°、45°或60°角，O_1Z_1 轴向变形系数也取1∶1。在这种斜轴测图上，物体的所有水平面的形状和大小均保持不变，三个轴向变形系数全相等(都是1∶1)，所以叫作水平斜等测图。其轴间角与轴向变形系数如图4－5所示。

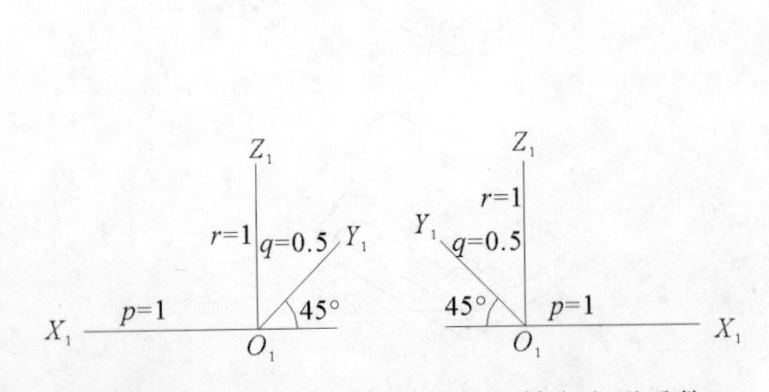

图4－4　正面斜二测的轴间角和轴向变形系数

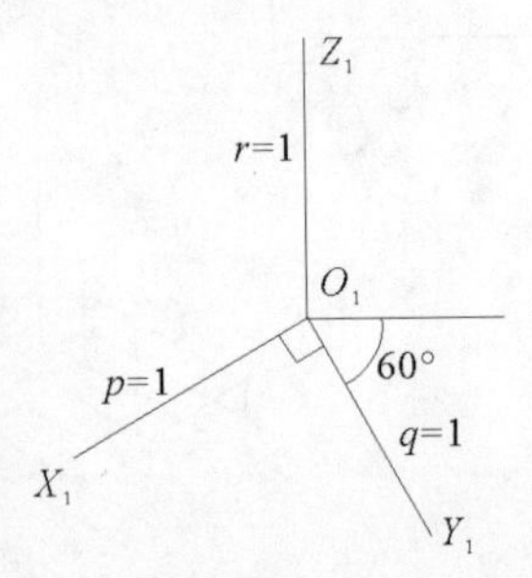

图4－5　水平斜等测的轴间角和轴向变形系数

4.3.2　基本作图

［例 4-2］　已知一形体的正投影图，完成其斜二测图，如图 4-6 所示。

作图步骤如下：

1)由于在斜二测投影中，有一个坐标面平行于轴测投影面，因此空间物体上与坐标平面平行(或重合)的表面，其轴测投影形状不变。本例形体的前、后两端面互相平行，形状相同，加坐标轴时，可使前端面与坐标面 OXZ 重合，这样前、后端面的轴测投影形状不变。

2)在正投影图上设坐标原点的位置及坐标轴，如图 4-6(a)所示。

3)按斜二测图的轴间角，画出轴测轴，$\angle X_1O_1Z_1=90°$，设$\angle Z_1O_1Y_1=45°$，如图 4-6(b)所示。

4)根据轴向变形系数 $p=r=1$，先作出 $X_1O_1Z_1$ 坐标面内平面图形的轴测投影(与正面投影相同)，如图 4-6(b)所示。

5)根据 $q=0.5$，完成 O_1Y_1 轴方向各点的投影及全部图形，不可见线可不画，擦去不需要的图线，加深需要的图线，完成形体的斜二测图，如图 4-6(c)所示。

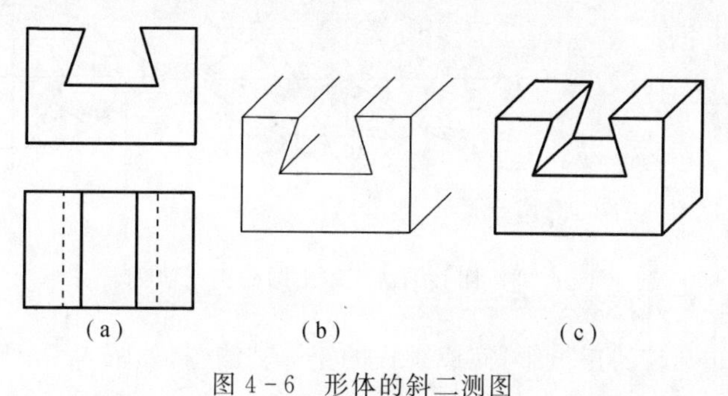

图 4-6　形体的斜二测图

4.4　圆的轴测投影

4.4.1　圆的正等轴测图

由于三个坐标面与轴测投影面的倾角相等，三个坐标面上直径相等的圆，其轴测投影为三个大小相同的椭圆，如图 4-7 所示。椭圆的长轴垂直于相应的轴测轴，短轴平行于相应的轴测轴。坐标面 XOY 上圆的正等轴测投影中椭圆的长轴垂直于O_1Z_1，短轴平行于 O_1Z_1。平行坐标面或在坐标面上圆的轴测投影变形为椭圆，椭圆的画法一般用四心圆法，此法为椭圆的近似画法，仅适用于正等测投影。

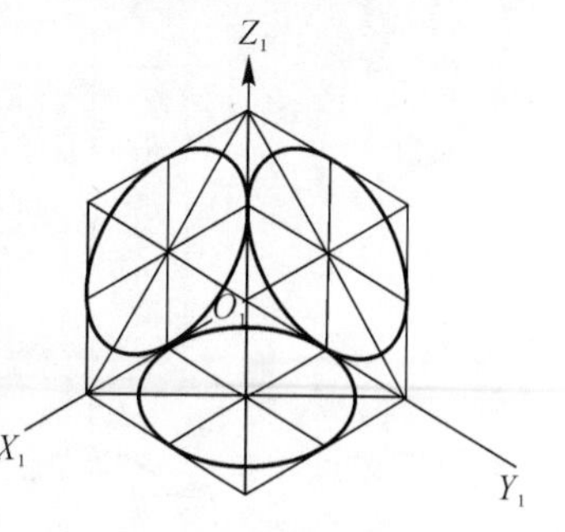

图 4-7　平行坐标面的圆的正等轴测图

［例 4-3］　已知一水平圆的正投影，完成该圆的正等测投影，如图 4-8(a)所示。

作图步骤如下：

1)作 X 及 Y 轴的轴测轴 X_1 及 Y_1。在 X_1 轴上以 O_1 为圆心，

截 $A_1B_1=AB$，在 Y_1 轴上截 $C_1D_1=CD$，使得 $A_1B_1=C_1D_1=$圆的直径，如图 4-8(b)所示。

2)过 A_1、B_1 两点，作 C_1D_1 的平行线，过 C_1、D_1 两点，作 A_1B_1 的平行线，可得菱形 $E_1F_1G_1H_1$，如图 4-8(c)所示。

3)连接 F_1A_1、H_1C_1，二者相交，得圆心 1。连接 F_1D_1、H_1B_1，二者相交，得圆心 2，如图 4-8(d)所示。

4)以 F_1、H_1 为圆心，F_1A_1、H_1B_1 为半径，分别作圆弧 A_1D_1 及 C_1B_1。以 1、2 为圆心，$1A_1$、$2B_1$ 为半径，分别作圆弧 A_1C_1 及 B_1D_1，即得近似椭圆，如图 4-8(e)所示。

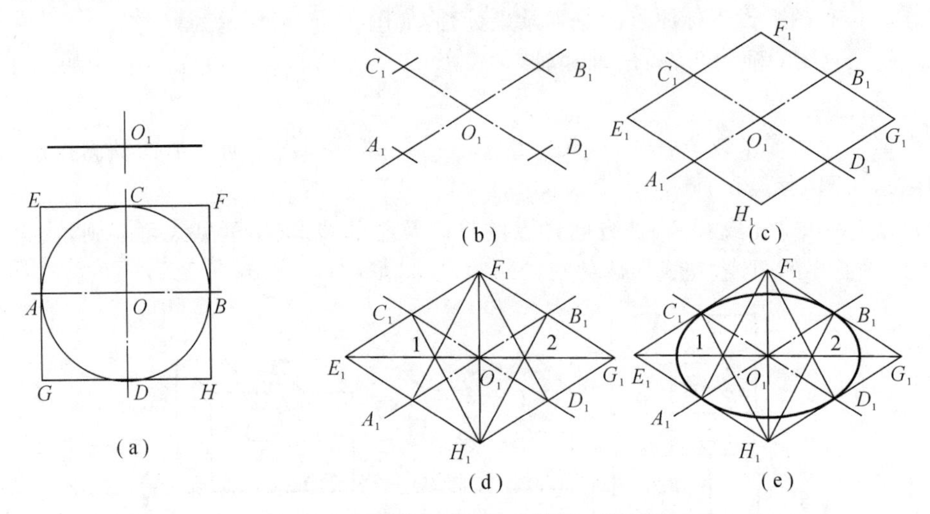

图 4-8　四心圆法画水平圆的正等轴测

[例 4-4]　已知圆柱的正投影，完成圆柱的正等轴测图，如图 4-9 所示 。

作图步骤如下：

1)画出轴测轴。

2)根据柱高定出上、下底圆的圆心在轴测图中的位置，然后分别用四心圆法画出椭圆，如图 4-9(b)所示。

3)画出两椭圆的公切线，擦去不需要的及不可见的图线，加深需要的图线，完成圆柱的正等轴测图，如图 4-9(c)所示。

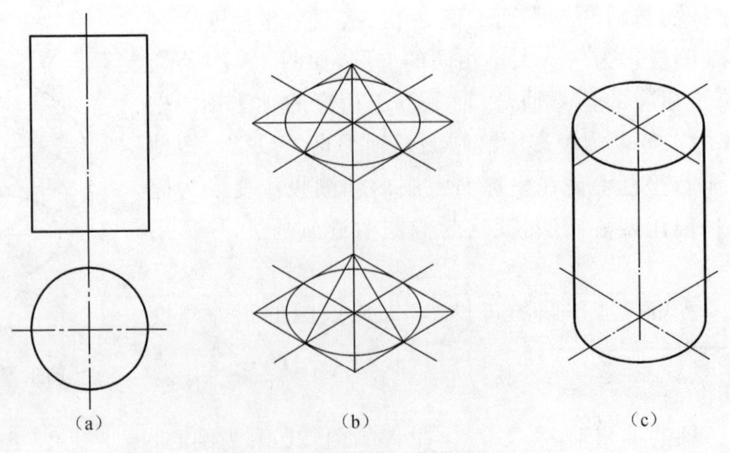

图 4-9　圆柱的正等轴测图

4.4.2　圆的斜二测轴测图

斜二测投影，因 $X_1O_1Z_1$ 平行于轴测投影面，故圆在 $X_1O_1Z_1$ 面上的斜轴测仍为圆，在 $X_1O_1Y_1$ 及 $Y_1O_1Z_1$ 面上的斜轴测投影为椭圆。

平行于坐标面或在坐标面上圆的斜轴测投影——椭圆的画法，可用平行弦法，即作出圆周平行弦上若干点的轴测投影，然后连接这些点形成椭圆。此法可用于任何一种轴测投影法。

[例 4 - 5]　已知一圆平面平行于 XOY 坐标面，完成它的斜二测投影，如图 4 - 10 所示。

作图步骤如下：

1)在图 4 - 10(a)的 H 面投影上，引 EF、GH，平行于 OX 轴，按斜二测投影作轴测轴 X_1、Y_1 相交于点 O_1。由于斜二测投影的 $p=1, q=0.5$。在 X_1 上截 $A_1B_1=AB$，在 Y_1 轴上截 $C_1D_1=0.5CD$，A_1B_1、C_1D_1 为椭圆的共轭直径，如图 4 - 10(b)所示。

2)根据平行弦 EF、GH 的 X、Y 坐标，作其斜二测投影 E_1F_1、G_1H_1，如图 4 - 10(c)所示。

3)光滑地连接各点，即为所求的椭圆，如图 4 - 10(d)所示。

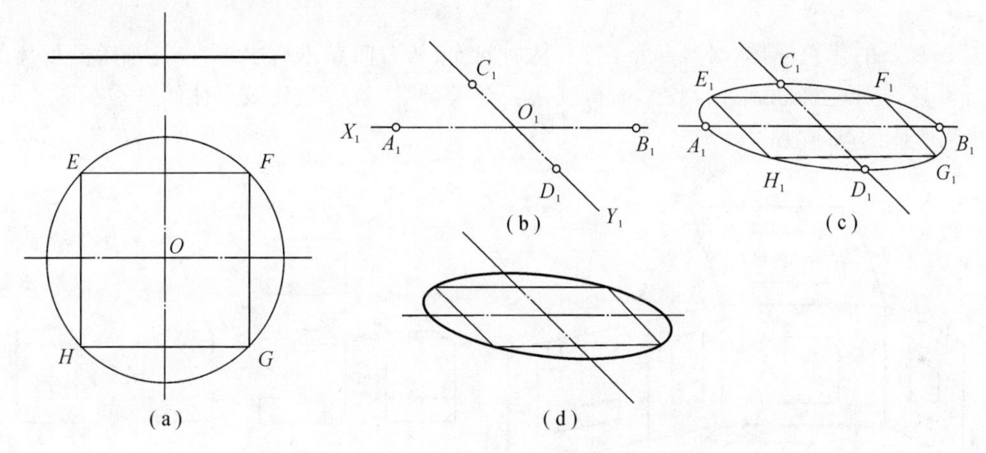

图 4 - 10　平行弦法画水平圆的斜二测图

第5章　房屋建筑的图样画法

5.1 投　影　法

5.1.1　第一角画法

对于复杂的建筑形体，必须从下向上、从后向前、从右向左进行投影，以详细了解形体的各个表面。这样对建筑形体进行投影而得到的一个投影图，就称为建筑形体的基本视图。图5－1是建筑形体的基本视图。

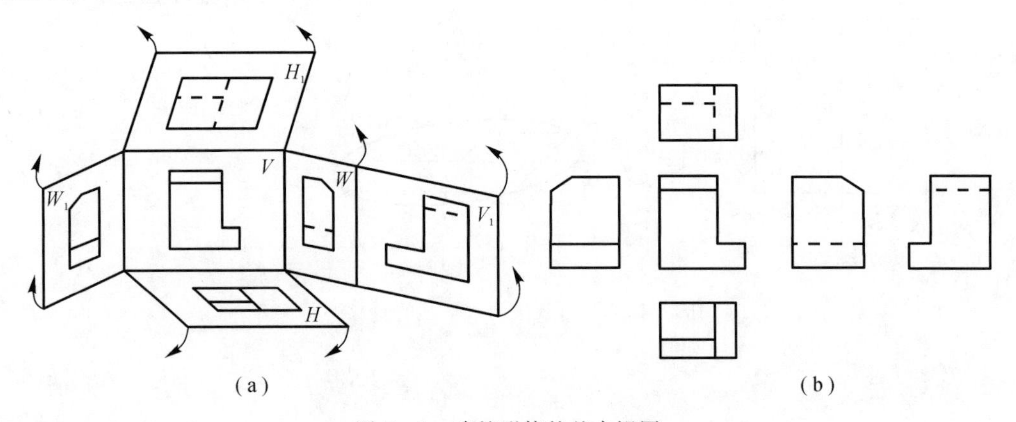

图5－1　建筑形体的基本视图

当六个视图位于同一张图纸上，并按图5－1(b)所示位置排列时，可以省略各视图名称。但是大多数情况下，较多复杂的建筑形体的视图是根据图纸的大小和空间等因素排列的。因此，必须对每个视图注写图名，图名宜标注在视图的下方或一侧，并在图名下方绘制一横线，其长度以图名所占长度为准，如图5－2所示。当使用详图符号作为图名时，符号下方不画粗横线。

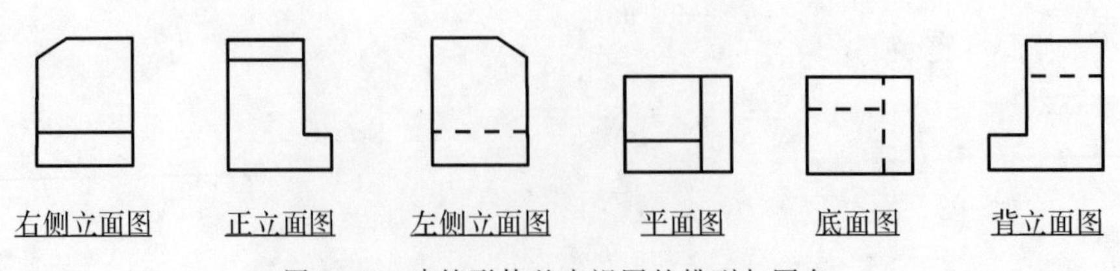

图5－2　建筑形体基本视图的排列与图名

5.1.2　局部投影法

将建筑形体的某一局部向基本投影面投影，所得到的视图称为局部视图。如图 5－3 所示，正立面图和平面图已把形体的主要形状表达清楚了，只是左部的开口形状表达不清，这时不需要再画出形体的完整左侧立面图，可采用局部投影法，只画出形体左部开口部分的左侧立面图。

画局部视图时，局部视图的范围一般用波浪线（也可用断开线）表示，并在原基本视图上用箭头指明投影方向，用大写拉丁字母编号，在所得的局部投影图下方注写“*A* 向”，如斜视图的标注与局部视图相同。可以将斜投影图旋转至”正”位，以便于阅读，但应在斜投影图名后加注“旋转”二字，如“*A* 向旋转”（见图 5－4）。

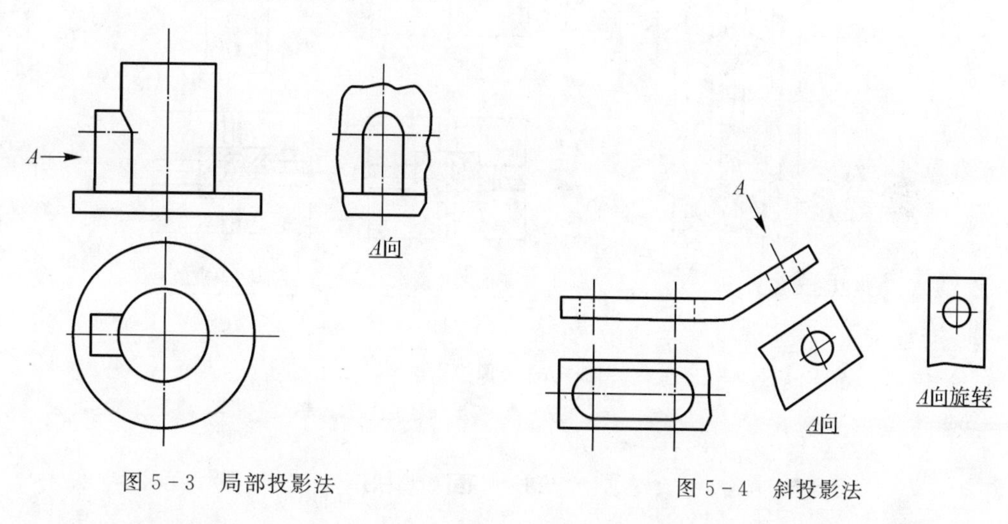

图 5－3　局部投影法

图 5－4　斜投影法

5.1.3　展开投影法

建（构）筑物的某些部分，如果与投影面不平行（如圆形、折线形及曲线形等），在画立面图时可以将该部分展至与基本投影面平行的位置后，再以正投影法绘制，并在图名后注写“展开”字样，如图 5－5 所示。

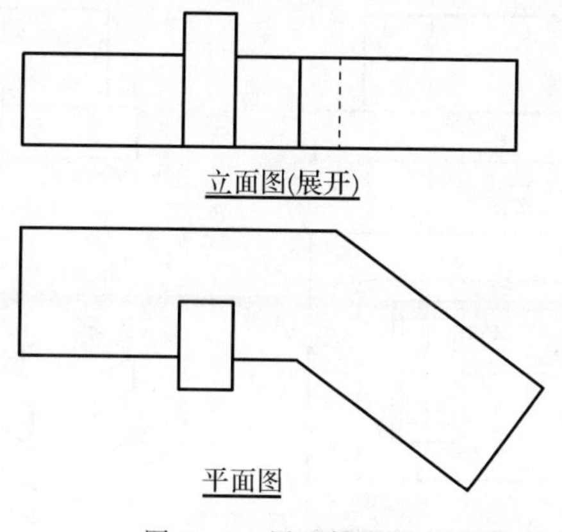

图 5－5　展开投影法

5.1.4 镜像投影法

某些工程构造在采用第一角画法制图不易清楚表达时，如图 5－6(a)所示的梁、板、柱构造节点，其平面图会出现太多虚线，给看图带来不便，如图 5－6(b)上图所示。如果假想将一镜面放在物体的下面来替代水平投影面，在镜面中反射得到的视图，称为镜像视图，如图 5－6(b)下图所示。镜像投影应在图名后加注“镜像”二字，或按图 5－6(c)画出镜像视图识图。在房屋建筑中，常用镜像视图来表达室内顶棚的装修等构造。

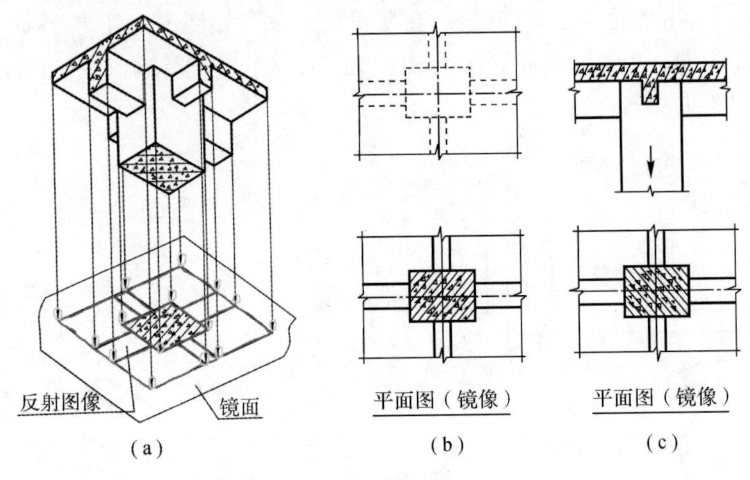

图 5－6　镜像投影法

5.2 剖 面 图

对于内部构造比较复杂的建筑形体，如图 5－7 所示，如果采用第一角画法来绘制形体正投影图，内部不可见的形体轮廓线须用虚线画出。如一幢房屋，内部有各种房间、走道、楼梯、窗、梁、柱等，如果都用虚线表示这些看不见的部分，必然形成图面虚实线交错，混淆不清不利于于标注尺寸，也不方便读图和施工。

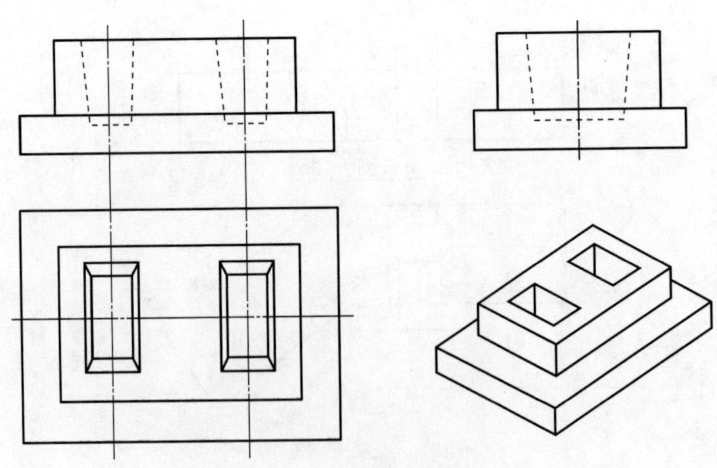

图 5－7　基础投影图

5.2.1　剖面图的产生

假想用一剖切平面将形体剖开，让它的内部构造显露出来，使形体不可见的部分变成了可见，然后用实线画出这些内部构造的投影图，称为剖面图。

如图 5-8(a)所示，假想用一剖切平面 P 将杯形基础切开，然后将剖切平面 P 连同它前面的部分移走，将剩余部分向 V 投影面上投影，所得到的摄影图，即为杯形基础的剖面图，如图 5-8(b)所示。

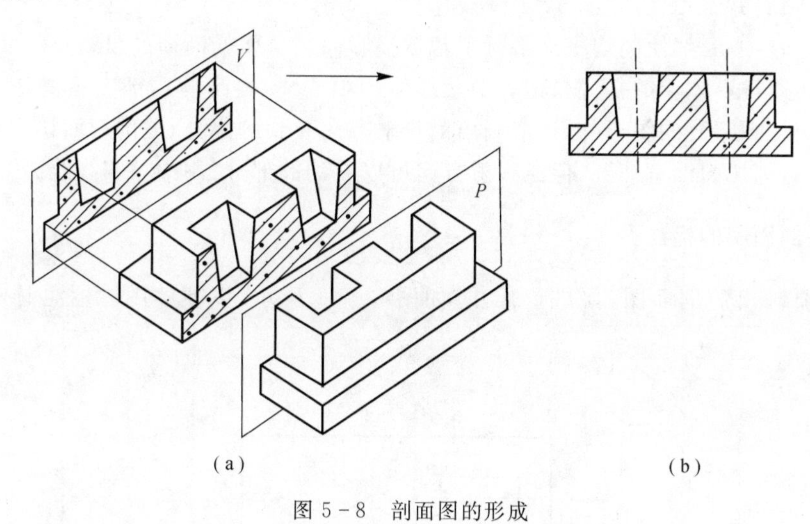

图 5-8　剖面图的形成

5.2.2　剖面图的画法

由于剖切是假想的，所以只有在画剖面图时，才假想将形体切去一部分。在画另一个投影时，则应按完整的形体画出。如图 5-9 所示，在画 V 向剖面图时，虽然已将基础剖去了前半部分，但是在画 W 向剖面图时，则仍按完整的基础剖开，H 投影也应按完整的基础画出。

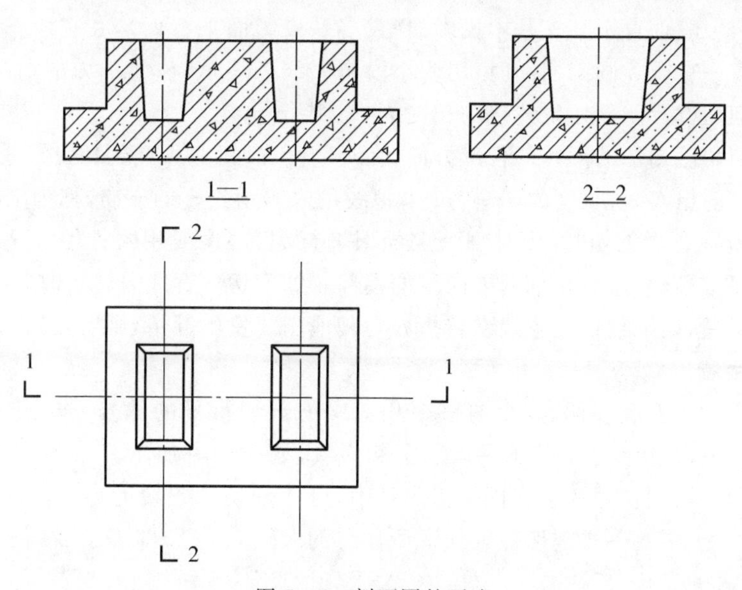

图 5-9　剖面图的画法

从图 5－8 可看出，形体被剖开之后，都有一个截口，即截交线围成的平面图形，该图形称为断面。在剖面图中，要在断面上画出建筑材料图例，以区分断面（剖到的）和非断面（未剖到但能看到的）部分。各种建筑材料图例必须遵照"国标"规定的画法。图 5－8 和衅 5－9 的断面所画的是钢筋混凝土图例。在不指明建筑材料时，可以用等间距、同方向的 45°细斜线来表示断面。当两个相同图例连接时，图例线宜错开，或倾斜方面相反，如图 5－10 所示。

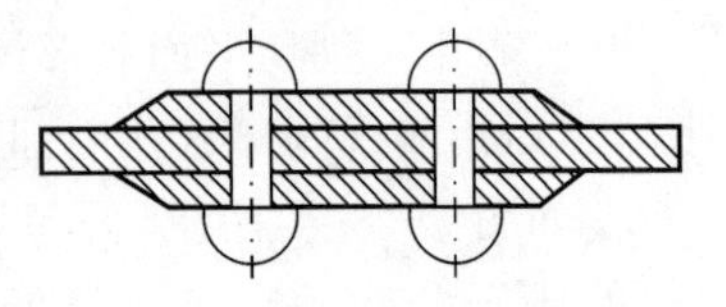

图 5－10　相同图例的错开画法

画剖面图时，一般都使剖切平面平行于基本投影面。从而使断面的投影反映实形。同时，应使剖切平面通过形体上的孔、洞、槽等隐蔽形体的中心线，将形体内部表示清楚。剖面图除应画出剖切面切到部分的图形外，还应画出沿投射方向看到的部分，被剖切面切到部分轮廓线用粗实线绘制，剖切面没有切到，但沿投射方向可以看到的部分，用中粗实线绘制。

5.2.3　剖面图的标注

根据需要画出的剖面图，要进行标注，如图 5－11 所示，以便读图。标注时应注意以下几点。

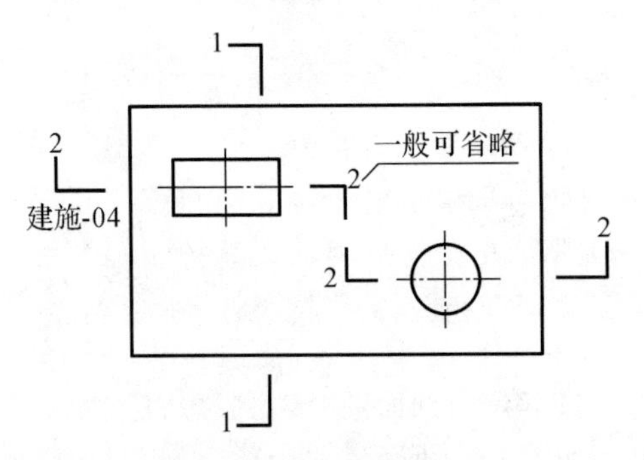

图 5－11　剖面图的标注

1）剖切平面一般垂直于某一基本投影面（大多是投影面平行面），在它所垂直的投影面上的投影会积聚成一直线。画剖面图时，用两小段粗实线来表示，该线称为剖切位置线，用来表示剖切平面的剖切位置。剖切位置线的长度为 6～10 mm 。

2）为表明剖切后剩下的形体的投影方向，在画剖面图时，必须在剖切位置线的两端同侧各画一段与之垂直的粗实线，长度为 4～6 mm，该线用来表示投影的方向，称为剖视方向线。

3）建筑形体需 2 次剖切时，要对每一次剖切进行编号，一般用阿拉伯数字，按由左至右、由下至上的顺序编号，并注写在剖视方向线的端部。如剖切位置线需转折时，在转折处一般不再加注编号。但是，如果剖切位置线在转折处与其他图线发生混淆，则应在转角的外侧加注与该符号相同的编号。

4）在剖面图的下方或一侧，写上与该图相对应的剖切符号的编号，作为该图的图名，如"1 — 1""2 — 2"…，并在图名下方画一等长的粗实线，如图5－9 所示。

5）剖面图如与被剖切图样不在同一张图纸内，可在剖切位置线的另一侧注明其所在图纸的编号，如图 5－11 中 2 — 2 剖切位置线下侧注写的"建施－04"，即表示 2 — 2 面图在"建施"第 4 号图纸上。

5.2.4　剖面图的几种类型

1. 全剖面图

如图 5 - 12 所示，用一个剖切平面将形体全部剖开后得到的剖面图称为全剖面图。

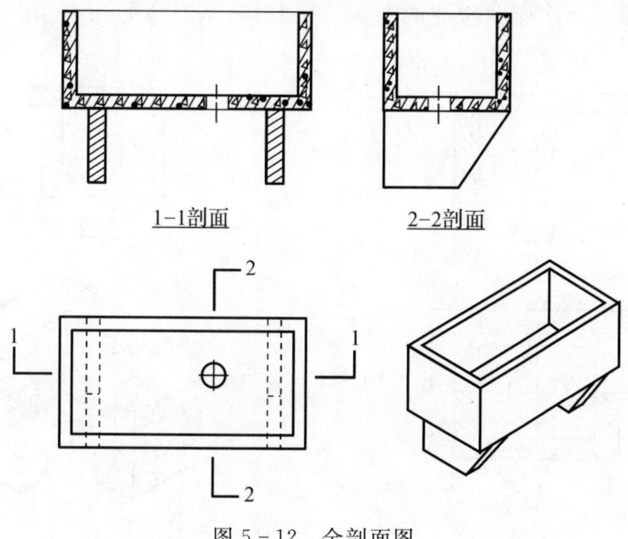

图 5 - 12　全剖面图

剖面图一般用于不对称的建筑形体，或者内部构造复杂但外形比较简单、对称的建筑形体。如图 5 - 13 所示的房屋，为了表示它的内部构造，可画出其水平剖面图(平面图)、正立面图和侧立剖面图(1 — 1 剖面图)。

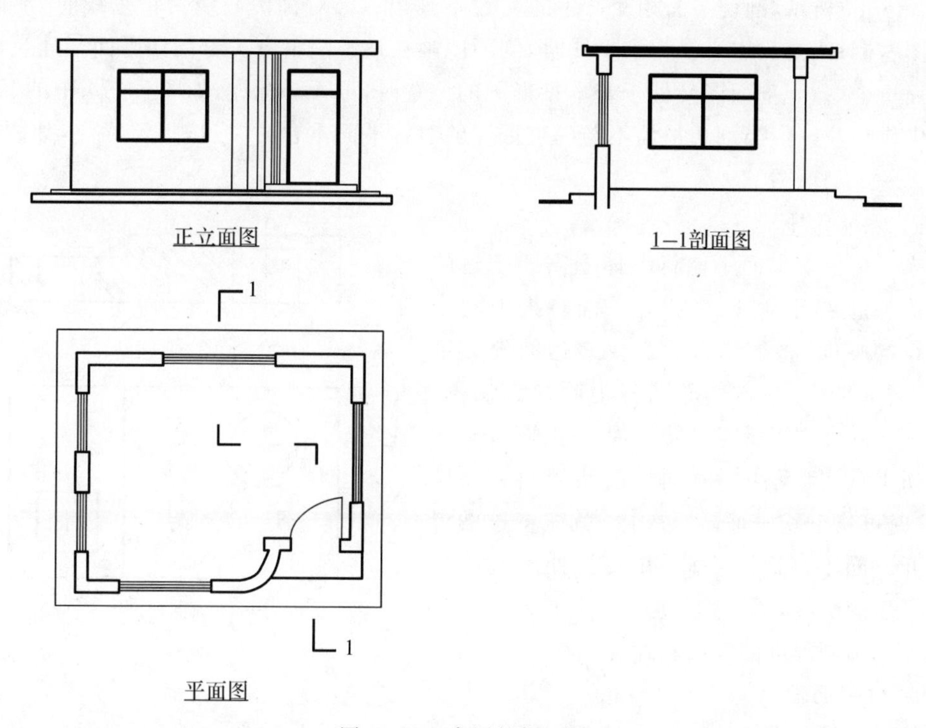

图 5 - 13　房屋的剖面图

2. 半剖面图

当建筑形体是左、右对称或前、后对称的，而外形又比较复杂时，可以选择两个相互垂直的平面剖切，其中的一个剖切面必须与形体的对称平面重合，另一剖切面通过形体内部构造比较复杂或典型的部位，这种剖面图称为半剖面图。如图 5－14 所示的形体，其 V、W 投影分别是半个外形正投影图和半个剖面图拼成的图形，以同时表示形体的外形和内部构造。

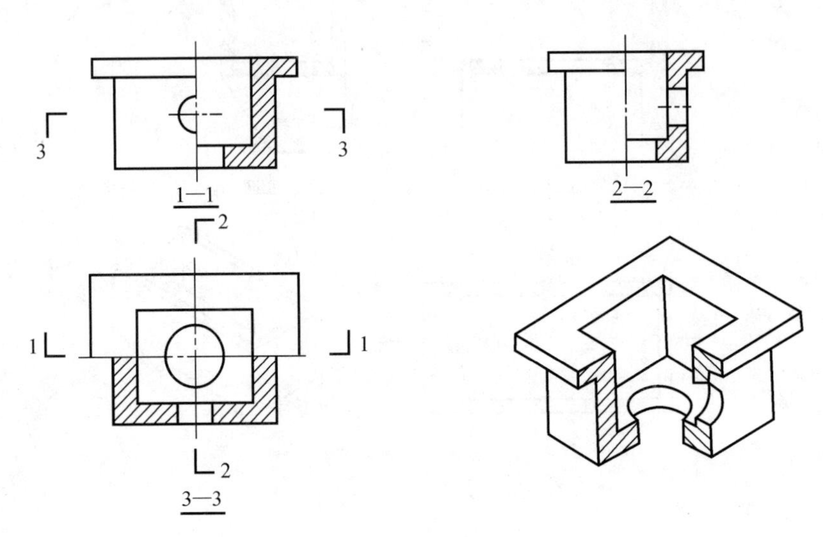

图 5－14　半剖面图

在半剖面图中，剖面图和投影图之间，规定用形体的对称中心线（细单点长画线）为分界线，如图 5－14 所示，剖切平面相交产生的交线不画出。当对称中心线为铅垂线时，剖面图画在投影图右侧；当对称中心线为水平线时，剖面图画在投影图下方。若剖切平面与建筑形体的对称平面重合，且半剖面图又处于基本投影图的位置时，可不予标注，如图 5－14 中的 V、W 剖面图均未作标注。但当剖切平面不与建筑形体的对称平面重合时，应按规定标注，如图 5－14 所示的 1 — 1 剖面图。

3. 阶梯剖面图

如果一个剖切平面不能将形体上需要表达的内部构造一起剖开，可以将剖切平面转折成两个互相平行的平面，将形体沿着需要表达的地方剖开，然后画出剖面图，该剖面图称为阶梯剖面图。如图 5－13 所示的房屋，如果只用一个平行于 W 面的剖切平面，则无法同时剖切前墙的门和后墙的窗，这时可将剖切平面转折一次，就能将这两者同时剖开。同半剖面图一样，在转折处不应画出两剖切平面的交线，图 5－15 是采用阶梯剖面表达组合体内部不同深度的凹槽和通孔的例子。

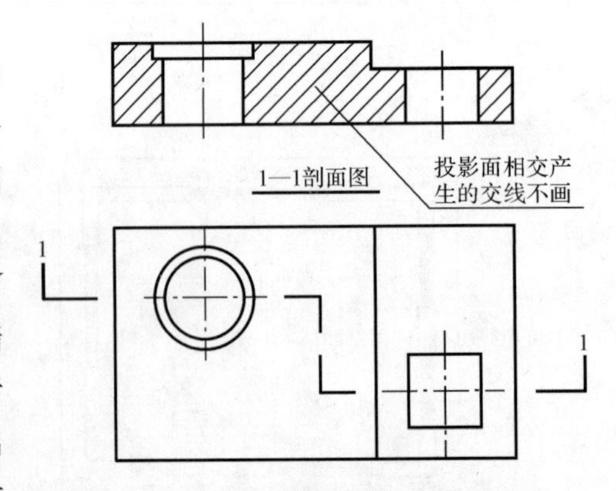

图 5－15　阶梯剖面图割切凹槽和通孔

4. 旋转剖面图

当建筑形体是带孔的回转体时，需用两个相交的剖切平面剖切，剖开后将倾斜于基本投影面的剖切平面，连同断面一起旋转到与基本投影面平行的位置后，再向基本投影面投影，所得到的剖面图称为旋转剖面图，如图5-16所示。

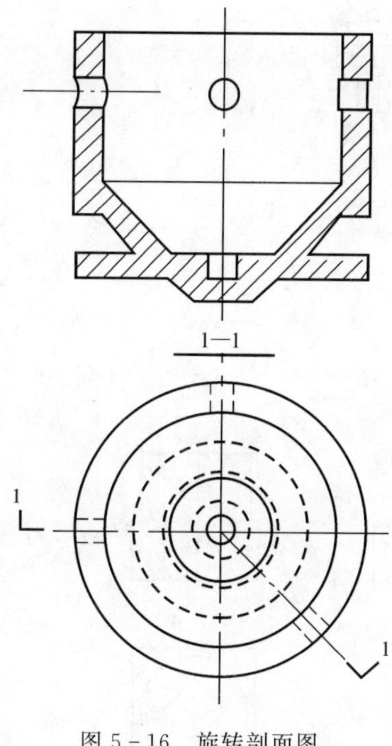

图5-16　旋转剖面图

5. *局部剖面图*

当建筑形体的外形比较复杂，完全剖开后就无法表示清楚它的外形时，可以保留原投影图的大部分，而只将形体的某一局部剖切开，所得到的剖面图称为局部剖面图。图5-17所示的杯形基础投影图，为了表示基础内部钢筋的布置，在不影响外形表达的情况下，将杯形基础水平投影的一个角画成剖面图，在局部剖面之间画上波浪线作为分界线。《建筑结构制图标准》(GB/T 50105 — 2001)规定，断面上已画出钢筋的布置不必再画钢筋混凝土的材料图例。

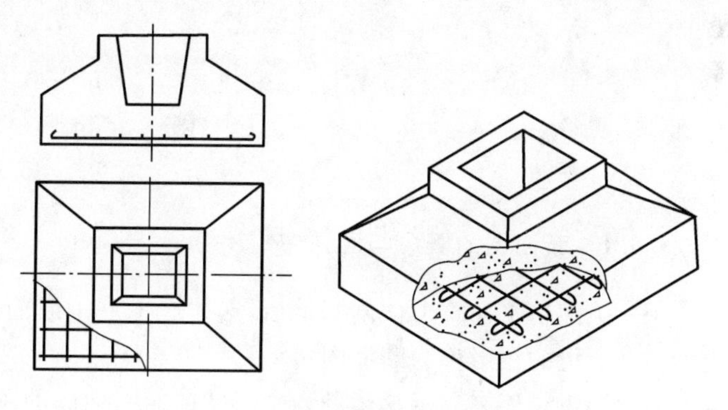

图5-17　杯形基础的局部剖面图

图5-18是表示用分层局部剖面图来反映楼面各层所用的材料和构造的做法。这种剖面图多用于表达楼面、地面、屋面和墙面等的构造。

当形体的图形对称线与轮廓线重合时，不宜采用半剖面图，通常采用局部剖面图。图5-19(a)中形体应少剖一些，保留与对称线重合的外部轮廓线；图5-19(b)中形体应多剖一些，显示与对称线重合的内部轮廓线；图5-19(c)中形体上部多剖，下部少剖，从而使得与对称线重合的内外轮廓线均可表达出来。

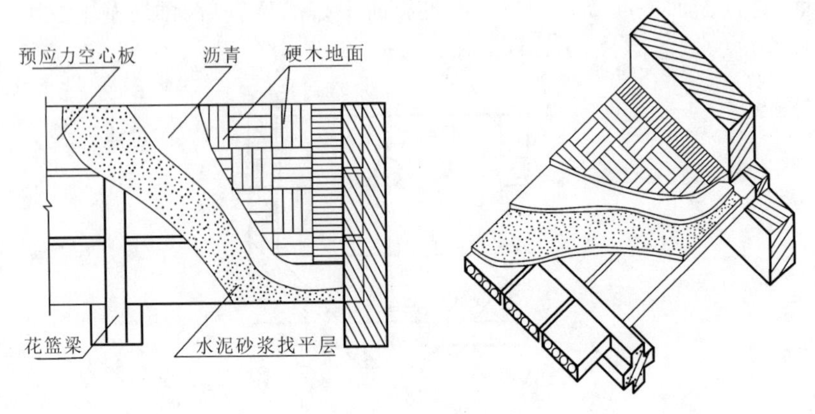

图 5-18　分层局部剖视图

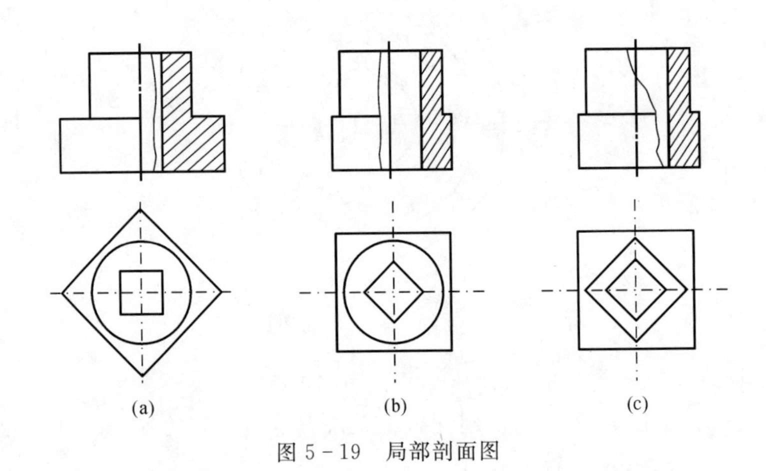

图 5-19　局部剖面图

5.3　断　面　图

5.3.1　断面图的概念与画法

用一个剖切平面将形体剖开之后，形体产生一个断面。只把这个断面投影到与它平行的投影面上所得的投影称为断面图。

断面图也是用来表示形体的内部形状的。断面图的画法与剖面图的画法有以下区别：

1)断面图是形体被剖开后产生的断面的投影，如图 5-20(d)所示，它是面的投影；剖面图是形体被剖开后产生的断面连同剩余形体的投影，如图 5-20(c)所示，它是体的投影。剖面图必然包含断面图在内。

2)断面图不标注剖视方向线，只将编号写在剖切位置线的一侧，编号所在的一侧即为该断面的投影方向。

3)剖面图中的剖切平面可以转折一次，断面图中的剖切平面不能转折。

5.3.2　断面图的几种类型

1. 移出断面

一个形体有多个断面图时，可以整齐地排列在投影图的四周，并可以采用较大的比例画出，如图 5－20(d)所示，这种断面图称为移出断面图，简称“移出断面”。移出断面适用于断面变化较多的构件，主要在钢筋混凝土屋架、钢结构及吊车梁中应用较多。

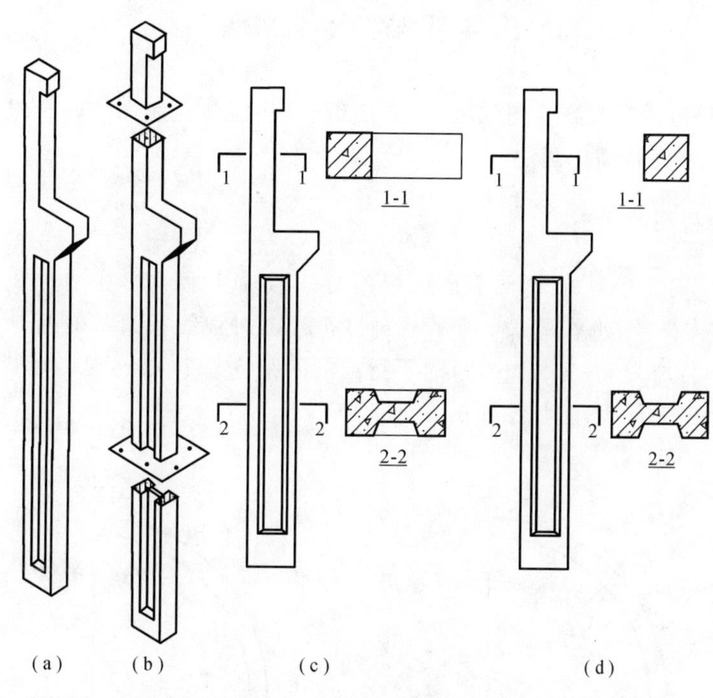

图 5－20　断面图的形成

2. 重合断面

断面图直接画在投影图轮廓线内，即将断面先按形成基本投影图的方向旋转 90°，再重合到基本投影图上，如图 5－21 所示，这种断面图称为重合断面图，简称“重合断面”。重合断面的轮廓线应用细实线画出，以表示与建筑形体的投轮廓线的区别。

重合断面常用来表示整体墙面的装饰、屋面形状与坡度等。当重合断面不画成封闭图形时，沿断面的轮廓线画出一部分剖面线，如图 5－22 所示。

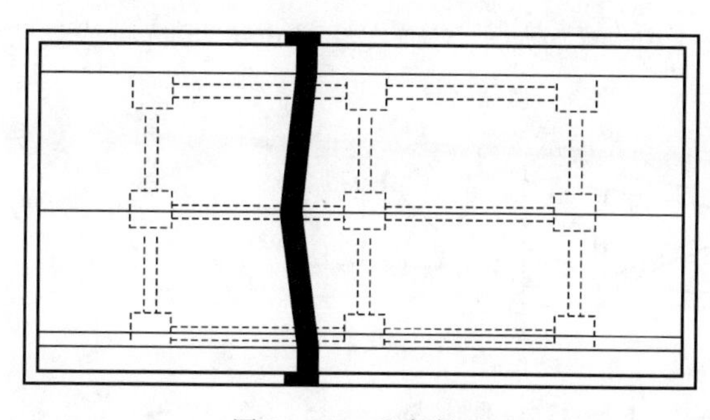

图 5－21　重合断面

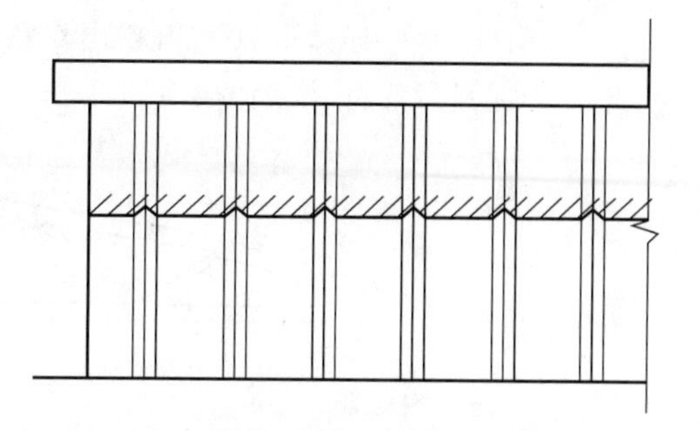

图 5－22　表示房屋凹凸装饰的重合断面

3. 中断断面

将杆件的断面图画在杆件投影图的中断处，如图5-23所示，这种断面图称为中断断面图，简称为“中断断面”。中断断面常用来表示长度较长而横断面形状不发生变化的杆件，如型钢。中断断面不加任何说明。

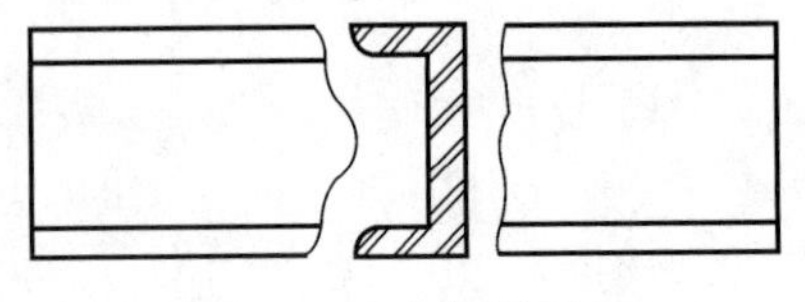

图 5-23　中断断面

5.4　简化画法

采用简化画法可适当提高绘图效率、节省图纸。《房屋建筑制图统一标准》(GB/T 50001—2017)规定了以下几种简化画法。

5.4.1　对称视图的画法

构配件的视图有 1 条对称线，可只画该视图的一半；其视图有 2 条对称线，可只画该视图的 1/4，并画出对称符号，如图 5-24 所示。对称符号由对称线和两端的两对平行线组成，平行线用细实线绘制，长为 6～10 mm，每对平行线的间距宜为 2～3 mm，对称线垂直平分于两对平行线，两端超出平行线宜为 2～3 mm。

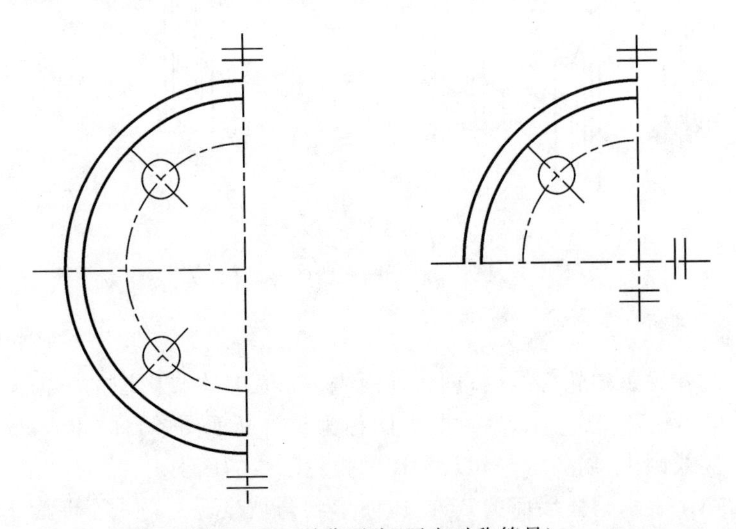

图 5-24　对称画法(画出对称符号)

对称构件画一半时，可以稍稍超出对称线之外，然后加上用细实线画出的折断线或波浪线，此时不宜画对称符号，如图 5-25 所示。

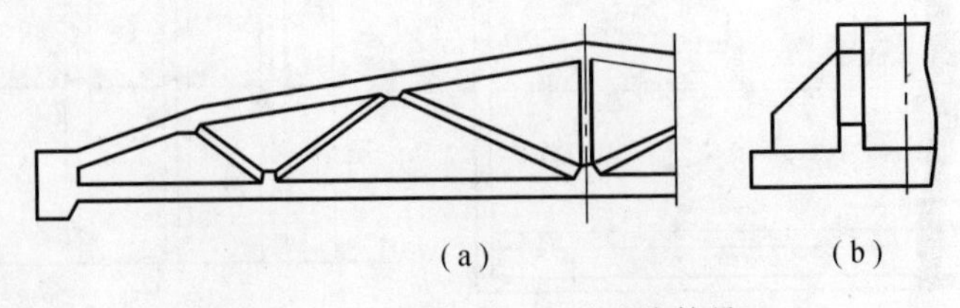

图 5-25　对称画法(不画对称符号)

对称的构件须画剖面图或断面图时，可以对称符号为界，一半画视图（外形图），一半画剖面图或断面图，此时须加对称符号，如图 5－26 所示。

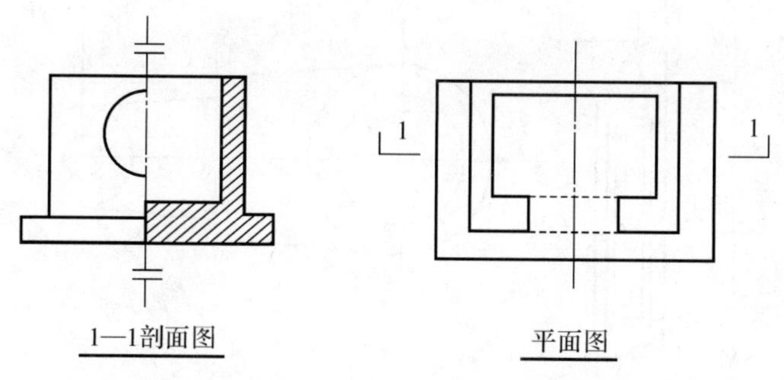

图 5－26　一半画视图，另一半画剖面图的简化画法

5.4.2　相同构造要素的画法

构、配件内多个完全相同且连续排列的构造要素，可仅在两端或适当位置画出其完整形状，其余部分以中心线或中心线交点表示，如图 5－27(a)(b)(c)所示。如相同构造要素少于中心线交点，则其余部分应在相同构造要素位置的中心线交点处用小圆点表示，如图 5－27(d)所示。

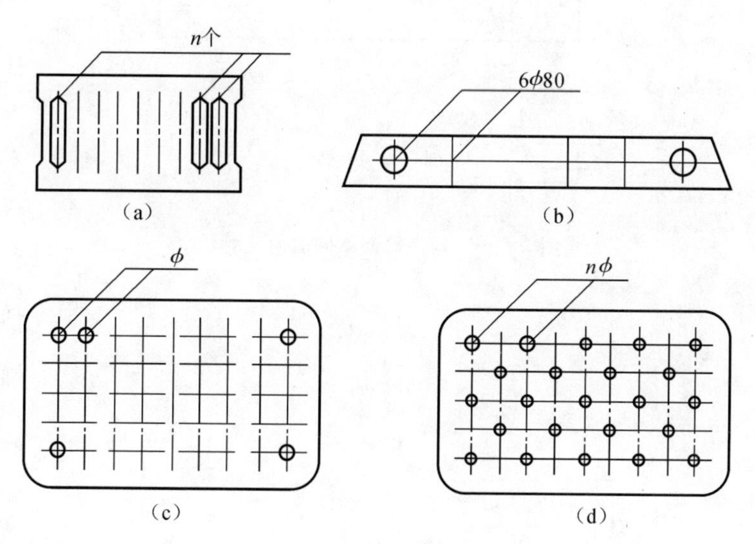

图 5－27　相同要素简化画法

5.4.3　较长构件的画法

对于较长的构件，如果沿长度方向的形状相同或按一定规律变化，可断开省略绘制，断开处应以折断线表示，如图 5－28 所示。在用折断省略画法画出的较长构件的图形上标注尺寸时，尺寸数值应标注构件的全部长度。

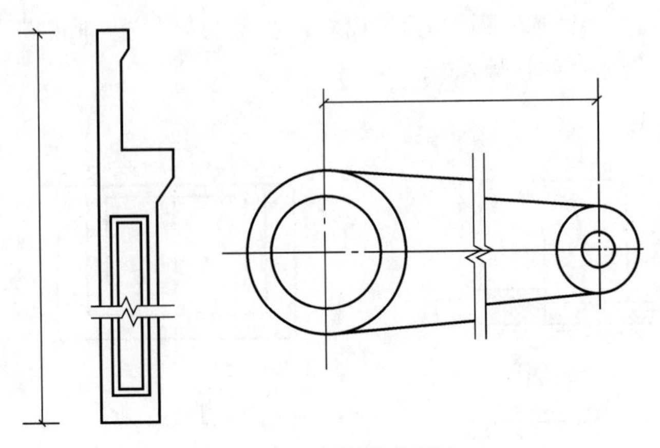

图 5-28　折断简化画法

5.4.4　构配件局部不同的画法

一个构配件如与另一个构配件仅部分不同，该构配件可只画不同部分，但应在两个构配件的相同部分与不同部分的分界线处，分别绘制连接符号，两个连接符号应对准在同一线上，如图 5-29 所示。

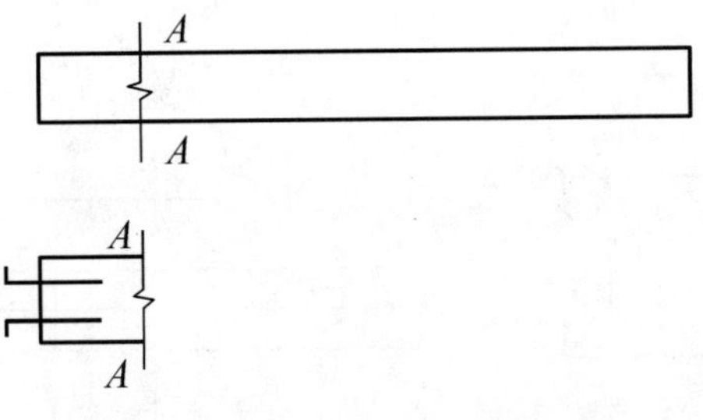

图 5-29　构件局部不同的简化画法

第 6 章　组合体投影

6.1　组合体的形成和分析方法

6.1.1　组合体的形成

工程建设中的一些比较复杂的形体，一般都可看作是由基本几何体（如棱柱、棱锥、圆柱、圆锥及球等）通过叠加、切割、相交或相切而形成的。图 6－1 所示的组合体是由六个形体叠加而成的，其中，2、4 两个形体又是经过切割形成的。

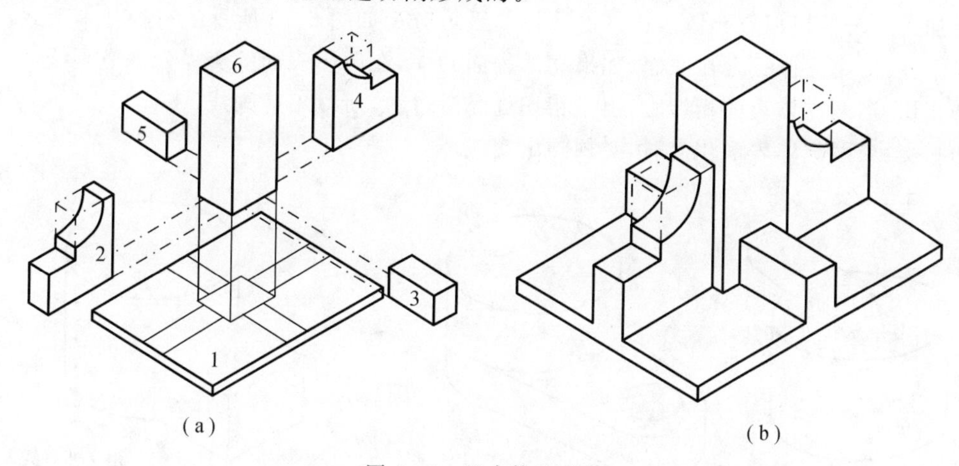

图 6－1　组合体的形成

6.1.2　组合体的分析方法

1. 形体分析法

将复杂的不熟悉的问题分解成简单的熟悉的问题是分析解决问题时常用的方法。因此，对于任何复杂的形体，总可以人为地将其看作是由若干基本体组合而成的。由基本体组合而成的形体称为组合体。为了便于研究组合体，假想将组合体分解为若干简单的基本体，然后分析它们的形状、相对位置以及组合方式，这种分析方法称为形体分析法。形体分析法是组合体画图、读图和尺寸标注的基本方法。

用形体分析法对组合体进行分解，组合体的组合方式可以分为叠加、切割（包括穿孔）和综合三种形式。

1. 叠加

叠加就是把基本几何体重叠地摆放在一起而构成组合体。

图 6-2(a)所示的挡土墙,可看成是由底板、直墙和支撑板三部分叠加而成的,其中底板是一个四棱柱,在底板上右边叠加了一个四棱柱直墙,左边叠加了一个三棱柱支撑板,如图 6-2(b)所示。

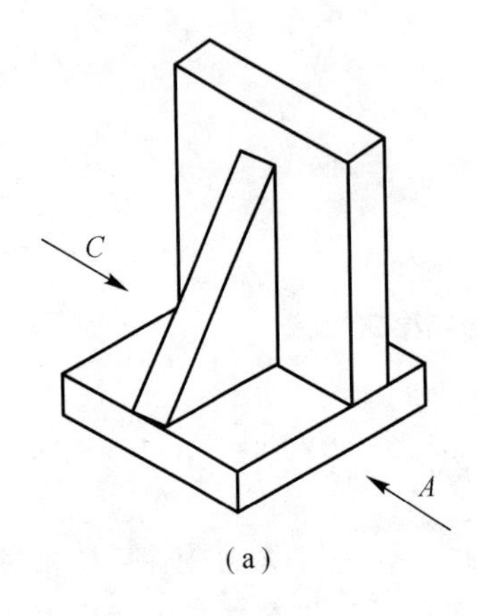

(a)

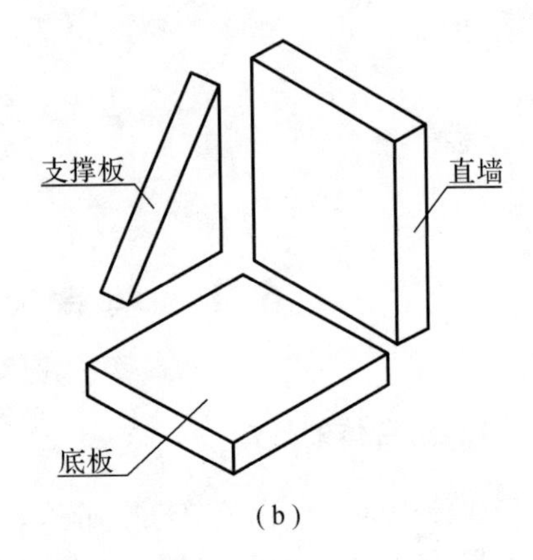

(b)

图 6-2 叠加

叠加式组合体根据叠合体表面间的连接关系可分为如图 6-3 所示的三种基本形式。

1)平齐:两个立体叠合在一起,如果立体表面共面,在两体表面的交界处不应画线。

2)相切:当两立体表面相切时,由于相切处光滑过渡,所以不应画线。

3)相交:当两立体表面相交时,必须画出交线。

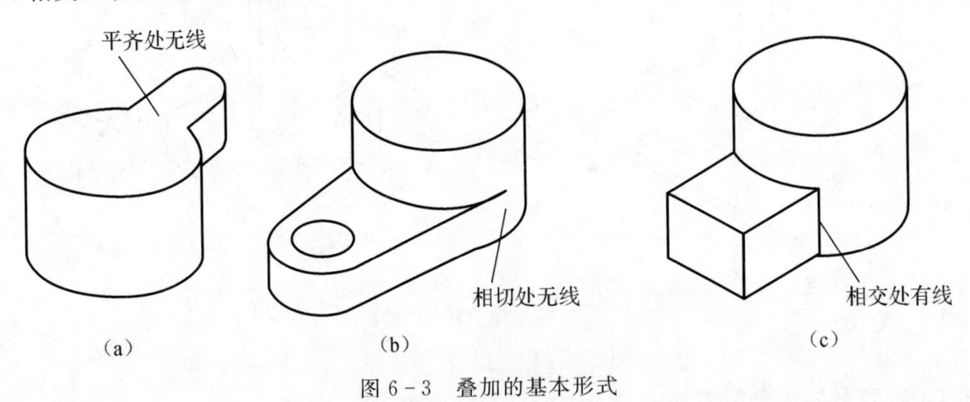

(a) (b) (c)

图 6-3 叠加的基本形式

(a)平齐;(b)相切;(c)相交

2. 切割

切割是由一个或多个截平面对简单基本几何体进行切割,使之变为较为复杂的形体,如图 6-4(a)所示的条形基础,是在一大四棱柱的基础上前后对称地各切割去一个小四棱柱和一个小三棱柱而成的,如图 6-4(b)所示。

3. 综合

大部分复杂的组合体都是由基本体按一定的相对位置以叠加和切割两种方式混合组成的,如图 6-5 所示的台阶。

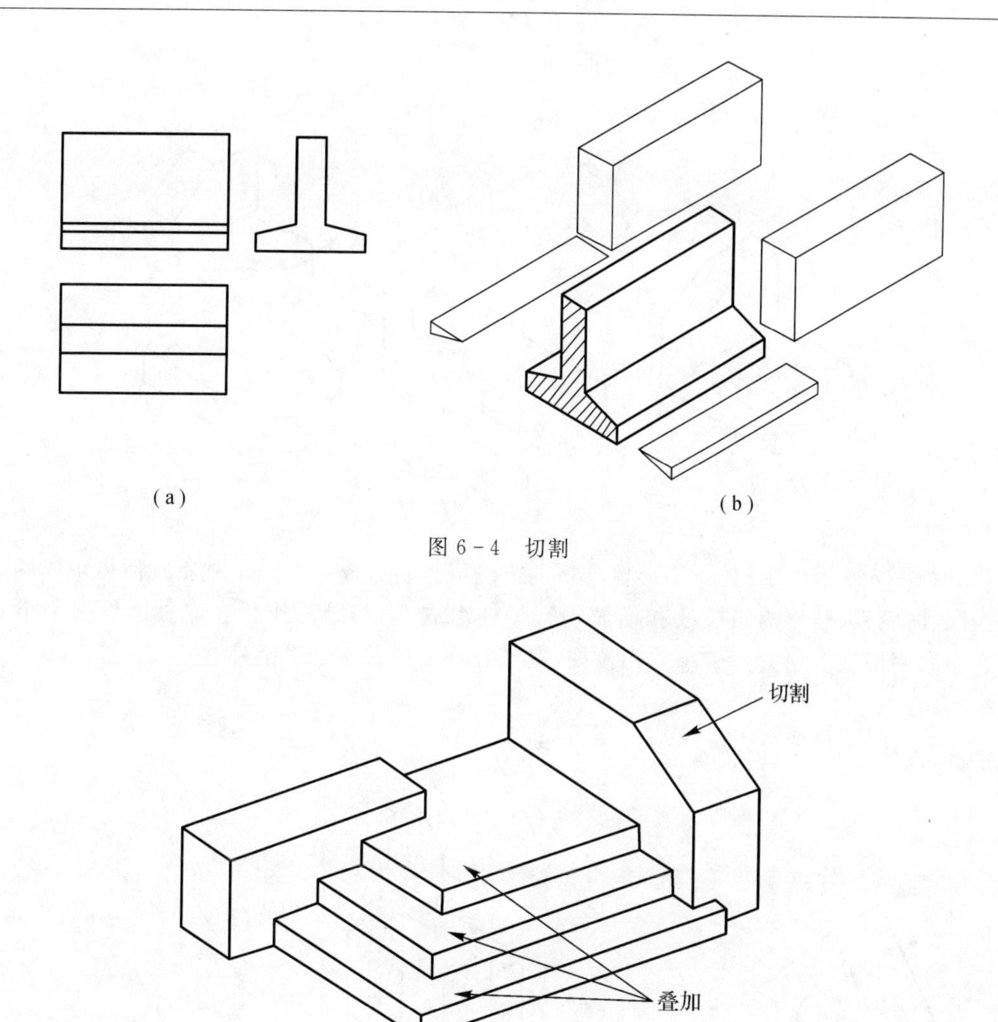

图 6-4　切割

图 6-5　综合

2. 线、面分析法

运用线、面的投影规律分析形体上线、面的空间形状和相互位置的方法称为线、面分析法，在组合体中，相邻两个基本形体（包括孔和切口）表面之间的关系有共面、不共面、相交、相切四种情况（前面已介绍），作投影图时，必须正确表示各基本体之间的表面连接关系。

6.2　组合体三面投影图的画法

6.2.1　形体分析

形状比较复杂的形体，可以看成是由一些基本几何体通过叠加或切割而成的。如图 6-6 所示的组合体，可先设想为一个大的长方体切去左上方一个较小的长方体，或者由一块水平的底板和一块长方体竖板叠加而成。对于底板，又可以认为是由长方体和半圆柱体组合后再挖去一个竖直的圆柱体而形成的。

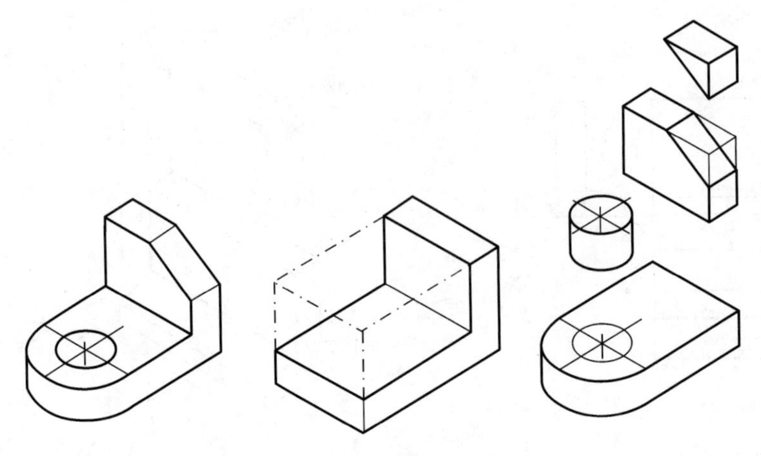

图 6 - 6　组合体的形体分析

如图 6 - 7 所示的小门斗，用形体分析的方法可把它看成是由六个基本几何体组成的。主体由长方体底板、竖放的四棱柱和横放的三棱柱组成，细部可看作是在底板上切去一个长方体，在中间四棱柱上切去一个小的四棱柱，在三棱柱上挖去一个半圆柱。

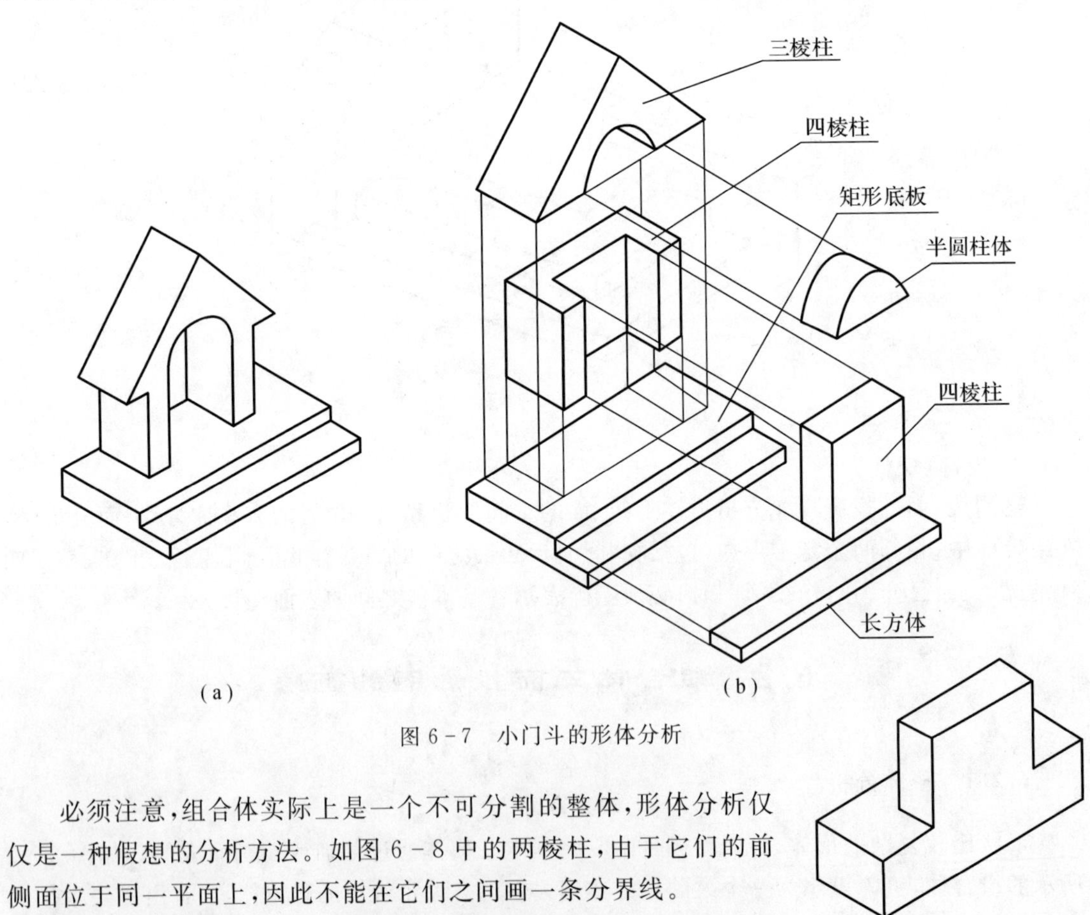

图 6 - 7　小门斗的形体分析

必须注意，组合体实际上是一个不可分割的整体，形体分析仅仅是一种假想的分析方法。如图 6 - 8 中的两棱柱，由于它们的前侧面位于同一平面上，因此不能在它们之间画一条分界线。

图 6 - 8　两棱柱的形体分析

这种从几何观点把形体(组合体)分解成某些基本几何体的分析方法，称为形体分析法，通过对组合体进行形体分析，可把绘制较复杂的组合体的投影转化为绘制一系列比较简单的几何形体的投影。

6.2.2　投影选择

选择投影时，要求能够用最少数量的投影把形体表达得完整、清晰。投影的选择虽然与形体的形状有关，但重要的是选择形体与投影面的相对位置。投影选择包括两个方面：一方面是选择正面投影，另一方面是选择投影数量。

1. 正面投影的选择

画图时，正面投影一经确定，其他投影图的投影方向和配置关系也随之确定。选择正面投影方向时，一般应考虑以下几个原则：

1）正面投影应选择形体的特征面。所谓特征面，是指能显示出组成形体的基本几何体以及它们之间的相对位置关系的面。图 6－9 所示 A 向为形体的特征面。

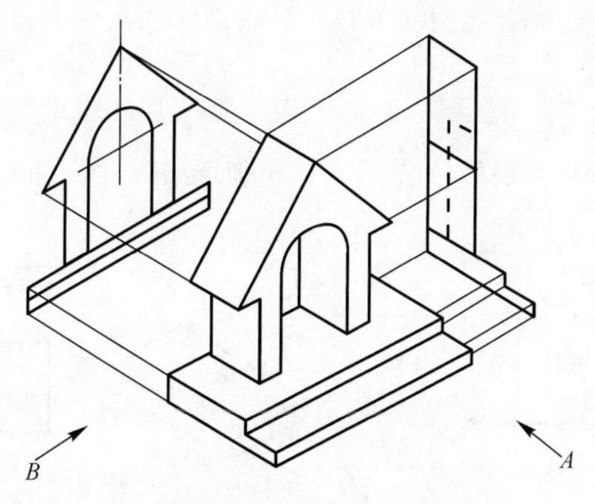

图 6－9　形体的特征面

2）选择正面投影时，还应考虑形体的自然位置和工作状态。在本书后续专业制图内容中，梁、柱等结构构件的配筋图都要与其工作时的位置相一致。

3）尽量减少图中虚线。如图 6－10 所示的形体，若分别将 A 向和 B 向作为正立面的投影方向，形成两组三面投影图。在图 6－10(a)中没有虚线，比图 6－10(b)更加真切地表达形体。

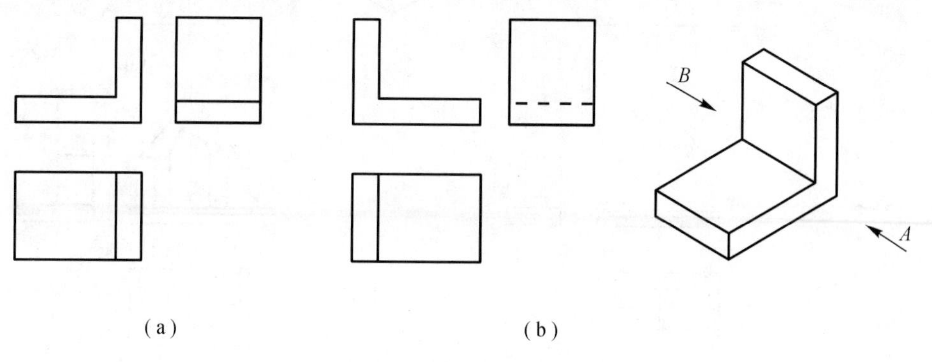

图 6－10　两组投影图的比较

2. 投影数量的选择

读者应以正面投影为基础，在能够清楚地表示形体的形状和大小的前提下，选择其他投影。投影图的数量越少越好。对组合体而言，一般要画出三面投影图。对复杂的形体而言，还需增加其他投影图。

6.2.3 画图

1. 布置图面

画图时根据投影图的数量和绘图比例选定图幅。在画图时，应首先用中心线、对称线或者基线，在图幅内定好各投影图的位置，如图 6－11(a)所示。

2. 画底稿线

应根据形体分析的结果，逐个画出各基本形体的三面投影，并要保证三面投影之间的投影关系。画图时，应先主后次、先外后内、先曲后直，用细线顺次画出，如图 6－11(b)(c)(d)(e)所示。

3. 加深图线

底稿完成并经校对确认无误后，再按线型规格加深图线，如图 6－11(f)所示。

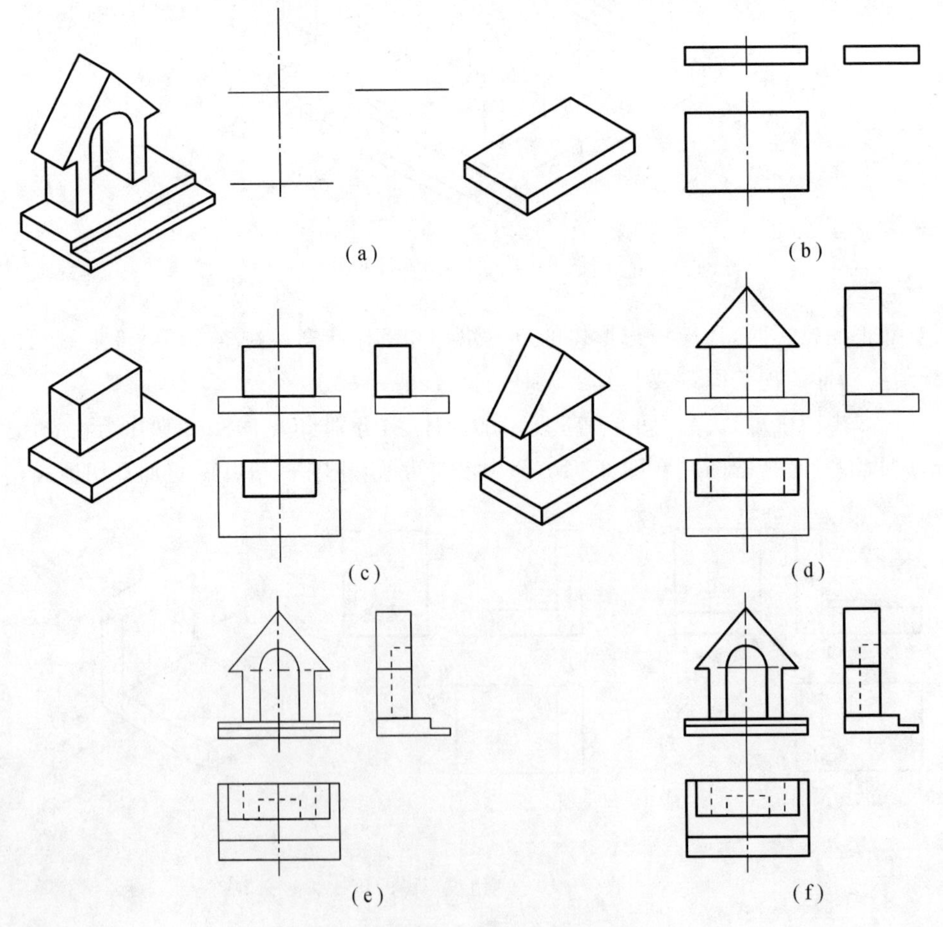

图 6－11　组合体三面投影图的画法

6.3　组合体的尺寸标注

组合体视图只能表达立体的形状，而立体的真实大小及各部分之间的相互位置要由视图上的尺寸标注来确定。因此，正确的尺寸标注极为重要。

尺寸标注的基本要求如下：

1)正确。尺寸标注符合国家制图标准[本节内容参考《建筑制图标准》(GB/T 50104—2010)]中的有关规定。

2)完整。尺寸标注要齐全，能完全确定出物体的形状和大小，不遗漏、不重复。

3)清晰。尺寸的布局清晰、恰当，便于看图和查找尺寸。

组合体由基本体组成，组合体的尺寸标注的基础是基本体的尺寸标注。

6.3.1　基本体的尺寸标注

常见基本几何体的尺寸标注如图 6-12 所示。带切口形体的尺寸标注如图 6-13 所示。

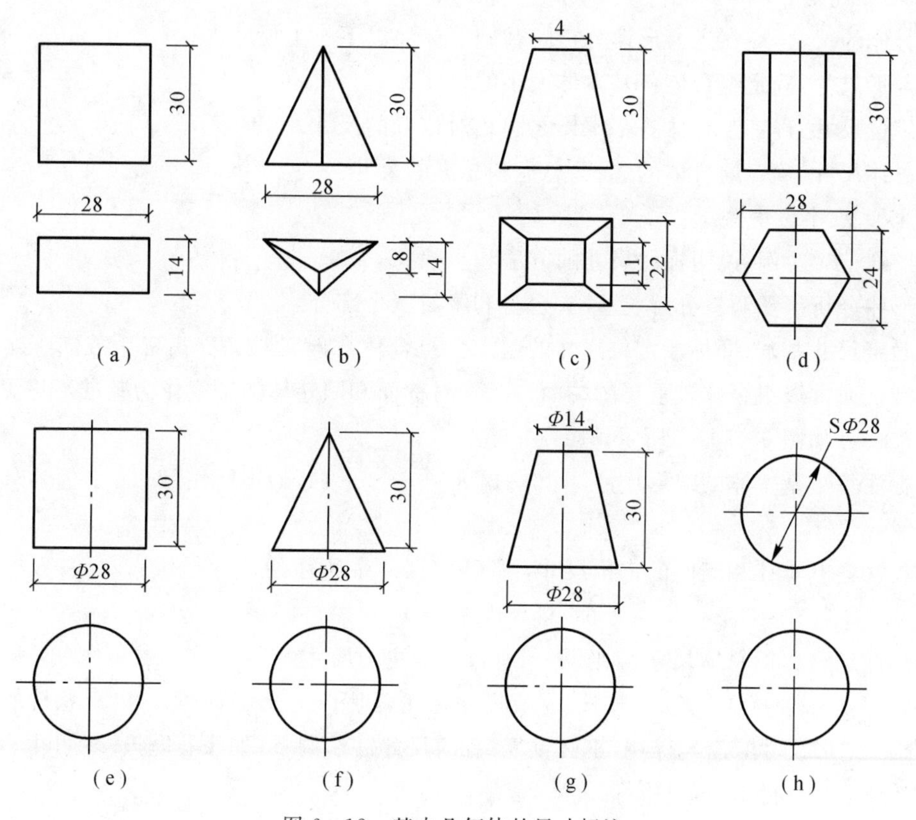

图 6-12　基本几何体的尺寸标注

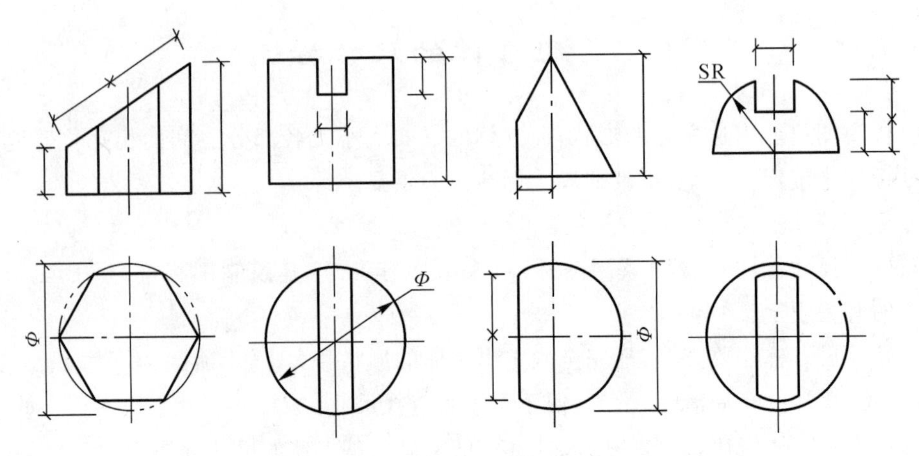

图 6-13 带切口形体的尺寸标注

6.3.2 组合体的尺寸标注

1. 尺寸的类型

组合体的尺寸，应在进行形体分析的基础上标注以下三类尺寸。

1)定形尺寸：确定组合体各基本体大小的尺寸。

2)定位尺寸：确定组合体各基本体之间相对位置的尺寸。

3)总体尺寸：确定组合体的总长、总宽和总高的尺寸。

2. 标注尺寸的步骤

以图 6-14 为例，说明标注尺寸的方法和步骤。

1)形体分析。涵洞口分解成基础、台身和缘石三个部分。

2)确定尺寸基准，即标注定位尺寸的起点。组合体一般在长、宽、高三个方向上至少各有一个基准。通常以组合体较重要的端面、底面、对称面和回转体的轴线作为基准。该涵洞口的定位基准选择如图 6-14(a)所示。

3)标注每个基本体的定形尺寸，图 6-14(b)～图 6-14(d)中所注尺寸是各基本体的定形尺寸。

4)标注各基本体相互间的定位尺寸，图 6-14(e)中所注的尺寸是缘石、台身及其圆孔的定位尺寸。

5)标注组合体的总体尺寸，如图 6-14(f)中所注的尺寸。

6)按尺寸标注的要求检查、校核、完成尺寸标注，如图 6-14(g)所示。由于总长 300、总宽 102 在标注定形尺寸时已经标注，不必重复；有的尺寸需作调整，如缘石宽度 29 可由台身顶宽 29 及定位尺寸 10 得出，可以不标。

3. 尺寸配置应注意的问题

1)尺寸标注要明显。尺寸一般应尽量标注在反映形体特征的投影图上，布置在图形轮廓线之外，但又应靠近轮廓线。

2)尺寸标注要集中。表示同一结构或形体的尺寸应尽量集中标注，首先考虑在俯视图和主视图上标注尺寸，再考虑在左视图上标注。

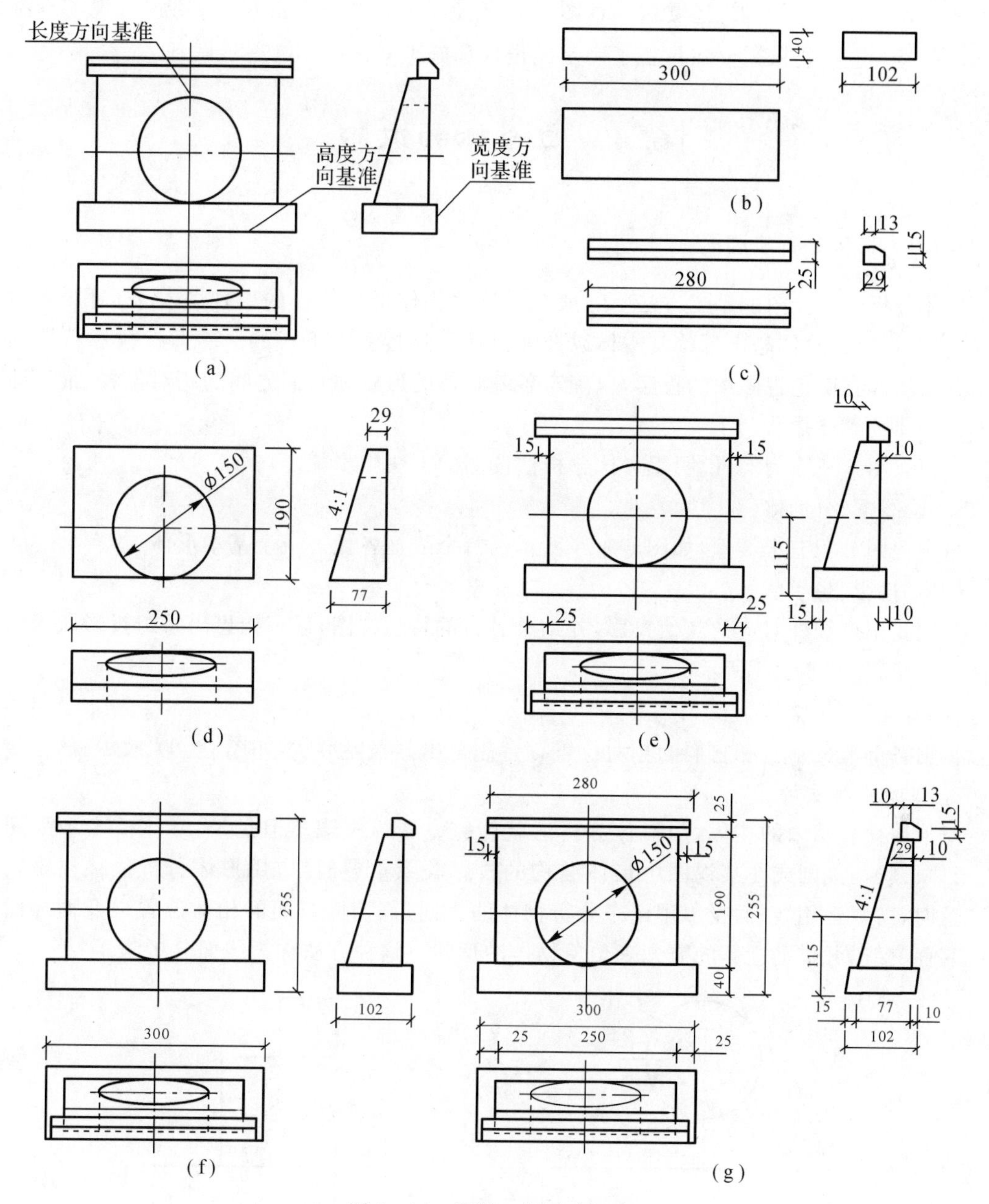

图 6-14　涵洞口的尺寸标注

3)尺寸标注应整齐、清晰。尺寸线尽可能排列整齐，与两投影图有关的尺寸应尽量标注在两投影图之间。可把长、宽、高三个方向的定形、定位尺寸组合起来排成几道，尺寸线之间的间隔应相等，相互平行的尺寸应按“大尺寸在外、小尺寸在内”的方法布置。

4)其他问题。某些局部尺寸允许注在轮廓线内，但任何图线不得穿越尺寸数字。尽量避免在虚线标注尺寸。

标注尺寸是很细致的工作，考虑的因素也很复杂。除满足上述要求外，工程建筑物的尺寸标注还应满足设计和施工的要求，这涉及相关专业知识。如果从施工生产的角度来标注尺寸，只是标注齐全、清晰还不够，还要保证读图时能直接读出各个部分的尺寸，到施工现场不需再进行计算等。这些要求需要在具备了一定的设计和施工知识后才能逐步做到。

6.4　组合体的识图

6.4.1　形体分析法读图

形体分析法是读图的基本方法。一般是从反映物体形状特征的主视图着手，对照其他视图，初步分析出该物体是由哪些基本体以及通过什么连接关系形成的。然后按投影特性逐个找出各基本体在其他视图中的投影，以确定各基本体的形状和它们之间的相对位置，最后综合想象出物体的总体形状。

下面以图 6-15 为例，说明用形体分析法读图的方法和步骤。

(1)画线框、分形体。

将主视图分为三个线框，如图 6-15 所示。每个线框各代表一个基本形体。

(2)对投影、想形状。

分别找出各线框对应的其他投影，并结合各自的特征视图，逐一构思出每组投影所表示的形体的形状，如图 6-16 所示。

(3)合起来、想整体。

根据各部分的形状和它们的相对位置综合想象出其整体形状，如图 6-17 所示。

2. 线面分析法读图

对形体比较清晰的物体，用形体分析法就能完全看懂视图。但是，当形体被多个平面切割、形体形状不规则或在某视图中形体结构的投影关系重叠时，应用形体分析法往往难以读懂。这时，需要运用线、面投影理论来分析物体的表面形状、面与面的相对位置以及面与面之间的表面交线，并借助立体的概念来想象物体的形状。这种方法称为线面分析法。

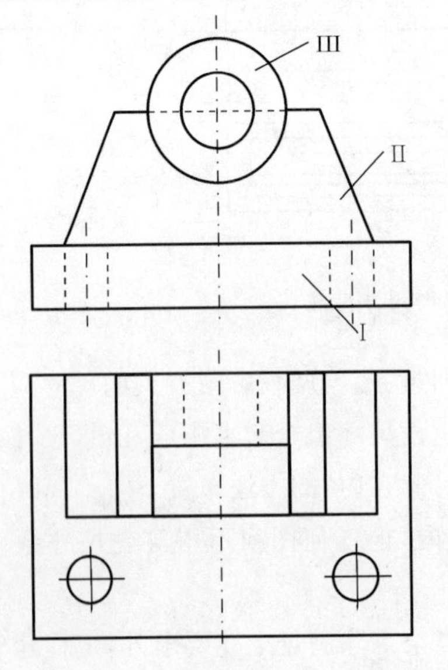

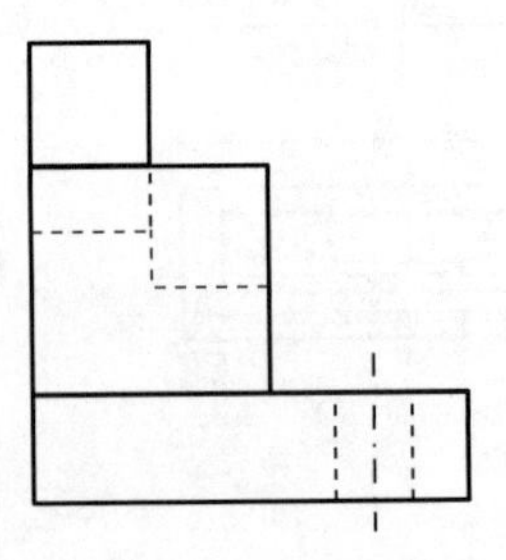

图 6-15　已知组合体的三视图

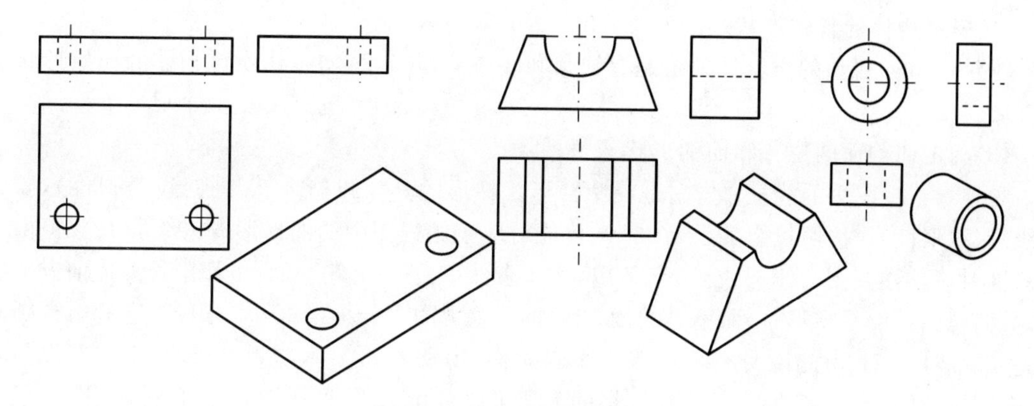

图 6－16　将形体分解

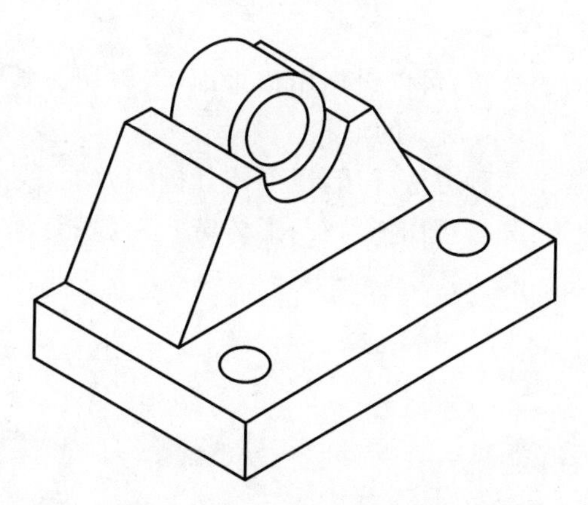

图 6－17　综合想象物体的形状

线面分析法是一种辅助的看图方法，主要适用于切割体。线面分析法的关键是弄懂视图中的图线和线框的含义，只要分析清楚图线和线框，就能想象出物体或物体某部分的形状。

下面以图 6－18 所示组合体为例，说明线面分析的读图方法和步骤。

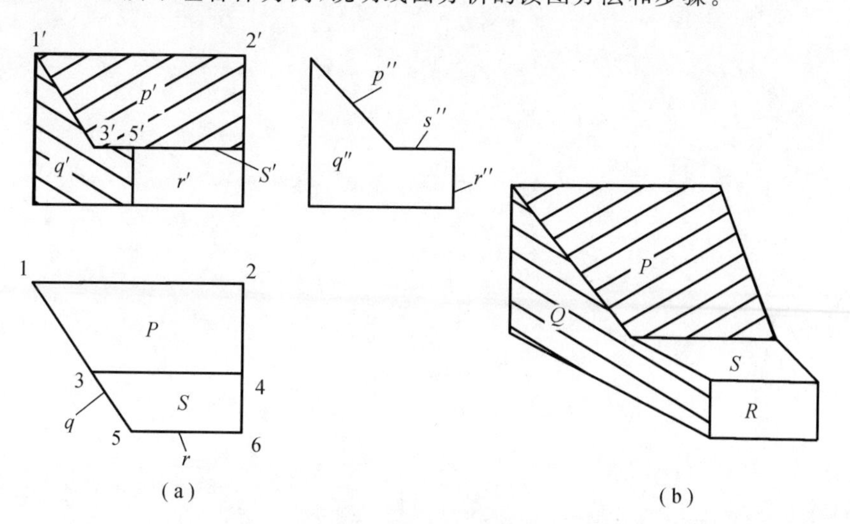

图 6－18　线面分析

(1)确定物体的整体形状。

图 6-18(a)所示的组合体外形是有缺角和缺口的矩形,可初步认定该物体的原始形状是长方体。

(2)确定切割面的位置和面的形状。

先查看主视图中的线框 p',它是一个梯形。梯形的其余投影要么是梯形(类似性),要么是线段(积聚性)。按照投影关系,线框 p'可能对应于俯视图中的的梯形 p 或线段 12。但由于 p'只能对应于左视图的倾斜线段 p'',所以,物体表面 P 是一个侧垂面,由切割长方体前方形成的,其俯视图只能是梯形 p,而不是线段 12。再从主视图中分析线框 q',与它对应的俯视图只能是倾斜线段 15,由此说明平面 Q 是一个铅垂面,由切割长方体左侧形成的,它的左视图是与 q' 同边数的图形(五边形)q''。用同样的方法可以分析出平面 R 是一个正平面,平面 S 是一个水平面。

(3)综合想象其整体形状。

根据以上对物体各个面的分析,可以设想用铅垂面 Q 斜切去长方体左前角,再用侧垂面 P 和水平面 S,切割成图 6-18(b)所示的形状。

读组合体的视图时常常是两种方法并用,以形体分析法为主,线面分析法为辅。

综上,读图步骤可归纳为:分析视图抓特征;形体分析对投影;综合归纳想整体;线面分析攻难点。

第 7 章　制图的基本规定与基本技能

工程图样被公认为“工程界技术交流的语言”，是现代土木工程从现场勘测、初步设计、施工图设计到现场施工、验收维护等整个过程中必不可少的技术资料，是发展和交流科学技术的重要文件。建筑工程图则是属于土木建筑工程方面的技术资料和文件。为了使工程图样在全国范围内表达统一，便于绘制、识读和技术交流，中华人民共和国住房城乡建设部 2017 年发布了《房屋建筑制图统一标准》(GB/T50001 — 2017)。

7.1 《房屋建筑制图统一标准》(GB/T 50001 — 2017)的基本规定

7.1.1 图纸幅面

图纸幅面是指绘制图样所用图纸的大小。为了合理地使用图纸，便于装订和管理，绘制图样时应优先采用表 7-1 所规定的基本幅面。

表 7-1　幅面及图框尺寸　　单位：mm

尺寸代号	幅面代号				
	A0	A1	A2	A3	A4
$b \times l$	841×1 189	594×841	420×594	297×420	210×297
c	10			5	
a	25				

表中：b 为幅面短边尺寸；l 为幅面长边尺寸；c 为图框线与幅面线间宽度；a 为图框线与装订边间宽度。

图纸以短边作为垂直边时为横式图，以短边作为水平边时为立式图。A0～A3 图纸宜为横式，必要时，也可为立式。在工程设计中，每个专业所使用的图纸不宜多于两种幅面，不含目录及表格所采用的 A4 幅面。

7.1.2 标题栏

图纸中应有标题栏、图框线、幅面线、装订边线和对中标志。图纸的标题栏及装订边的位置，应符合下列规定：

应根据工程的需要确定标题栏、会签栏的尺寸、格式及分区。当采用图 7－1、图 7－2、图 7－4、图 7－5 布置时，标题栏应按图 7－7、图 7－8 所示布局；当采用图 7－3 及图 7－6 布置时，标题栏、签字栏应按图 7－9～图 7－11 所示布局。签字栏应包括实名列和签字列。

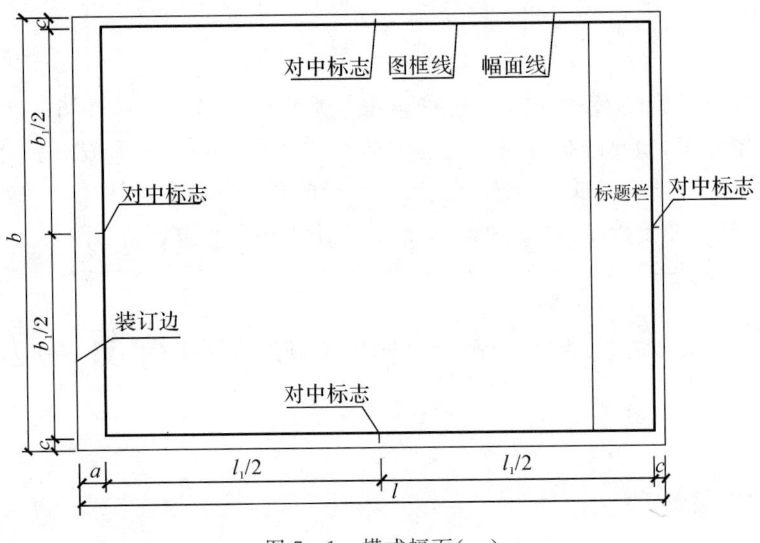

图 7－1　横式幅面（一）

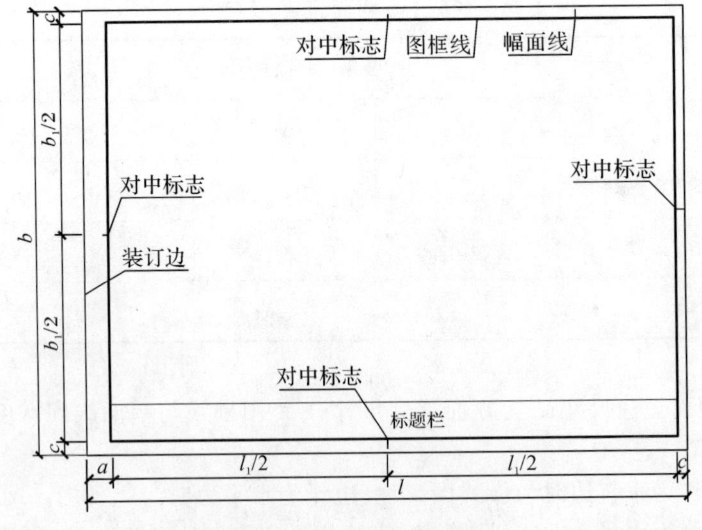

图 7－2　A0～A3 横式幅面（二）

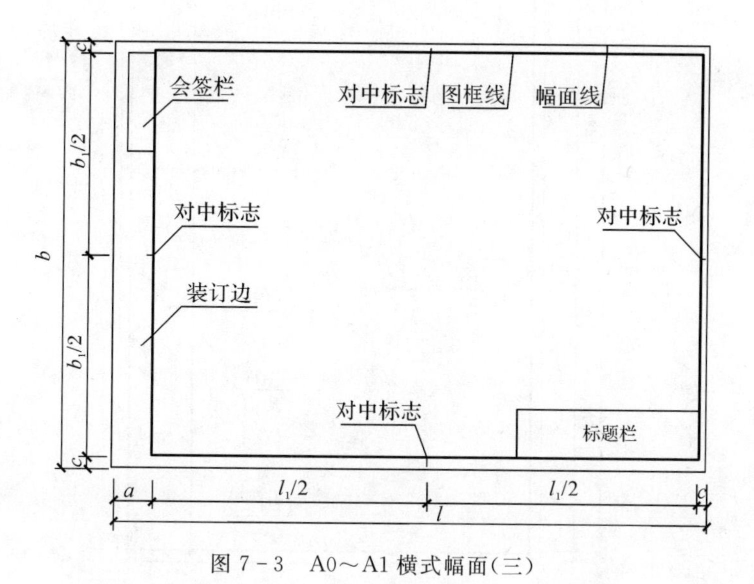

图 7-3　A0～A1 横式幅面(三)

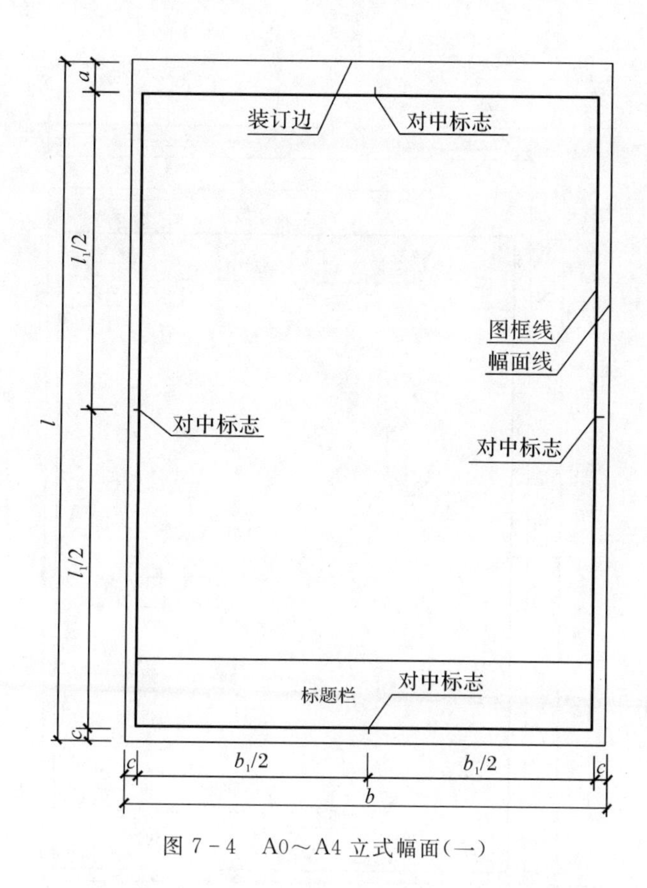

图 7-4　A0～A4 立式幅面(一)

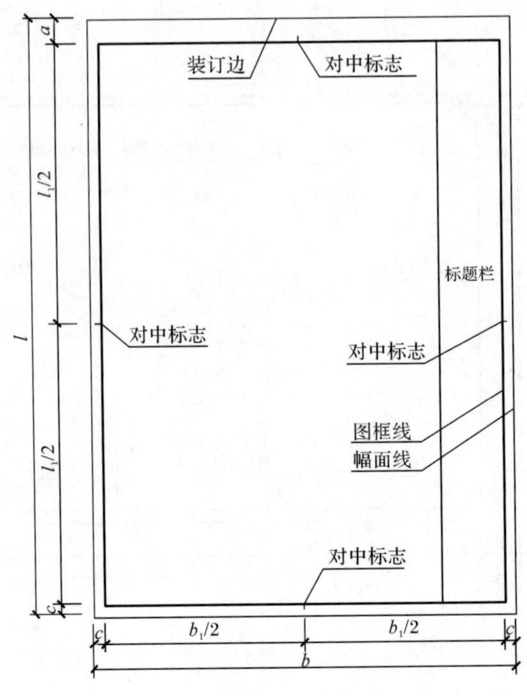

图 7－5　A0～A4 立式幅面(二)

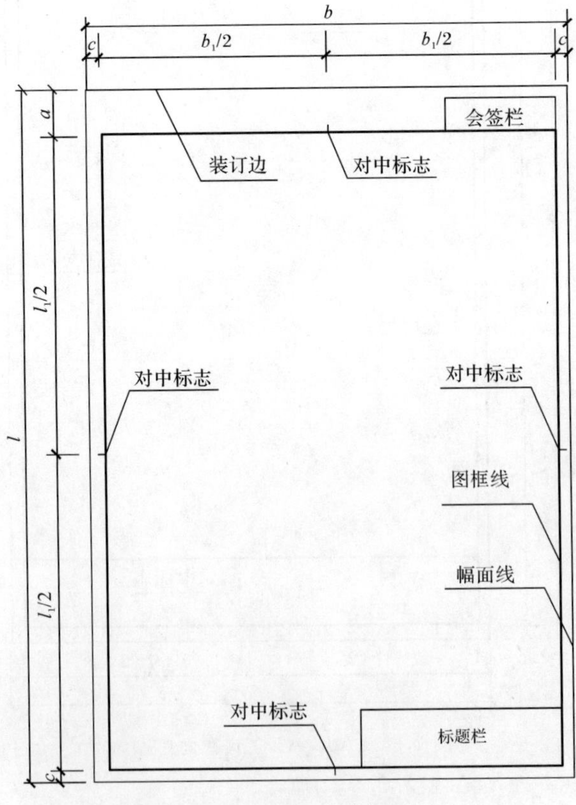

图 7－6　A0～A2 立式幅面(三)

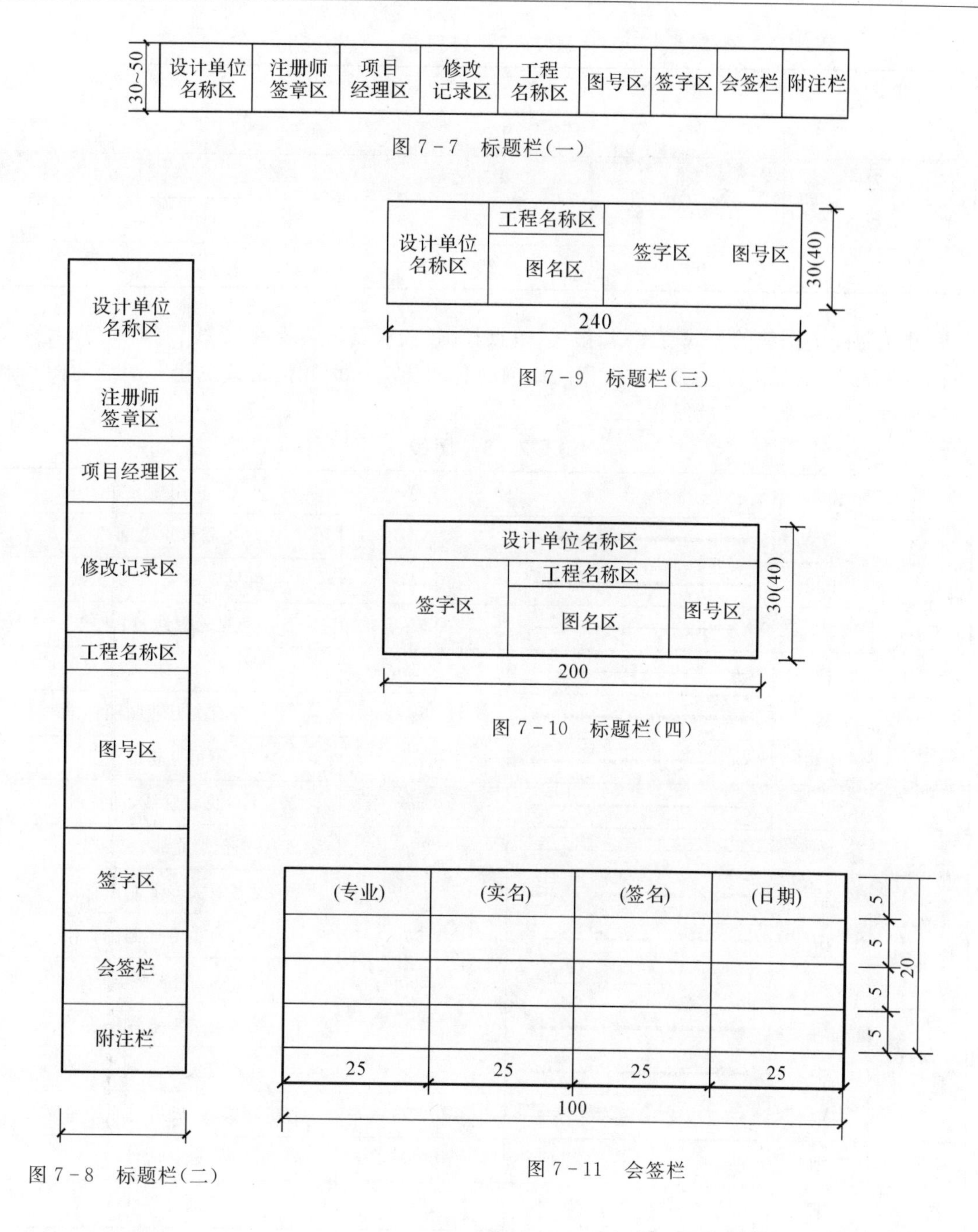

图7-7　标题栏(一)

图7-9　标题栏(三)

图7-10　标题栏(四)

图7-8　标题栏(二)

图7-11　会签栏

7.1.3　图线

工程图样中每一条图线都有其特定的作用和含义，绘图时必须按照制图标准的规定，正确使用不同的线型和不同粗细的图线。

图线的基本线宽 b 宜按照图纸比例及图纸性质从1.4 mm、1.0 mm、0.7 mm、0.5 mm线宽系列中选取。每个图样应根据复杂程度与比例大小，选定基本线宽 b，再选用表7-2中相应的线宽组。

表 7－2　线宽组　　单位：mm

线宽比	线宽组			
b	1.4	1.0	0.7	0.5
0.7b	1.0	0.7	0.5	0.35
0.5b	0.7	0.5	0.35	0.25
0.25b	0.35	0.25	0.18	0.13

建筑制图中图线的形式有实线、虚线、单点长画线、双点长画线、折断线、波浪线等，其含义不同。见表 7－3，在同一张图纸内，相同比例的各图样应选用相同的线宽组。图纸的图框和标题栏线可采用表 7－4 的线宽。

表 7－3　图线

名称		线形	线宽	用途
实线	粗		b	主要可见轮廓线
	中粗		0.7b	可见轮廓线、变更云线
	中		0.5b	可见轮廓线、尺寸线
	细		0.25b	图例填充线、家具线
虚线	粗		b	见各有关专业制图标准
	中粗		0.7b	不可见轮廓线
	中		0.5b	不可见轮廓线、图例线
	细		0.25b	图例填充线、家具线
单点长画线	粗		b	见各有关专业制图标准
	中		0.5b	见各有关专业制图标准
	细		0.25b	中心线、对称线、轴线等
双点长画线	粗		b	见各有关专业制图标准
	中		0.5b	见各有关专业制图标准
	细		0.25b	假想轮廓线、成型前原始轮廓线
折断线	细		0.25b	断开界线
波浪线	细		0.25b	断开界线

表 7－4　图框和标题栏线的宽度　　单位：mm

幅面代号	图框线	标题栏外框线 对中标志	标题栏分格线幅面线
A0、A1	b	0.5b	0.25b
A2、A3、A4	b	0.7b	0.35b

相互平行的图例线，其净间隙或线中间隙不宜小于0.2 mm。虚线、单点长画线或双点长画线的线段长度和间隔，宜各自相等。如图7-12所示，单点长画线或双点长画线，当在较小图形中绘制有困难时，可用实线代替；单点长画线或双点长画线的两端，不应采用点；点画线与点画线交接或点画线与其他图线交接时，应采用线段交接；虚线与虚线交接或虚线与其他图线交接时，应采用线段交接；虚线为实线的延长线时，不得与实线相接。图线不得与文字、数字或符号重叠、混淆，不可避免时，应首先保证文字清晰。

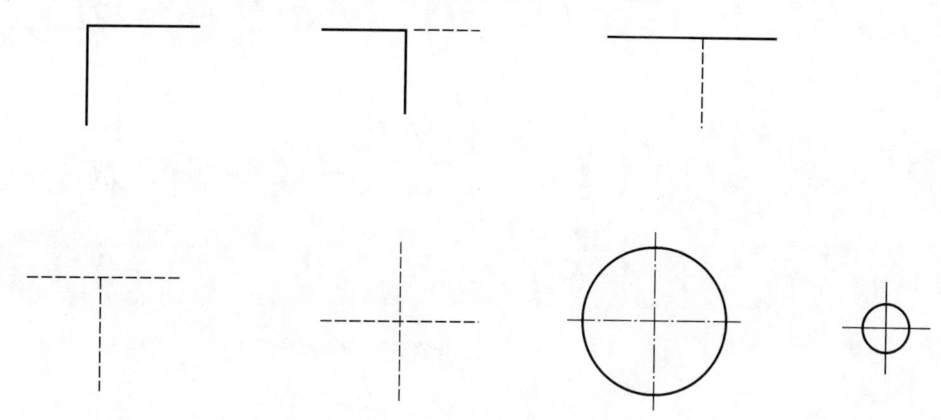

图7-12 各种线型的连接方式

7.1.4 字体

工程图纸中常用的文字有汉字、阿拉伯数字、拉丁字母，有时也用罗马数字、希腊字母。在图样中书写时必须做到：笔画清晰、字体端正、排列整齐，标点符号应清楚、正确。

制图标准规定字体的高度即为字号。例如高度h为5 mm的字就是5号字。文字的高度应从表7-5中选用。字高大于10 mm的文字宜采用True type字体，如需书写更大的字，其高度按$\sqrt{2}$的倍数递增。

表7-5 文字的高度 单位：mm

字体种类	汉字矢量字体	True type字体及非汉字矢量字体
字高	3.5、5、7、10、14、20	3、4、6、8、10、14、20

图样及说明中的汉字，宜优先采用True type字体中的宋体字型，采用矢量字体时应为长仿宋体字型。同一图纸字体种类不应超过两种。矢量字体的宽高比宜为0.7，且应符合表7-6的规定，打印线宽宜为0.25～0.35 mm；True type字体宽高比宜为1。大标题、图册封面、地形图等的汉字，也可书写成其他字体，但应易于辨认，其宽高比宜为1。

表7-6 长仿宋字高宽关系 单位：mm

字高	3.5	5	7	10	14	20
字宽	2.5	3.5	5	7	10	14

图样中的汉字应采用长仿宋体，并规定采用国家正式公布的《汉字简化方案》的简化

字。如：

徒手书写的阿拉伯数字、拉丁字母以及罗马数字一般采用斜体，其倾斜角度相对字符的底线约为 75°，字体的笔画宽度约为字高 h 的 1/14，如图 7－13 所示。

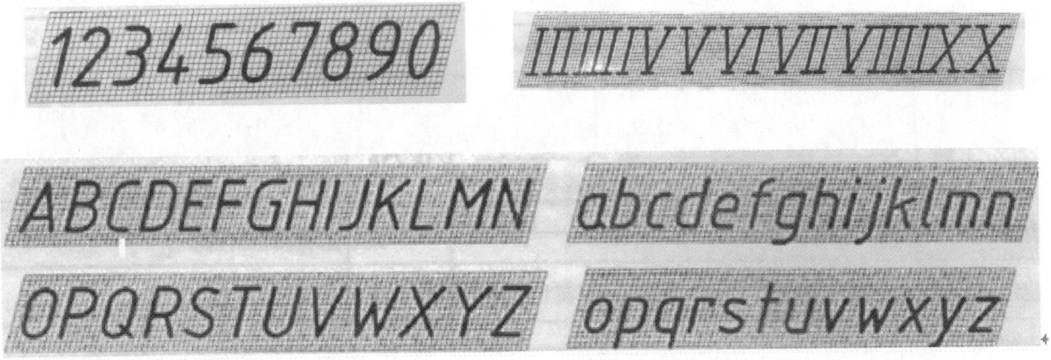

1234567890 I II III IV V VI VII VIII IX X

ABCDEFGHIJKLMN abcdefghijklmn

OPQRSTUVWXYZ opqrstuvwxyz

图 7－13　斜体的字母及数字的书写示例

7.1.5　比例

比例是指图形与实物相对应的线性尺寸之比。比例应用阿拉伯数字来表示，一般注写在图名的右侧，字高宜比图名的字高小一号或二号，如图 7－14 所示。

平面图 1: 00　　⑥ 1: 20

图 7－14　比例的注写

绘图所用的比例应根据图样的用途与被绘对象的复杂程度，从表 7－7 中选用，并应优先采用表中常用比例。一般情况下，一个图样应选用一种比例。根据专业制图的需要，同一图样可选用两种比例。特殊情况下也可自选比例，这时除应注出绘图比例外，还应在适当位置绘制出相应的比例尺。需要缩微的图纸应绘制比例尺。

表 7－7　绘图所用的比例

常用比例	1∶1、1∶2、1∶5、1∶10、1∶20、1∶30、1∶50、1∶100、1∶150、1∶200、1∶500、1∶1 000、1∶2 000
可用比例	1∶3、1∶4、1∶6、1∶15、1∶25、1∶40、1∶60、1∶80、1∶250、1∶300、1∶400、1∶600、1∶5 000、1∶10 000、1∶20 000、1∶50 000、1∶100 000、1∶200 000

7.1.6　尺寸标注

在图样中除了应按比例画出物体的图形外，还必须标注完整的实际尺寸，施工时应以图样上所注的尺寸为依据，与所绘图形的准确度无关，更不得直接从图形上量取尺寸。

图样上的尺寸单位，除另有说明外，均以毫米（mm）为单位。图样上一个完整的尺寸一般包括尺寸线、尺寸界线、尺寸起止符号、尺寸数字四个部分，如图 7－15 所示。

1）尺寸线。尺寸线应用细实线绘制，应与被注长度平行，两端宜以尺寸界线为边界，也可超出尺寸界线 2～3 mm。图样本身的任何图线均不得用作尺寸线。

2)尺寸界线。尺寸界线应用细实线绘制,应与被注长度垂直,其一端应至少离开图样轮廓线 2 mm,另一端宜超出尺寸线 2～3 mm。图样轮廓线可用作尺寸界线。如图 7 - 16 所示。

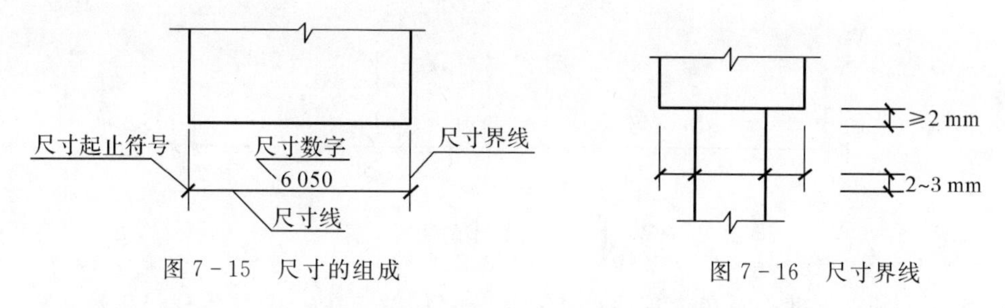

图 7 - 15　尺寸的组成　　　　图 7 - 16　尺寸界线

3)尺寸起止符号。尺寸起止符号用中粗斜短线绘制,其倾斜方向应与尺寸界线沿顺时针 45°角,长度宜为 2～3 mm。轴测图中用小圆点表示尺寸起止符号,小圆点直径为 11 mm,如图 7 - 17(a)所示。半径、直径、角度与弧长的尺寸起止符号,宜用箭头表示,箭头宽度 b 不宜小于 1 mm,如图 7 - 17(a)所示。

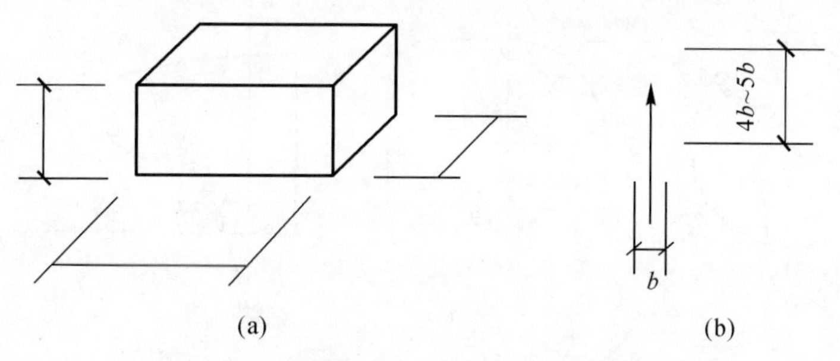

图 7 - 17　尺寸起止符

(a)轴测图尺寸起止符号;(b)箭头尺寸起止符号

4)尺寸数字。尺寸数字的方向,应按图 7 - 18(a)的规定注写。若尺寸数字在 30°斜线区内,也可按图 7 - 18(b)的形式注写。

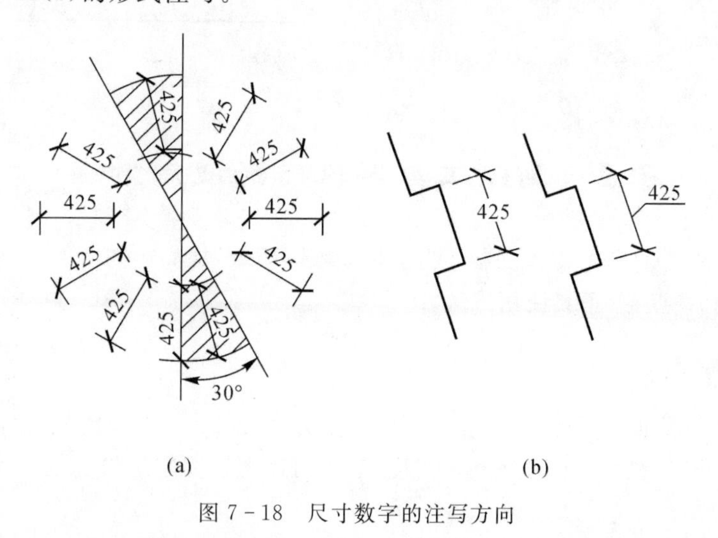

图 7 - 18　尺寸数字的注写方向

尺寸数字应依据其方向注写在靠近尺寸线的上方中部。如果没有足够的注写位置，最外边的尺寸数字可注写在尺寸界线的外侧，中间相邻的尺寸数字可上下错开注写，可用引出线表示标注尺寸的位置，如图 7－19 所示。

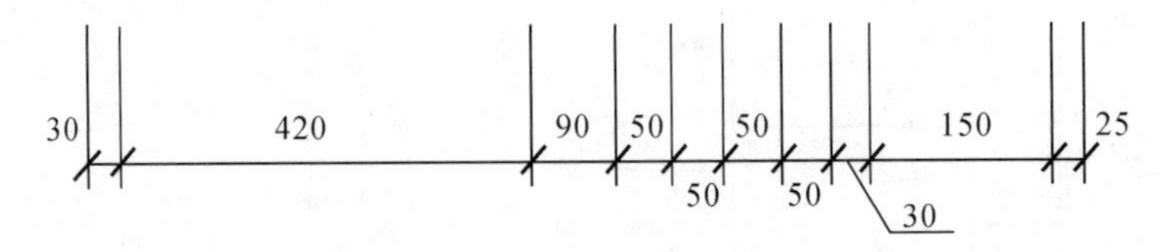

图 7－19　尺寸数字的注写位置

圆、圆弧、大圆弧、球面及角度等的尺寸标注分别如图 7－20 中的各分图所示。标注中规定在圆的直径数字前应加注字符“ϕ”；在圆弧的半径数字前应加注字符“R”；角度的尺寸数字一律按水平方向书写；在弧长的尺寸数字上方应加注符号“⌒”；标注球的半径尺寸时，应在尺寸前加注符号“SR”；注写方法与圆弧半径和圆直径的尺寸标注方法相同。

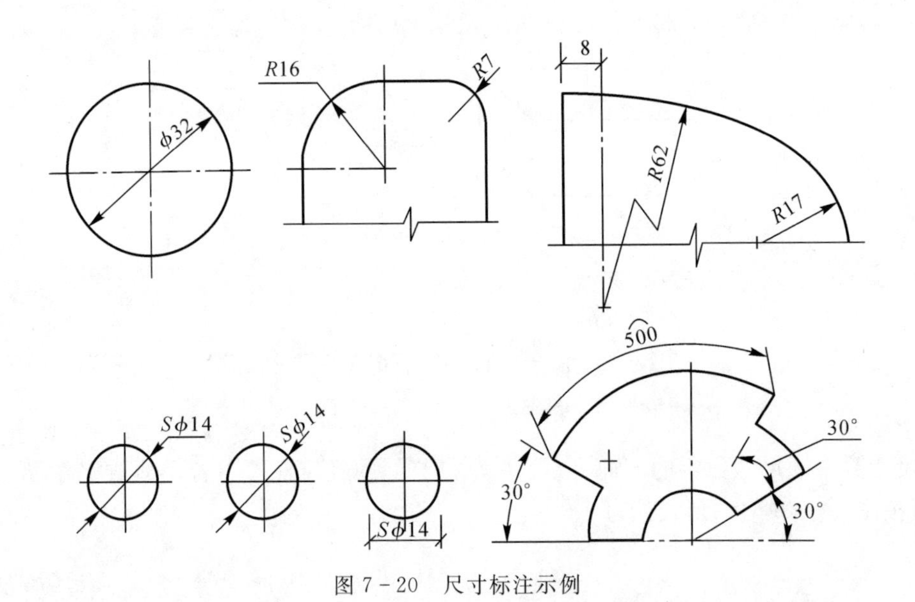

图 7－20　尺寸标注示例

7.2　制图工具和仪器的使用方法

手工绘图常用到下列工具和仪器。为了保证绘图质量，提高绘图效率，首先要了解这些工具和仪器的性能、特点，熟悉其使用方法。

7.2.1　图板

图板用来张贴图纸。板面要求光滑平整，工作边要求平直，并以此作为绘图时丁字尺上下移动的导边，如图 7－21(a)所示，图板不可受潮，不可用图钉固定图纸。

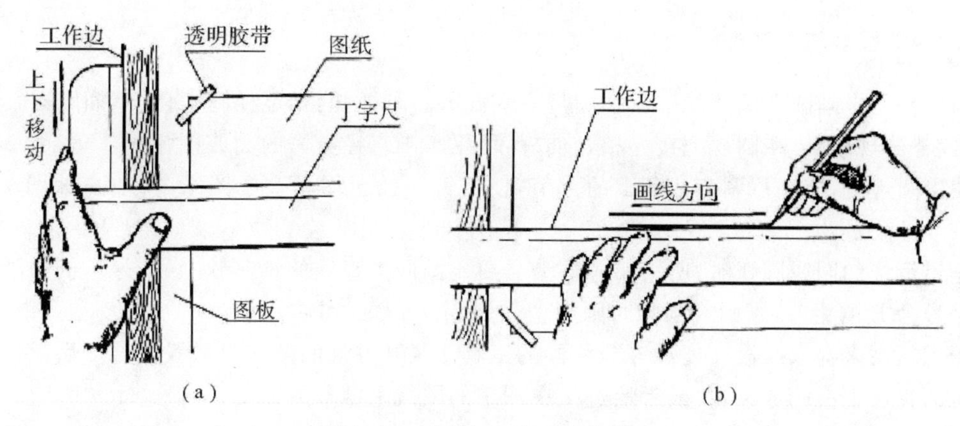

图 7-21　图板、丁字尺及其使用

(a)丁字尺沿图板的工作边上下移动；(b)沿丁字尺的工作边从左到右画水平线

7.2.2　丁字尺

丁字尺由尺头和尺身两部分构成，如图 7-21(b)所示，主要用于画水平直线。使用时，左手握住尺头，使尺头内侧紧靠图板左侧的工作边，上下移动到位后，左手向右平移并按住尺身，即可沿丁字尺的工作边自左向右画出所需的水平直线。

7.2.3　三角板

三角板由两块直角三角形的板组成，其中一块板的两个锐角都等于 45°，另一块板的两个锐角分别为 30°和 60°。

将三角板与丁字尺配合使用，可以画出与水平方向成 90°的竖直直线以及 15°、30°、45°、60°、75°、105°等倾斜直线和它们的平行线(见图 7-22)。

图 7-22　三角板与丁字尺配合使用

(a)画竖直线；(b)画斜线

7.2.4 圆规与分规

圆规是用来画圆和圆弧的工具。圆规一般配有三种插腿：铅笔插腿、直线笔插腿以及钢针插腿(代替分规用)。在圆规上接一根延伸杆，可用来画直径更大的圆或圆弧。

使用圆规时，应注意调节两条腿的关节，使钢针与插腿均垂直于图纸的纸面，如图 7－23 所示。

画铅笔线的圆或圆弧时，所用铅芯的型号要比画同类直线的铅芯软 1～2 号。例如画直线时用型号为 B 的铅芯，画圆或圆弧时则用型号为 2B～3B 的铅芯。

分规是用来提取线段长度和等分线段的工具。张开分规的两腿提取线段长度后就可以在有刻度的直尺上准确地读数，或者反过来在图中的图线上截取所需的长度。

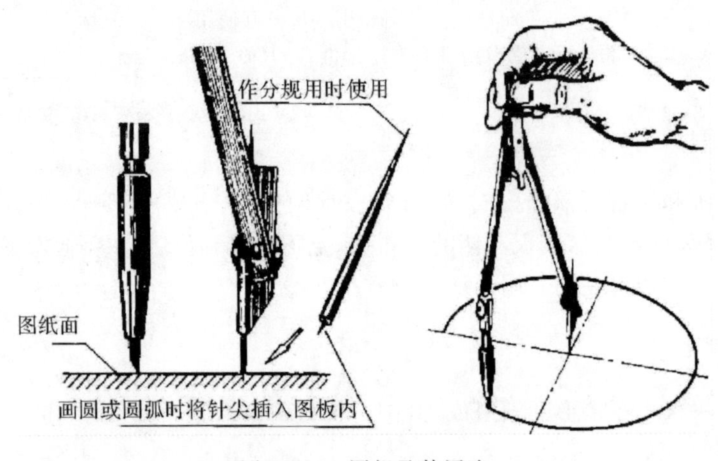

图 7－23 圆规及其用法

7.2.5 铅笔

绘图常用的铅笔以 2B、B、HB，H、2H 这几种软硬不同的型号为宜。前面型号的铅芯较软，后面型号的铅芯较硬。铅笔一般削成长圆锥形，画粗实线宜用较软型号的铅笔，画细线及打底稿宜用较硬型号的铅笔，图 7－24 所示为 HB 铅笔的削法。

图 7－24 HB 铅笔的削法

7.2.6 比例尺

为了便于绘制按比例缩小(或放大)的图样，事先在尺身上刻上某种比例刻度的直尺通称为比例尺。例如，在 1∶100 的比例尺上，把原来长度只有 10 mm 的地方标记为 1 m。即是说，该尺以 10 mm 之长代表了工程实物 1 000 mm 之长，它们之间的比值为 10∶1 000＝1∶100，相差了 100 倍。也就是说，用 1∶100 的比例绘图时，图样上所有直线的长度都是工程实物上所对应的直线长度的 1%。

7.3　徒手画图

徒手画图是一种不受场地限制，作图迅速，而且在一定程度上显示出工程技术人员训练水平的绘图方法。它常被应用于记录新的构思、草拟设计方案、现场参观纪录以及创作交流等各方面。因此，工程技术人员应熟练掌握徒手画图的技能。

7.3.1　直线的画法

如图 7－25 所示，徒手画图时执笔力求自然。运笔时眼睛朝着前进的方向，不要死死地盯住笔尖。同时，手腕不要转动，而是整个手臂运动。在画短线时，只将手指及手腕作适当运动即可。每条图线原则上宜一笔画成，对于超长的直线才分段画出。

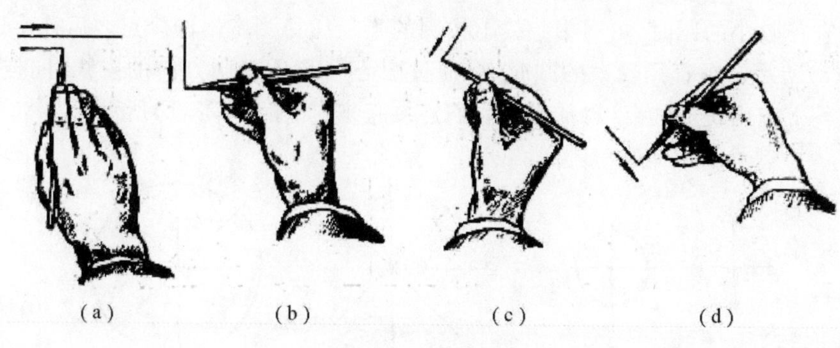

图 7－25　徒手绘图

(a)画水平线；(b)画竖直线；(c)向左画斜线；(d)向右画斜线

7.3.2　等分线段

徒手等分直线段通常利用目测来进行。若分为偶数等份（例如八等份），最好是依次二等分，如图 7－26(a) 所示。若分为奇数等份（例如五等份），则可用目测先去掉一个等份，而把剩余部分作四等分，如图 7－26(b)所示。图线下方的数字表示等分的顺序。

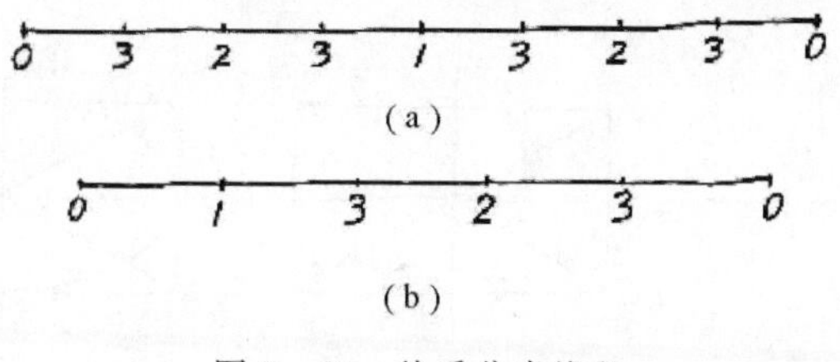

图 7－26　徒手分直线段

(a)八等份；(b)五等份

7.3.3　徒手画斜线

徒手画与水平线成 30°、45°、60°等特殊角度的斜线，可利用该角度的正切，即对边与邻边的比例关系近似画出，如图 7－27(a)(b)所示。也可以先画出 90°角，以适当半径画出一段圆弧，将该圆弧分成若干等份，然后通过这些等分点所作的射线，就是所求的相应度数的斜线，如图 7－27(c)所示。

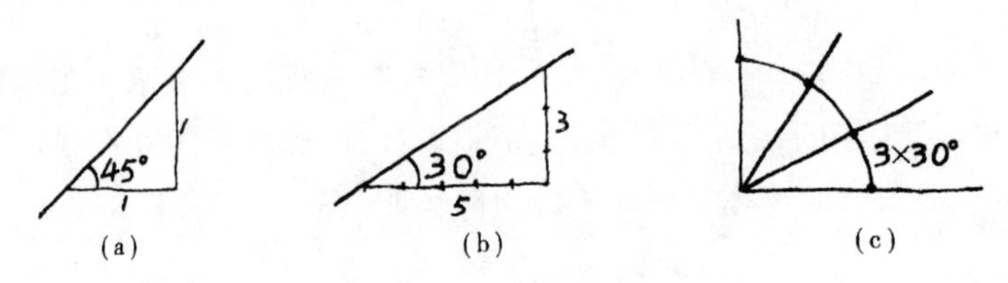

图 7－27　徒手画斜线

(a)画 45°斜线；(b)画 30°斜线；(c)画 90°斜线

7.3.4　徒手画圆及椭圆

徒手画直径较小的圆时，可在中心线上按圆的半径凭目测定出四个点之后徒手连接而成，如图 7－28(a)所示。画直径较大的圆时，可通过圆心画几条不同方向的射线，同样凭目测按圆的半径在其上定出所需的点，再徒手把它们连接起来，如图 7－28(b)所示。

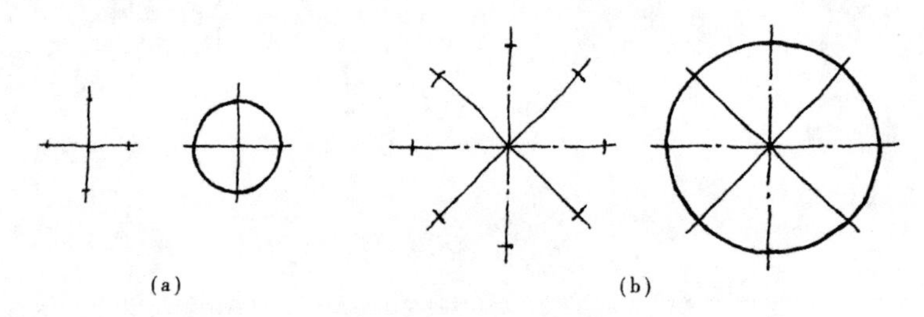

图 7－28　徒手画圆

(a)画小圆；(b)画大圆

徒手画椭圆时应尽可能准确地定出它的长、短轴，然后通过长、短轴的端点画出一个矩形，并画出该矩形的对角线。再在对角线上凭目测按椭圆曲线变化的趋势定出四个点，最后徒手将上述各点依次连接起来即得所求，如图 7－29 所示。

徒手画圆及椭圆时，要手眼并用，要特别注意图形的对称性和图线的整洁性。

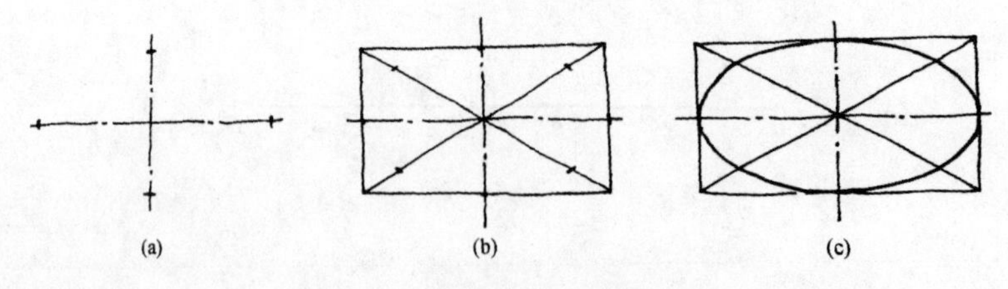

图 7－29　徒手画椭圆

(a)第一步；(b)第二步；(c)第三步

第8章　建筑施工图

8.1　概　　述

8.1.1　房屋建筑的组成

房屋是供人们生活、生产、工作、学习和娱乐的场所。房屋建筑按其用途，通常可分为工业建筑（如厂房、仓库、锅炉房等）、农业建筑（如粮仓、饲养场、拖拉机站等）以及民用建筑。民用建筑按其使用功能，又可分为居住建筑（如住宅、宿舍等）和公共建筑（如学校、医院、旅馆、商店等）。

建筑物虽然种类繁多，形式千差万别，而且在使用要求、空间组合、外形处理、结构形式、构造方式、规模大小等方面存在着种种不同，但都可以视为由基础、墙或柱、楼地面、楼梯、屋顶、门窗等主要部分组成。另外，还有一些其他配件和设施，如阳台、雨篷、通风道、烟道、垃圾道、壁橱等。

图8-1为某建筑物的轴测示意图，图中标出了房屋各组成部分的名称。

基础是建筑物的最下部分，与建筑物下部的土壤相接触，埋在地面以下。基础承受建筑物的全部荷载，并把这些荷载传给其下面的土层——地基。基础是建筑物最重要的组成部分，它必须坚固、耐久、稳定，能经受地下水及土壤中所含化学物质的侵蚀。

墙或柱均是房屋的竖向承重构件，它们承受楼板、屋面板、梁或者屋架传来的荷载，并把这些荷载传给基础。墙按受力情况可分为承重墙和非承重墙；按位置可分为外墙和内墙、纵墙和横墙。

墙和柱应坚固、稳定、耐久，墙还应保温、隔热、隔声和防水。

楼板是建筑物的水平承重构件和分隔构件，楼板将其所受荷载传给墙或柱。楼板搁置在墙或梁上，当放置在墙上时，对墙体有一定的水平支撑作用。

楼板应具有一定的强度和刚度，楼面应耐磨、不起尘，还应具有很强的隔声能力。

楼梯是多层建筑中的垂直交通设施，以供人们上下楼使用。在紧急状态下，如发生火灾或地震时，供人们疏散使用。

楼梯应坚固、安全，以满足疏散要求。

屋顶位于建筑物的最上部，它是承重构件，承受施加在其上的荷载。同时屋顶还是建筑物的外围护部分，具有抵御风霜雨雪和保温隔热等作用。

门的主要功能是交通，窗的主要功能是采光和通风，还可供眺望之用。

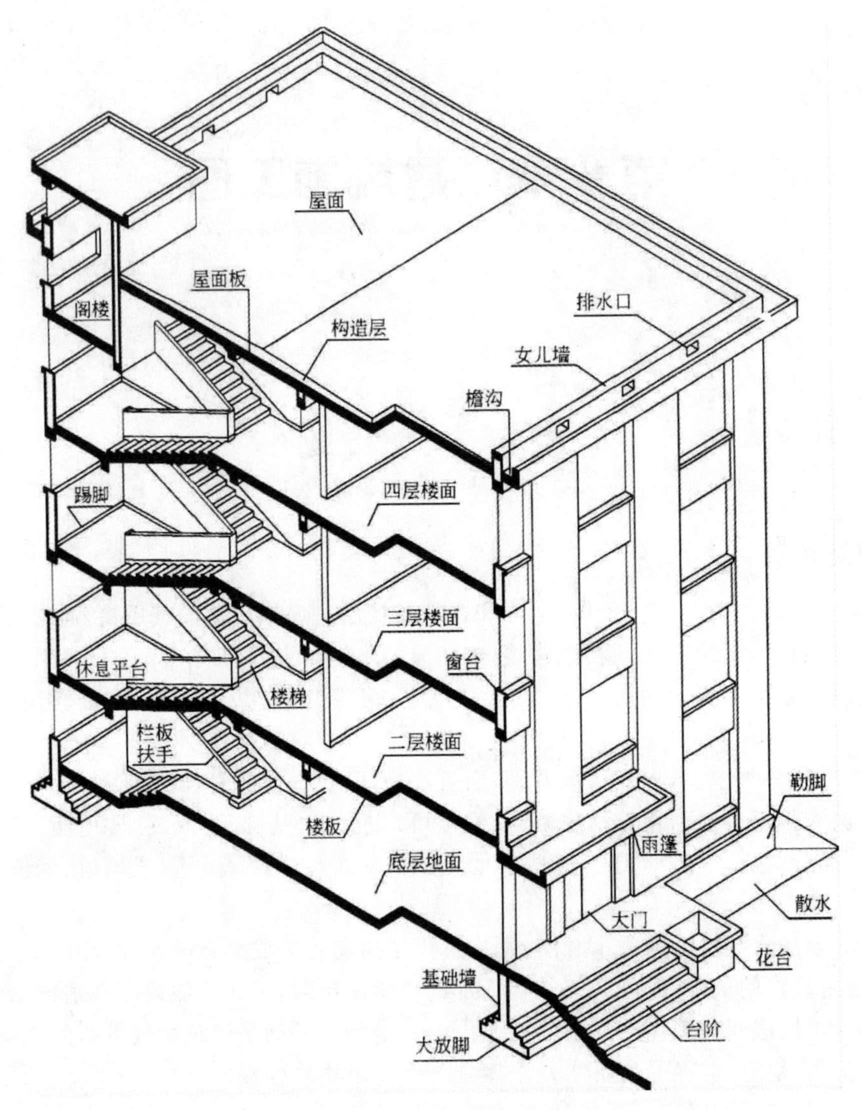

图 8－1　房屋的组成

8.1.2　施工图的产生

建筑工程施工图是一种能十分准确地表达建筑物的外形轮廓、尺寸大小、结构形式、构造方法和材料做法的图样，是沟通设计与施工的桥梁。工程技术人员必须会看施工图。要想做到快速、准确地阅读施工图，一方面，工程技术人员要熟悉房屋建筑的构造组成，另一方面，工程技术人员要对施工图的产生过程有一个大概的了解。

建筑工程施工图是由设计单位根据设计任务书的要求、设计资料、数据、建筑环境和艺术等多方面因素设计绘制而成的。一般分为以下两个设计阶段。

初步设计阶段：根据建设单位提出的设计任务和要求，进行调查研究，收集必要的设计资料，提出初步设计方案，画出立、剖面设计图和总体简略的房屋布置图以及各种方案的技术、经济指标和工程概算等。初步设计的工程图纸和有关文件只能作为方案研究、比较和审批之用，不能作为施工的依据。

施工图设计阶段：在初步设计的基础上，综合建筑、结构、设备等各工种的相互配合、协调和调整，并把满足工程施工的各项具体要求反映在图纸中。其内容包括所有专业的基本图、详图及说明书、计算书和工程预算书等。施工图是施工单位进行施工的依据。整套图纸应完整详细、前后统一、尺寸齐全、正确无误。

对于大型的、比较复杂的工程，许多技术问题和各工种之间的协调问题在初步设计阶段无法确定时，就需要在初步设计和施工图设计之间加入一个技术设计阶段。技术设计阶段的主要任务是在初步设计的基础上，进一步确定各专业间的具体技术问题，使各专业之间统一，达到相互配合、相互协调的目的。

8.1.3　施工图的分类

由于专业分工的不同，可将施工图分为建筑施工图、结构施工图和设备施工图。

建筑施工图（简称"建施"）主要表示建筑物的总体布局、外部造型、内部布置、细部构造、装饰装修和施工要求等，主要包括总平面图、建筑平面图、建筑立面图、建筑剖面图、建筑详图等。

结构施工图（简称"结施"）主要表示房屋的结构设计内容，如房屋承重构件的布置、构件的形状、大小、材料等，主要包括结构平面布置图、构件详图等。

设备施工图（简称"设施"）包括给排水、采暖通风、电气照明等各种施工图，主要包括各工种的平面布置图、系统图等。

8.1.4　施工图的编排顺序

一套简单的房屋施工图就有几十张，一套大型复杂建筑物的图纸甚至有上百张。因此，为了便于看图、易于查找，应该把这些图纸按顺序编排。

一般来说，施工图的编排顺序是图纸目录、设计总说明、建筑施工图、结构施工图、给排水施工图、暖通空调施工图、电气照明施工图等。

各专业的施工图，应按图纸内容的主次关系和逻辑关系进行排列。例如，基本图在前，详图在后；全局性的图在前，局部性的图在后；布置图在前，构件图在后；先施工的图在前，后施工的图在后等。

8.1.5　识图应注意的几个问题

1）施工图是根据投影原理绘制的，用图纸表明房屋建筑的设计及构造方法，所以要看懂施工图，就要掌握投影原理和熟悉房屋建筑的基本构造。

2）在房屋施工图中，除符合一般的投影原理及视图、剖面、断面等的基本图示方法外，为了保证制图质量、提高效率、表达统一、符合设计和施工的要求以及便于识读工程图，中华人民共和国住房和城乡建设部联合颁布了六种有关建筑制图的国家标准，包括总纲性质的《房屋建筑制图统一标准》（GB/T 50001 — 2017）和专业部分的《总图制图标准》（GB/T 50103 — 2010）、《建筑制图标准》（GB/T 50104 — 2010）、《建筑结构制图标准》（GB/T 50105 — 2010）、《给水排水制图标准》（GB/T 50106 — 2010）、《暖通空调制图标准》（GB/T 50114 — 2010）以及相应的条文说明。无论绘图与读图，相关人员都必须熟悉有关国家标准。

3）看图时要先粗后细、先大后小、互相对照。一般是先看图纸目录、总平面图，大致了解工程的概况，如设计单位、建设单位、新建房屋的位置、周围环境、施工技术的要求等。对照目录检查图纸是否齐全，采用了哪些标准图并备齐这些标准图。然后开始阅读建筑平、立、剖面图等基本图样，还要深入细致地阅读构件图和详图，详细了解整个工程的施工情况及技术要求。看图时要注意对照，如平、立、剖面图的对照，基本图和详图的对照，建筑图和结构图的对照，图形与文字说明的对照等。

要想熟练地识读施工图，还应经常深入施工现场，对照图纸、观察实物，这也是提高识图能力的一个重要方法。

8.2 设计总说明及建筑总平面图

8.2.1 设计总说明

设计总说明是对图样上未能详细标明的材料、做法、具体要求及其他有关情况所作出的具体的文字说明。主要内容有工程概况与设计标准、结构特征、构造做法等，如砖和砂浆的强度等级，楼地面、屋面、勒脚、散水、室内外装修的做法以及采用的新技术、新材料或有特殊要求的做法说明等。对于简单的工程，可分别在各专业图纸上用文字的形式说明。对于中小型建筑来说，建筑设计说明一般和图纸目录、门窗表、建筑总平面图共同形成建筑施工图的首页，称为首页图。

下面是某学校办公楼的建筑设计说明。

1. 设计依据

本工程按某学校提出的设计任务书进行方案设计。以教学楼和传达室为放样依据，按总平面图所示的尺寸放样。

2. 设计标高

室内地坪设计标高为±0.000，相当于绝对标高为46.200，室外地坪标高为45.600，室内外高差为0.600。

3. 施工用料

1)基础：该办公楼采用钢筋混凝土条形基础和钢筋混凝土独立基础。

2)墙体：外墙为370 mm，内墙为240 mm。墙体用MU_{10}的机制红砖、$M_{7.5}$的砂浆砌筑。

3)楼地面：楼地面均采用水磨石面层。

4)屋面：采用SBS改性沥青卷材防水屋面。

5)外墙装饰：白色瓷砖贴面，檐口采用砖红色波形瓦。

6)屋面排水：采用双坡排水，排水坡度为2%，天沟坡度为1% 。

8.2.2 建筑总平面图

建筑总平面图是表明新建房屋基地所在范围内的总体布置的图样，主要表达新建房屋的位置和朝向与原有建筑物的关系、周围道路、绿化布置及地形地貌等内容。建筑总平面图是新建房屋定位，土方施工以及绘制水、暖、电等管线总平面图和施工总平面图的依据。

1. 总平面图的比例、图例及文字说明

绘制总平面图常用的比例为1∶500、1∶1 000、1∶2 000。总平面图中所注尺寸一律以米

(m)为单位。由于绘图比例较小，在总平面图中所表达的对象，要用《房屋建筑制图统一标准》(GB/T 50001 — 2017)中规定的图例来表示。常用的总平面图图例见表 8 - 1。在绘制较为复杂的总平面图时，如所要表示的内容在国家标准中没有规定，可自行规定图例，但必须在总平面图中绘制清楚，并注明其名称。

表 8 - 1　总平面图图例

图　例	名称及说明	图　例	名称及说明
X= Y= ① 12F/2D H=59.00m	新建建筑物：新建建筑物以粗实线表示与室外地坪相接处±0.00 外墙定位轮廓线；建筑物一般以±0.00 高度处的外墙定位轴线交叉点坐标定位。轴线用细实线表示，并标明轴线号；根据不同设计阶段标注建筑编号，地上、地下层数，建筑高度，建筑出入口位置(两种表示方法均可，但同一图纸采用一种表示方法)；地下建筑以粗虚线表示其轮廓；建筑上部(±0.00 以上)外挑建筑用细实线表示；建筑物上部轮廓用细虚线表示并标注位置		围墙及大门 桥梁：用于旱桥时应注明；上图为公路桥，下图为铁路桥 室内地坪标高：数字平行于建筑书写 室外地坪标高：室外标高也可彩和等高线 原有道路 计划扩建的道路
		151.00 (±0.00)	室内地坪标高：数字平行于建筑书写
		143.00	室外地坪标高：室外标高也可彩和等高线
	原有建筑物用细实线表示：		填挖边坡
	计划扩建的预留地或建筑物：用中粗虚线表示		烟囱：实线为烟囱下部直径，虚线为基础，必要时可注写烟囱高度和上、下口直径
	拆除的建筑物：用细实线表示		
	散状材料露天堆场：需要时可注明材料名称		其他材料露天堆场或露天作业场：需要时可注明材料名称

2. 新建建筑物的定位

新建建筑物的具体位置，一般根据原有房屋或道路来定位，并以米(m)为单位标出定位尺寸。当新建建筑物附近无原有建筑物为依据时，要用坐标定位法确定建筑物的位置。坐标定位法有以下两种：

1)测量坐标定位法:在地形图上绘制的方格网叫作测量坐标方格网,与地形图采用同一比例,方格网的边长一般采用 100 m×100 m 或者 50 m×50 m,纵坐标为 X,横坐标为 Y。斜方位的建筑物一般应标注建筑物的左下角和右上角的两个角点的坐标。如果建筑物的方位正南正北,又是矩形,则可只标注建筑物的一个角点的坐标。测量坐标方格网如图 8-2 所示。

2)建筑坐标定位法:建筑坐标定位法是以建设地区的某点为"0"点,在总平面图上分格,分格大小应根据建筑设计总平面图上各建筑物、构筑物及各种管线的布设情况,结合现场的地形情况而定,一般采用 100 m×100 m 或者 50 m×50 m,比例与总平面图相同,纵坐标为 A,横坐标为 B。定位放线时,应以"0"点为基准,测出建筑物墙角的位置。建筑坐标方格网如图 8-3 所示。

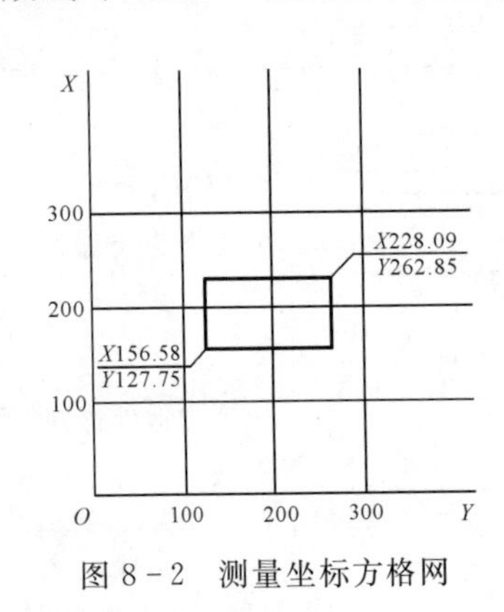

图 8-2 测量坐标方格网

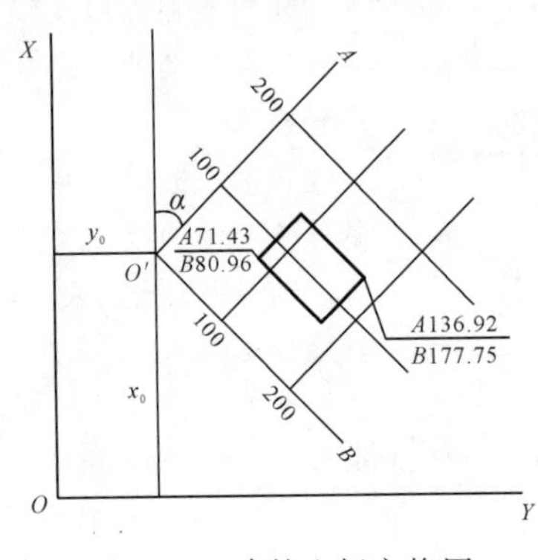

图 8-3 建筑坐标方格网

3. 等高线

在总平面图中,常用等高线来表示地面的自然状态和起伏情况。等高线是地面上高程相同的点连续形成的闭合曲线,等高线在图上的水平距离随着地形的变化而不同,等高线间的距离越小,表示此处地形较陡,反之,则表示地面较平坦。等高线可为确定室内地坪标高和室外整平标高提供依据。

标高是标注建筑物高度的一种尺寸形式,标高符号的大小、画法及有关规定如图 8-4 所示。

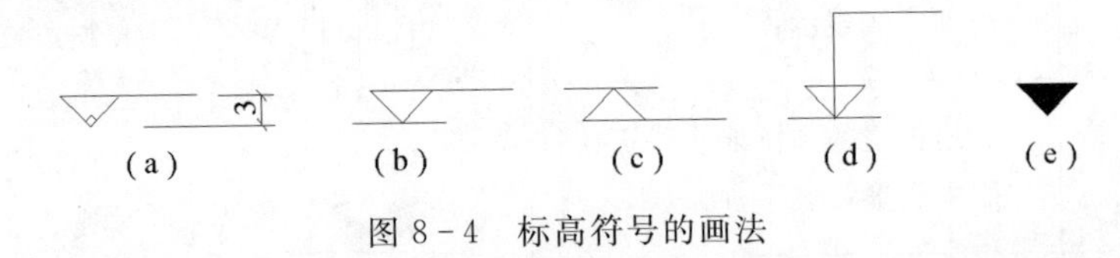

图 8-4 标高符号的画法

图 8-4(a)用来表示建筑物室内地面及楼面的标高,下面不画短横线,标高数字注写在长横线的上方。图 8-4(e)用来表示建筑物室外整平地面的标高,标高数字注写在黑三角形的上方、右方或右上方。图 8-4(b)、图 8-4(c)、图 8-4(d)用以标注其他部位的标高,下面的短横线为需标注高度的界限,标高数字注写在长横线的上方或下方。无论何种形式的标高符号,均为等腰直角三角形,高为 3 mm。同一图纸上的标高符号应大小相等、整齐划一、对齐画出。标高数字以 m 为单位,并注写到小数点后面第三位。在总平面图中,标高数字注写到小数点后第二位。零点标高的注写形式为±0.000。

标高分为绝对标高和相对标高两种:

1)绝对标高:我国以青岛附近黄海某处的平均海平面作为标高的零点,其他各地都以它为基准,以此得到的高度数值称为绝对标高。

2）相对标高：以建筑物室内底层主要地坪作为标高的零点，其他各部位以它为基准，以此得到的高度数值称为相对标高。

采用相对标高，可简化标高数字，而且容易得出建筑物中各部分的高差尺寸，如层高尺寸等。因此，在建筑工程中，除总平面图外，一般都采用相对标高。在设计总说明或总平面图中，一定要注明相对标高和绝对标高的关系。

4. 风向频率玫瑰图和指北针

在总平面图中，常用风向频率玫瑰图（简称“风玫瑰”）和指北针来表示该地区的常年风向频率和建筑物朝向。风玫瑰和指北针如图 8-5 所示。

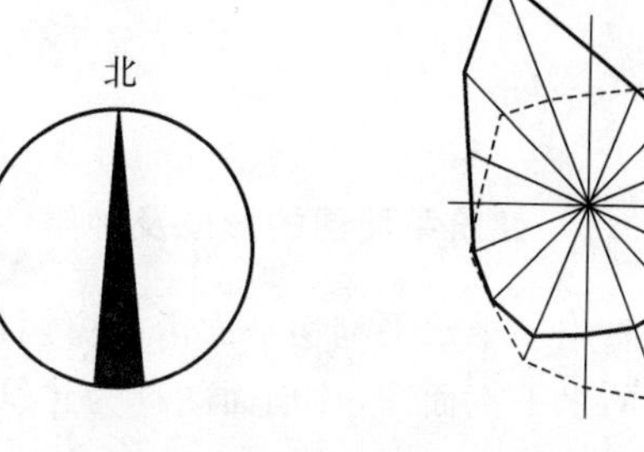

图 8-5　风玫瑰与指北针

指北针外圆直径为 24 mm，采用细实线绘制，指北针尾部宽度为 3 mm，指针头部应注“北”或“N”。需用较大直径绘制指北针时，指针尾部的宽度宜为直径的 1/8。指北针与风玫瑰结合时宜采用互相垂直的线段，线段两段应超出风玫瑰轮廓线 2～3 mm，垂点宜为风玫瑰中心，组成风玫瑰所用线宽均宜为 0.56。风吹方向是指从外面吹向中心。实线表示全年风向频率，虚线表示夏季风向频率。

8.2.3　总平面图识图示例

图 8-6 为某学校办公楼的总平面图。由图中可以看出，新建办公楼坐北朝南，主要出入口设在南面。在新建办公楼的北面是原有的教工宿舍楼，宿舍楼的西面是篮球场，校园的最北面是食堂，食堂旁边的虚线表示食堂将计划扩建的部分。新建办公楼的位置是根据原有的传达室及教学楼确定的。新建办公楼的南墙距传达室的北墙为 11.50 m，办公楼的西墙距原教学楼的东墙为 11.00 m。办公楼的总长为 33.48 m，总宽为 18.37 m 。

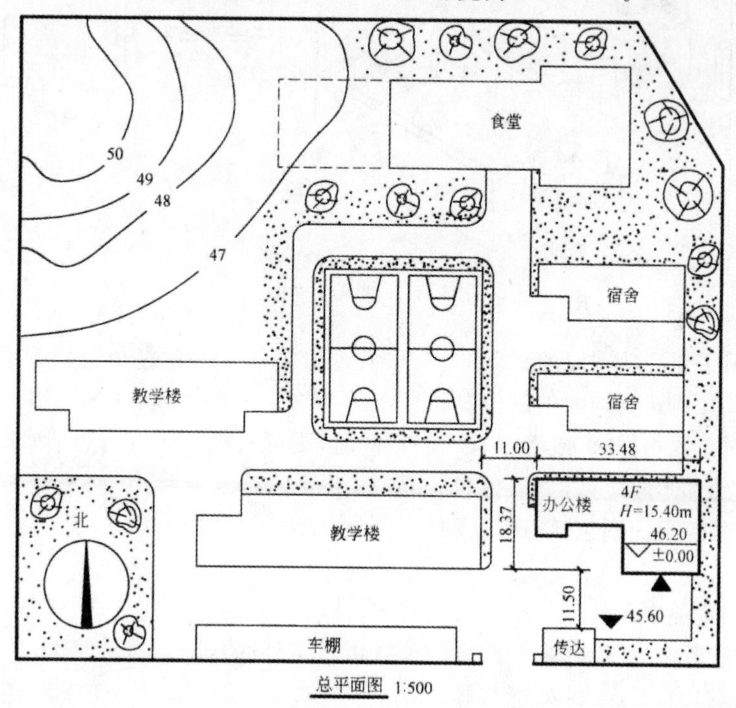

图 8-6　总平面图

从等高线可以看出，学校的西北角地势较高，东南角则较平坦。在确定建筑物的室内地坪标高及室外整平标高时，应注意尽量结合地形，以减少土石方工程。图中新建办公楼的室内地坪标高为46.20，室外整平标高为45.60。另外，总平面图还可以反映出道路、围墙及绿化的情况。

8.3 建筑平面图

8.3.1 建筑平面图的形成及种类

假想用一个水平剖切平面沿门窗洞口位置将房屋剖开，移去剖切平面以上的部分，绘出剩余部分的水平剖面图，该剖面图称为建筑平面图，如图8-7所示。

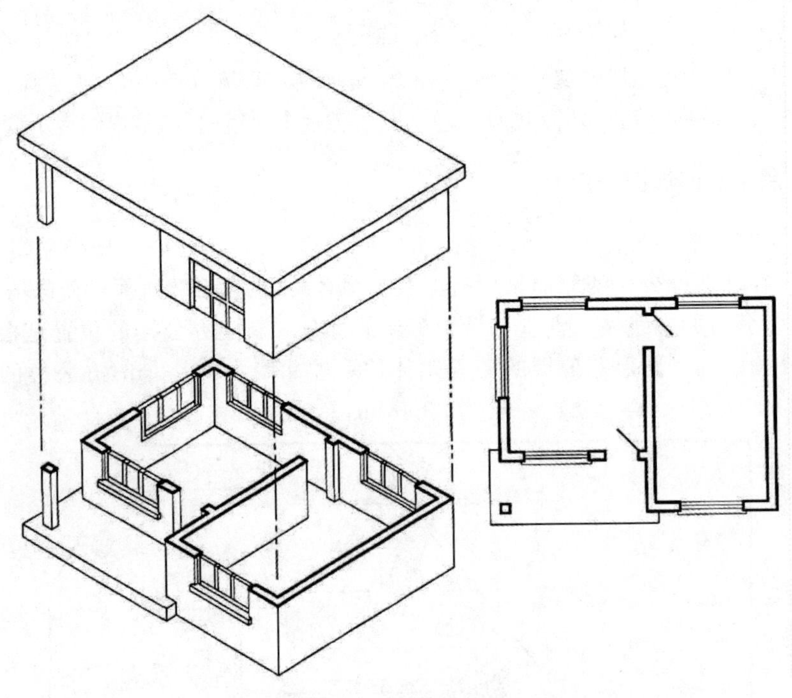

图8-7 建筑平面图

建筑平面图主要反映房屋的平面形状、水平方向各部分的布置和组合关系、门窗位置、墙和柱的布置以及其他建筑构配件的位置和大小等。对于多层建筑，应画出各层平面图。但当有些楼层的平面布置相同时，或者仅有局部不同时，则可只画一个共同的平面图(称为“标准层平面图”)，对于局部不同之处，只需另画局部平面图。

一般来说，建筑平面图包括以下几种。

1. 底层(首层、一层)平面图

底层平面图主要表示底层的平面布置情况，即各房间的分隔和组合、房间名称、出入口、门厅、楼梯等的布置和相互关系，各种门窗的位置以及室外的台阶、花台、明沟、散水、雨水管的布置以及指北针、剖切符号、室内外标高等。

2. 标准层平面图

标准层平面图主要表示中间各层的平面布置情况。在底层平面图中已经标明的花台、散水、明沟、台阶等不再重复画出。进口处的雨篷等要在二层平面图上表示，二层以上的平面图中不再表示。

3. 顶层平面图

顶层平面图主要表示房屋顶层的平面布置情况。如果顶层的平面布置与标准层的平面布置相同，可以只画出局部的顶层楼梯间平面图。

4. 屋顶平面图

屋顶平面图主要表示屋顶的形状，屋面排水方向及坡度、天沟或檐沟的位置，还有女儿墙、屋脊线、雨水管、水箱、上人孔、避雷针的位置等。由于屋顶平面图比较简单，所以可用较小的比例来绘制。

5. 局部平面图

当某些楼层的平面布置基本相同，仅有局部不同时，则这些不同部分就可以用局部平面图来表示。当某些局部布置的比例较小而固定设备较多，或者内部的组合比较复杂时，也可以另画较大比例的局部平面图。为了清楚地表明局部平面图在平面图中所处的位置，必须标明与平面图一致的定位轴线及编号。常见的局部平面图有厕所、盥洗室、楼梯间平面图等。

8.3.2　建筑平面图的有关规定和要求

1. 比例

平面图的常用比例为 1∶50、1∶100、1∶200。必要时，也可用 1 ∶150、1∶300。

2. 图线

建筑平面图实质上是水平剖面图，应符合剖面图的有关规定和要求。凡被剖到的墙、柱的断面轮廓线用粗实线表示。粉刷层在 1∶100 的平面图中不必画出，在 1∶50 或更大比例的平面图中则用细实线表示。没有剖切到的可见轮廓线，如窗台、台阶、明沟、花台、梯段等用中粗线画出。其他图形线、图例线、尺寸线、尺寸界线、标高符号等用细实线表示。

3. 定位轴线及编号

定位轴线是施工中定位、放线的重要依据。凡是承重墙、柱子、大梁、屋架等主要承重构件均应画上轴线以确定其位置。非承重的分隔墙、次要的承重构件等，一般不画轴线，而是注明它们与附近轴线的相关尺寸以确定其位置，但有时也可用分轴线确定其位置，如图 8 - 8 所示。

定位轴线用细单点长画线表示，轴线的端部画细实线圆(直径为 8～10 mm)，圆心应在定位轴线的延长线上或延长线的折线上。在圆圈内注明轴线编号，横向编号用阿拉伯数字，从左至右编写；竖向编号用大写英文字母，从下至上编写。英文字母中的 *I*、*O*、*Z* 三个字母不得用作轴线编号，以免与阿拉伯数字 1、0、2 混淆。当字母数量不够时，可增用双字母或单字母加数注脚。

当两个轴线之间需附加轴线时，则用分数表示编号。分母表示前一轴线的编号，分子则表示附加轴线本身的编号，用阿拉伯数字顺序编写。1 号轴线或 *A* 号轴线之前的附加轴线的分母应以 01 或 0*A* 表示。

较复杂的平面图中定位轴线可采用分区编号，如图 8 - 9 所示。编号的注写形式应为“分区号—该分区定位轴线编号”，分区号宜采用阿拉伯数字或大写英文字母表示。当采用分区编号时，同一根轴线有不止一个编号时，相应编号应同时注明。

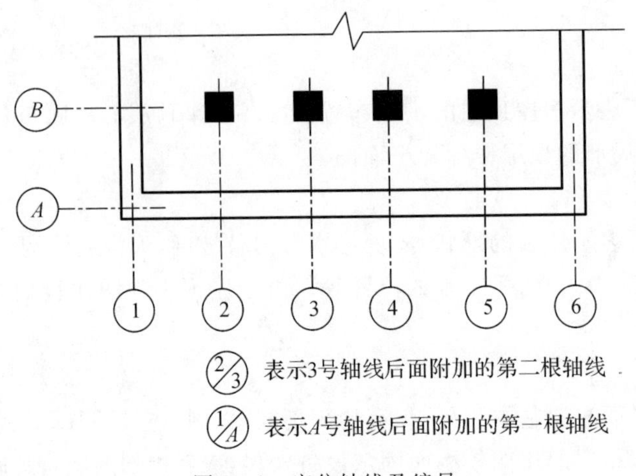

图 8-8　定位轴线及编号

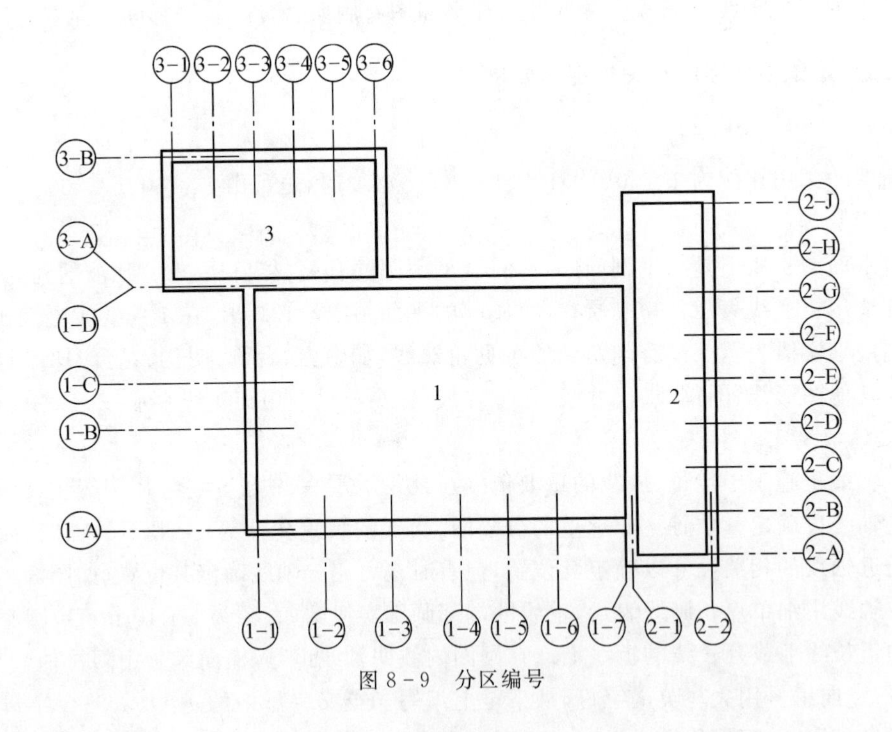

图 8-9　分区编号

4. 图例

由于建筑平面图一般采用较小的比例，所以门窗等建筑配件用规定的图例表示，并标明相应的代号及编号。如门的代号为 M，窗的代号为 C。同一类型的门或窗，编号应相同，如 M-1、M1 和 C-1、C1 等。常用的构造及配件图例见表 8-2。

表8-2　常用构造及配件图例

名　称	图　例	说　明	名　称	图　例	说　明
墙洞外单扇推拉门	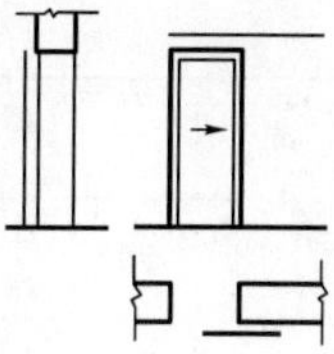	1.门的名称代号为M 2.平面图中，下为外，上为内，门开启线为90、60或45，开启弧线宜绘出 3.立面图中，开启线实线为外开，虚线为内开。开启线交角的一侧为安装合页的一侧。开启线在建筑立面图中可不表示，在门窗立面大样图中可根据需要绘出 4.剖面图中，左为外，右为内 5.附加纱门应以文字说明，在平、立、剖面图中均不表示 6.立面形式应按实际情况绘制	底层楼梯	上	需设置靠墙扶手或中间扶手时，应在图中表示
双面开启双扇门(包括双面平开或双面弹簧)			中间层楼梯	下 上	
竖向卷帘门			顶层楼梯	下	
单层外开平开窗	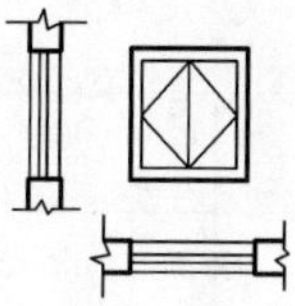	1.窗的名称代号为C 2.平面图中，下为外，上为内 3.立面图中，开启线实线为外开，虚线为内开。开启线交角的一侧为安装合页的一侧。开启线在建筑立面图中可根据需要绘出 4.剖面图中，左为外，右为内 5.附加纱窗应以文字说明，在平、立、剖面图中均不表示 6.立面形式应按实际情况绘制 h 表示高窗底距本层楼地面高度高窗开启方式参考其他窗型	检查口	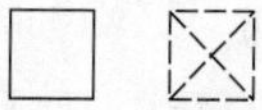	左图为可见检查口，右图为不可见检查口
单层推拉窗			孔洞		阴影部分亦可填充灰度或涂色代替
高窗	h=		墙预留洞、槽	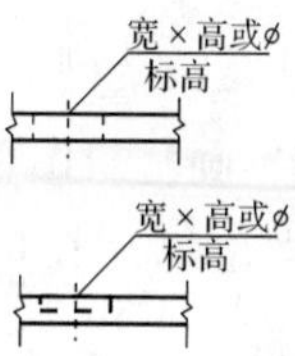 宽×高或ø 标高 宽×高或ø 标高	1.上图为预留洞，下图为预留槽 2.平面以洞(槽)中心定位 3.标高以洞(槽)底或中心定位 4.宜以涂色区别墙体和预留洞(槽)

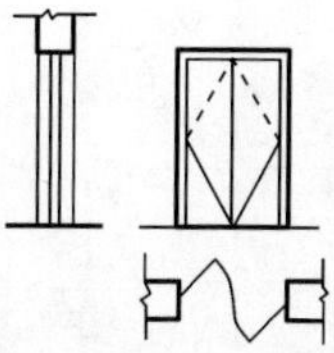

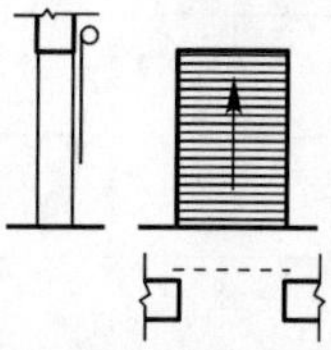

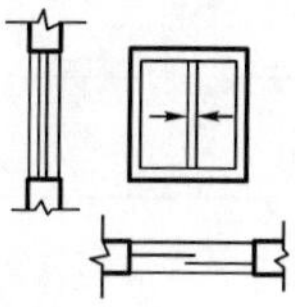

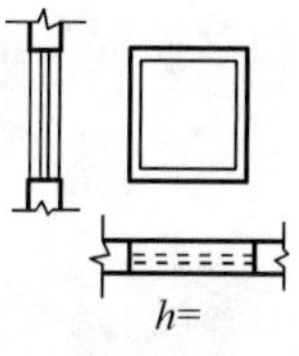

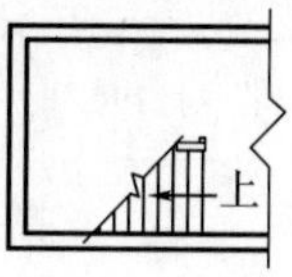

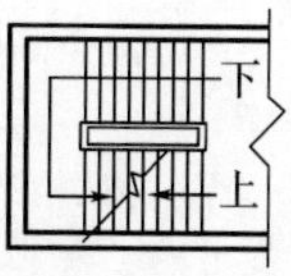

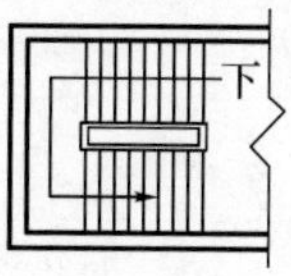

在建筑施工图中，编制该建筑物的门窗表目的是计算该建筑物不同类型的门窗数量，以便加工订货。至于门窗的具体做法和尺寸大小，应查阅门窗标准图集或门窗的构造详图。

本书中某学校办公楼的门窗表见表 8－3。

表 8－3　门窗表

编号	洞口尺寸		数　量				合计
	宽度	高度	一层	二层	三层	四层	
C－1	2 400	1 800	3	3	3		9
C－2	2 100	1 800	12	12	12	12	48
C－3	1 500	1 800	2	3	3	3	11
C－4	715	见构造详图	3				3
C－5	530	见构造详图	3				3
C－6	1 500	600	1	1	1	1	4
C－7	1 200	600	1	1	1	1	4
C－8	900	600	1	1	1	1	4
C－9	1 800	见构造详图		1			1
C－10	3 000	1 500				1	1
C－11	18 00	1 800				2	2
M－1	1 000	2 700	13	13	13	13	52
M－2	3 000	2 700	1				1
M－3	1 50	2 700	1				1
M－4	900	2 100	2	2	2	2	8
M－5	2 400	2 700				3	3

在平面图中，凡是被剖到的部分应画出材料图例。但在 1∶100、1∶200 的小比例平面图中剖到的砖墙一般不画材料图例，可在透明图纸的背面涂红表示。1∶50 的平面图中的砖墙也可不画图例，但当比例大于 1∶50 时，应分别画上材料图例。剖到的钢筋混凝土构件的断面的比例小于 1∶50 时，可涂黑表示。

5. 尺寸标注

在建筑平面图中，一般应在图形的下方和左方标注相互平行的三道尺寸。最外面的一道尺寸是外包尺寸，表示建筑物的总长和总宽；中间的一道尺寸是轴线之间的距离，是房间的“开间”和“进深”尺寸；最里面的一道尺寸是门窗洞口的宽度和洞间墙的尺寸。除上述三道尺寸外，还须注明某些局部尺寸，如内墙厚度，内墙上门窗洞口尺寸及其定位尺寸，台阶、花台、散水等尺寸以及某些固定设备的定位尺寸等。在平面图中还须注明楼地面、台阶顶面、楼梯休息平台面以及室外地面的标高。

当平面图形不对称时，平面图的四周均应标注尺寸。

6. 索引符号及其他

在平面图中需另绘详图的部位，均应画上索引符号。索引符号与详图符号的画法及有关规定见“8.6 建筑详图”一节。在底层平面图中，还应画上剖切符号以确定剖面图的剖切位置和剖视方向，表示房屋朝向的指北针也要在底层平面图中画出。

8.3.3　建筑平面图识图示例

图 8-10～图 8-13 为某学校办公楼的底层平面图、标准层平面图、顶层平面图及屋顶平面图。阅读平面图时应掌握正确的读图方法。习惯方法：由外向内、由大到小、由粗到细，先看附注说明、再看图形、逐步深入阅读。

图 8-10 为某学校办公楼的底层平面图，比例为 1∶100，根据左下角的指北针可以看出，该办公楼坐北朝南，根据平面图四周的尺寸可以了解办公楼的总长、总宽尺寸及房间的开间和进深尺寸。

办公楼有两个出入口，南立面的东端为主要出入口，门厅的西侧是楼梯间。办公楼的东端为内廊双侧式布置，西侧是一个俱乐部，东侧为几间办公室和一间休息室。办公楼的中西部为封闭式外廊单侧布置，走廊位于南侧，办公室位于北侧。在办公楼的西端是一个有套间的大办公室。走廊的西端为另一出入口。盥洗室及男、女厕所设在北侧偏东处。

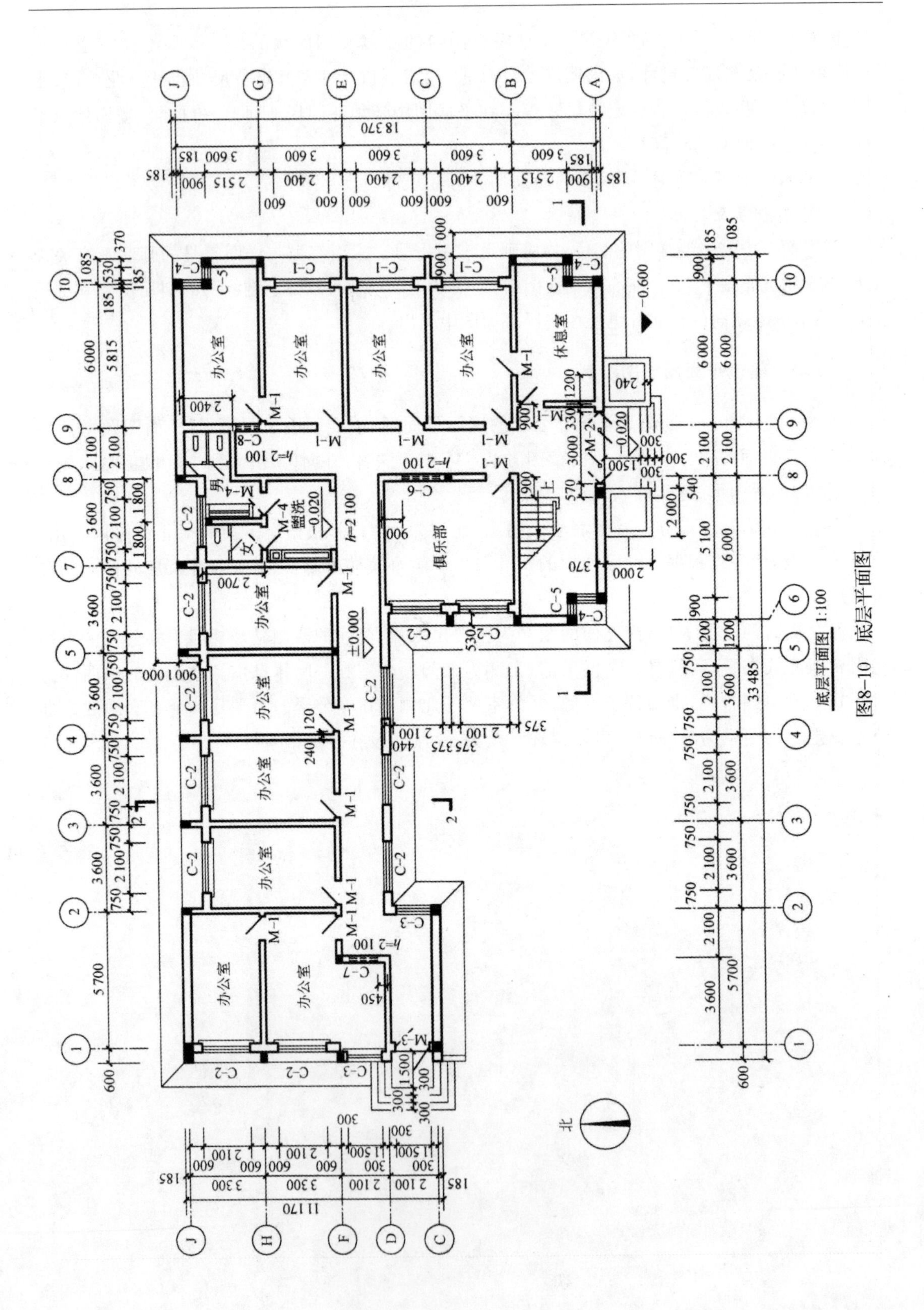

图8-10 底层平面图

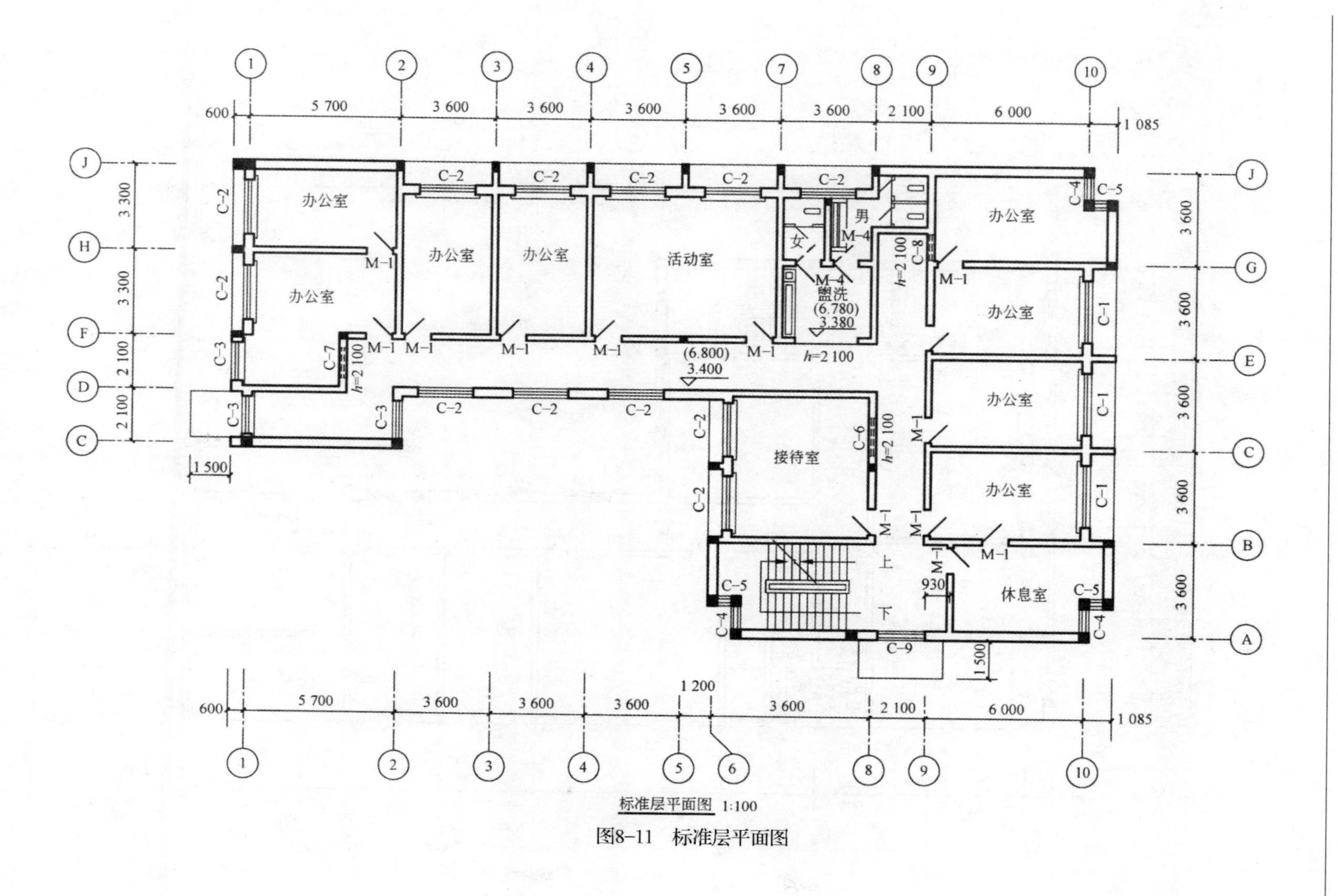

标准层平面图 1:100

图8-11　标准层平面图

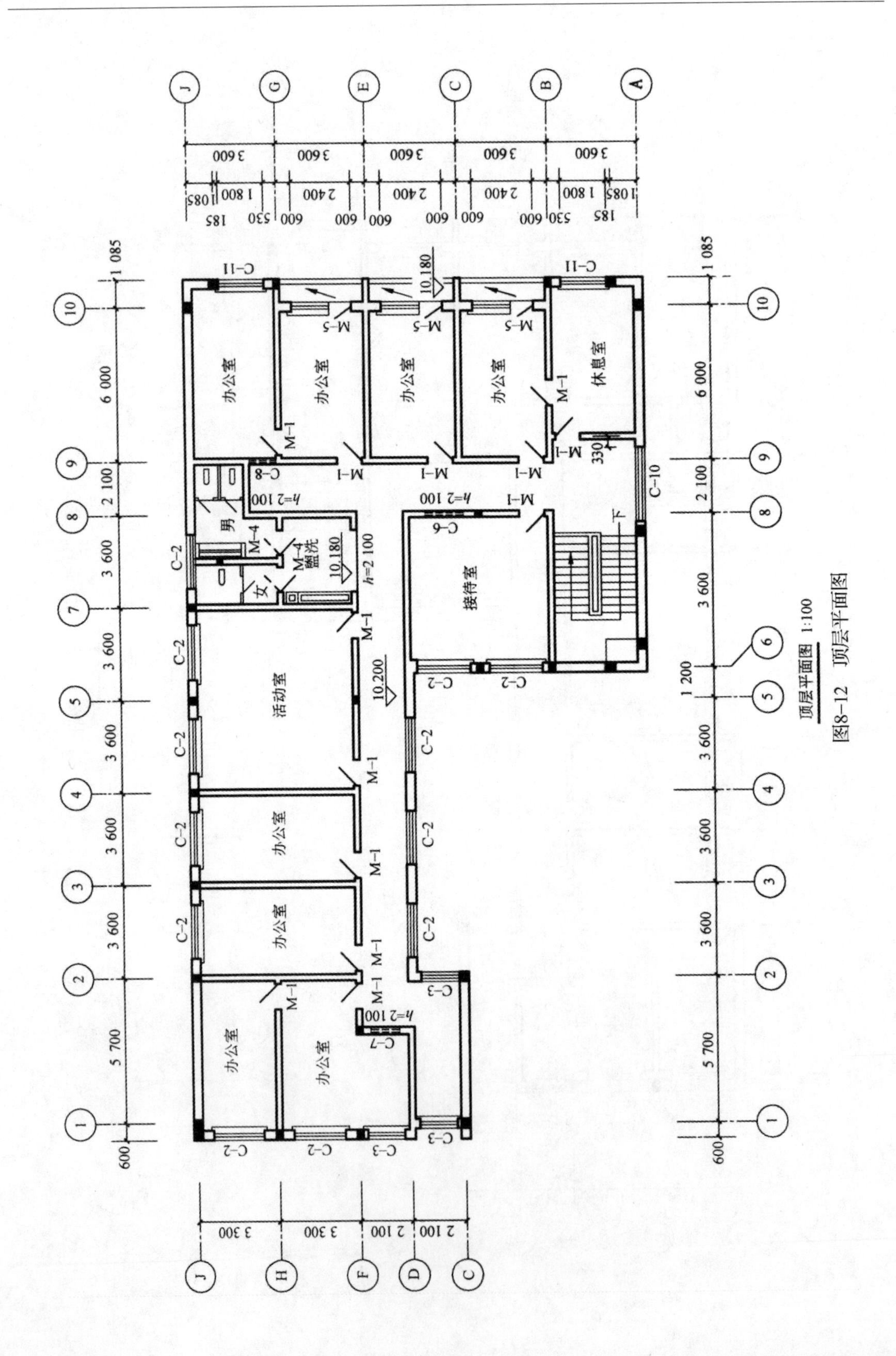

图8-12　顶层平面图

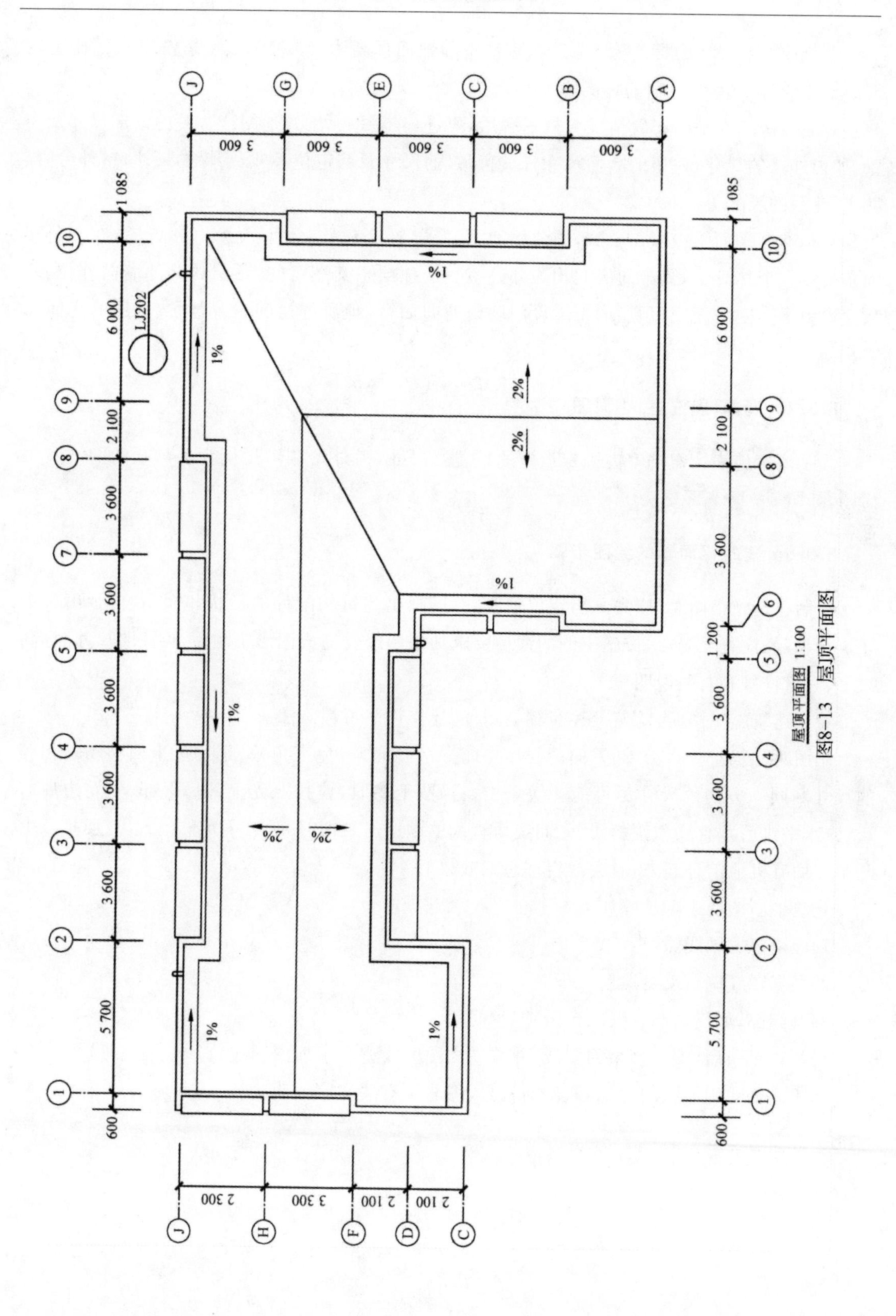
屋顶平面图 1:100
LJ202
1%
2%
3 600
6 000
2 100
5 700
1 200
1 085
600
2 300
3 300

图8-13　屋顶平面图

办公楼的底层室内标高为±0.000，盥洗室的地面标高为−0.020，表明盥洗室地面比室内地面低 20 mm。室外地面的标高为−0.600。

对底层房间的平面布置情况大概了解后，要进一步深入、细致地阅读有关的细部尺寸及布置，如内外墙的尺寸，柱子的断面尺寸，门窗洞口的尺寸及其定位尺寸，墙垛的尺寸，室外台阶、散水、花台的尺寸等。

从标准层平面图中可以看到，办公楼的二、三层各设一个大的活动室和接待室，在办公楼的东端设一个休息室，其余的房间均为办公室。从顶层平面图可知，顶层的北外墙向外拉齐，从而增大了房间的面积，顶层的东端设门联窗通向阳台，顶层的房间布置与二、三层的房间布置相同。

8.3.4 局部(盥洗室)平面图

为了清楚地表达盥洗室内固定设施的位置及尺寸，另外绘制了比例为 1∶50 的盥洗室平面图，如图 8-14 所示。

8.3.5 建筑平面图的绘图步骤

绘制建筑施工图时，应先画出定位轴线，然后画出建筑构配件的形状和大小，再画出各个建筑细部，经检查无误后，按施工图的线型要求加深图线。完成图形绘制后，再注明尺寸、标高数字、索引符号和有关说明等。

绘制建筑施工图时，除按上述步骤绘图外，还有许多习惯画法。

画图时，同类型的线和同方向的线尽可能一次画完，以免三角板、丁字尺来回移动。相等的尺寸和同一方向的尺寸尽可能一次量出。描图上墨时，应按照先上部后下部、先左边后右边、先水平线后垂直线和倾斜线、先曲线后直线的顺序。绘图时，没有固定的模式，只要把以上几个方面有机地结合起来，就会取得理想的效果。

建筑平面图的绘图步骤如下：

1)画出定位轴线。

2)根据轴线确定墙身厚度。

3)画细部，如门窗洞、楼梯、台阶、卫生间等。

4)检查无误后，擦去多余的图线，并按平面图的线型要求加深图线。

5)标注轴线、尺寸、门窗编号、剖切符号、图名及有关文字说明。

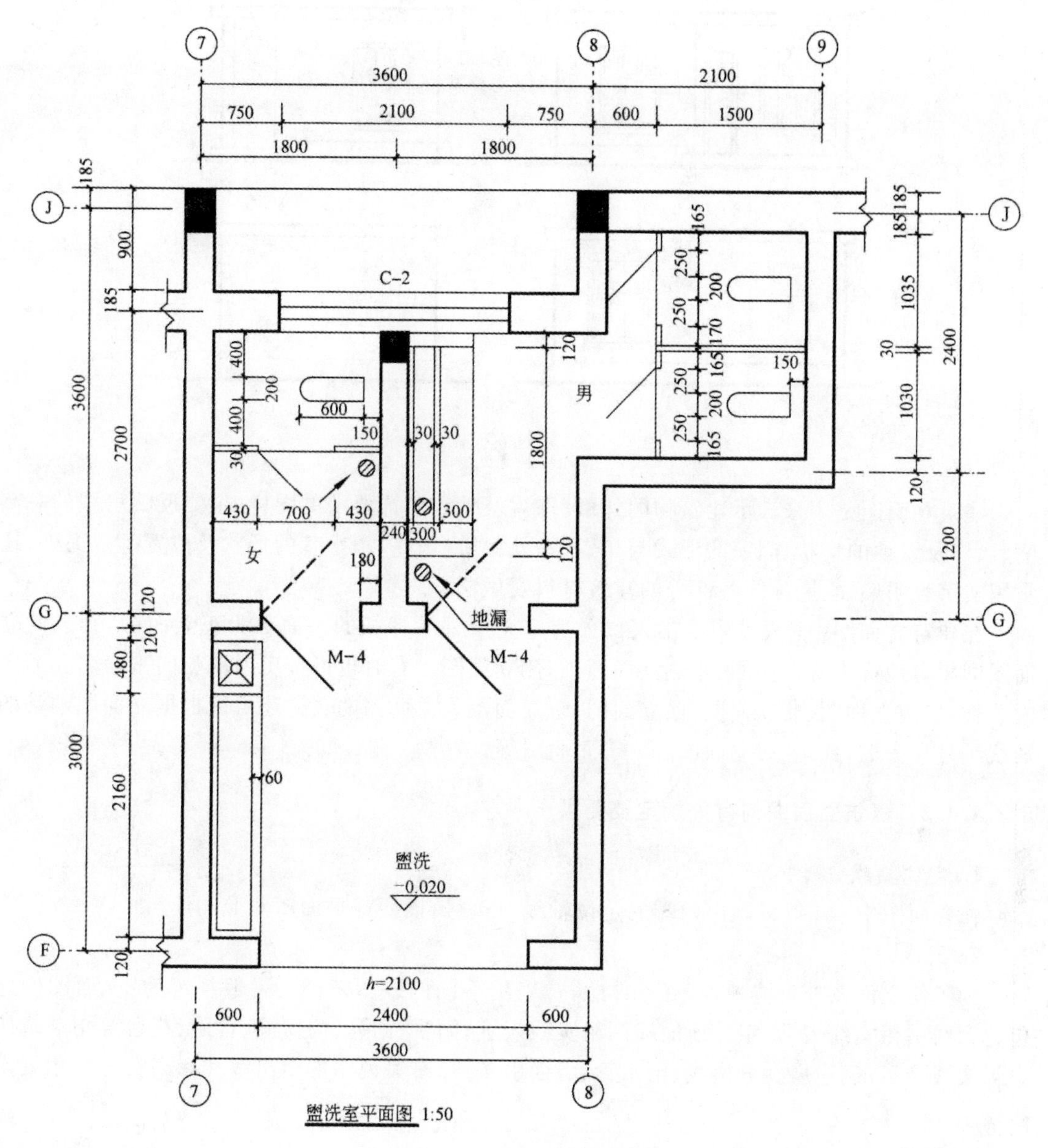

图 8-14　盥洗室平面图

8.4　建筑立面图

8.4.1　建筑立面图的形成、命名及图示内容

建筑立面图是投影面平行于建筑物各个外墙面的正投影图，如图 8-15 所示。

图 8-15　建筑立面图的形成

建筑立面图是用来表示建筑物的外形、外貌及外墙装饰要求的图样，主要反映房屋的总高度、檐口及屋顶的形状、门窗的形式与布置、室外台阶、雨篷、雨水管的形状及位置等。另外，还常用文字表明墙面、屋顶等各部分的建筑材料及做法。

在建筑立面图中，反映主要出入口或房屋主要外貌特征的一面称为正立面图，其余的立面图则相应地称为背立面图、左侧立面图、右侧立面图。有时也可按房屋的朝向来命名立面图的名称，如南立面图、北立面图、西立面图、东立面图。立面图的名称还可以根据立面图两端的轴线编号来命名，如①-⑩立面图、⑩-①立面图等。

8.4.2　建筑立面图的有关规定及要求

1. 定位轴线

在立面图中，一般只画出两端的定位轴线及编号，以便与平面图对照阅读。

2. 图线

为了使立面图外形清晰，富有立体感，常采用不同的线型来画。一般规定为：立面图的外包轮廓线用粗实线表示；室外地面线用粗实线表示；阳台、雨篷、门窗洞、台阶、花台等轮廓线用中粗实线表示；门窗扇及分格线、雨水管、墙面引条线、有关说明的引出线和标高符号等用细实线表示。

3. 图例

立面图和平面图一样，门、窗也按规定图例绘制。

4. 标高

立面图上的高度尺寸主要用标高的形式来标注，一般只标注主要部位的相对标高，如室外地面、入口处地面、窗台、门窗顶、檐口等处的标高。标高一般标注在图形外，在所需标注处画一引出线，标高符号应大小一致，排在同一竖直线上。

标注标高时，应注意建筑标高和结构标高之分，如图 8-16 所示。标注构件的上顶面标高时（窗台顶面除外），应标注建筑标高（包括粉刷层在内的装修完成后的标高）；标注构件的下底面标高时，应标注结构标高（不包括粉刷层在内的结构部位的标高）。

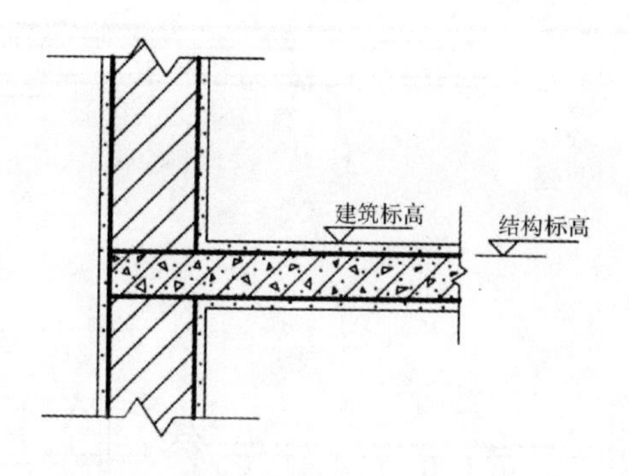

图 8－16　建筑标高与结构标高

5. 其他规定及要求

对于平面形状曲折的建筑物，可绘制展开立面图。对于圆形或多边形平面的建筑物，可分段展开绘制立面图，但均应在图名后加注“展开”二字。

在立面图中，凡需绘制详图的部位，应画上索引符号。另外，还应用文字的形式注明外墙面、檐口等处的装饰装修要求。

8.4.3　建筑立面图识图示例

图 8－17～图 8－20 为某学校办公楼的南立面图、北立面图、西立面图、东立面图。

阅读建筑立面图时，应与建筑平面图、建筑剖面图对照，应特别注意建筑物体型的转折与凸凹变化。

立面图的绘图比例为 1∶100，与平面图相同。东端的大门两侧有两个花台，大门的上方加设一半圆形亮子，雨篷亦处理为半圆形。二、三层设置一排长的窗子，四楼的窗子为半圆形，与门上部的半圆形交相呼应。这样的处理，凸显了建筑物的立面效果。

办公楼的中偏西部为大小、规格均相同的窗子，对照平面图可知，此处为封闭式外廊单侧布置部分。四楼窗子上方檐口处理为 60°的斜坡面（对照后面建筑剖面图）。从图中所注文字可以看到，外墙为白色面砖贴面，局部（60°的斜坡面部分）采用砖红色波形瓦。

8.4.4　建筑立面图的绘图步骤

建筑立面图的绘图步骤如下：

1）定室外地平线、外墙轮廓线和屋顶线。

2）画细部，如檐口、窗台、雨篷、阳台、雨水管等。

3）检查无误后，擦去多余图线，按立面图的线型要求加深图线，并装饰细部。

4）标注轴线、标高、图名、比例及有关文字说明等。

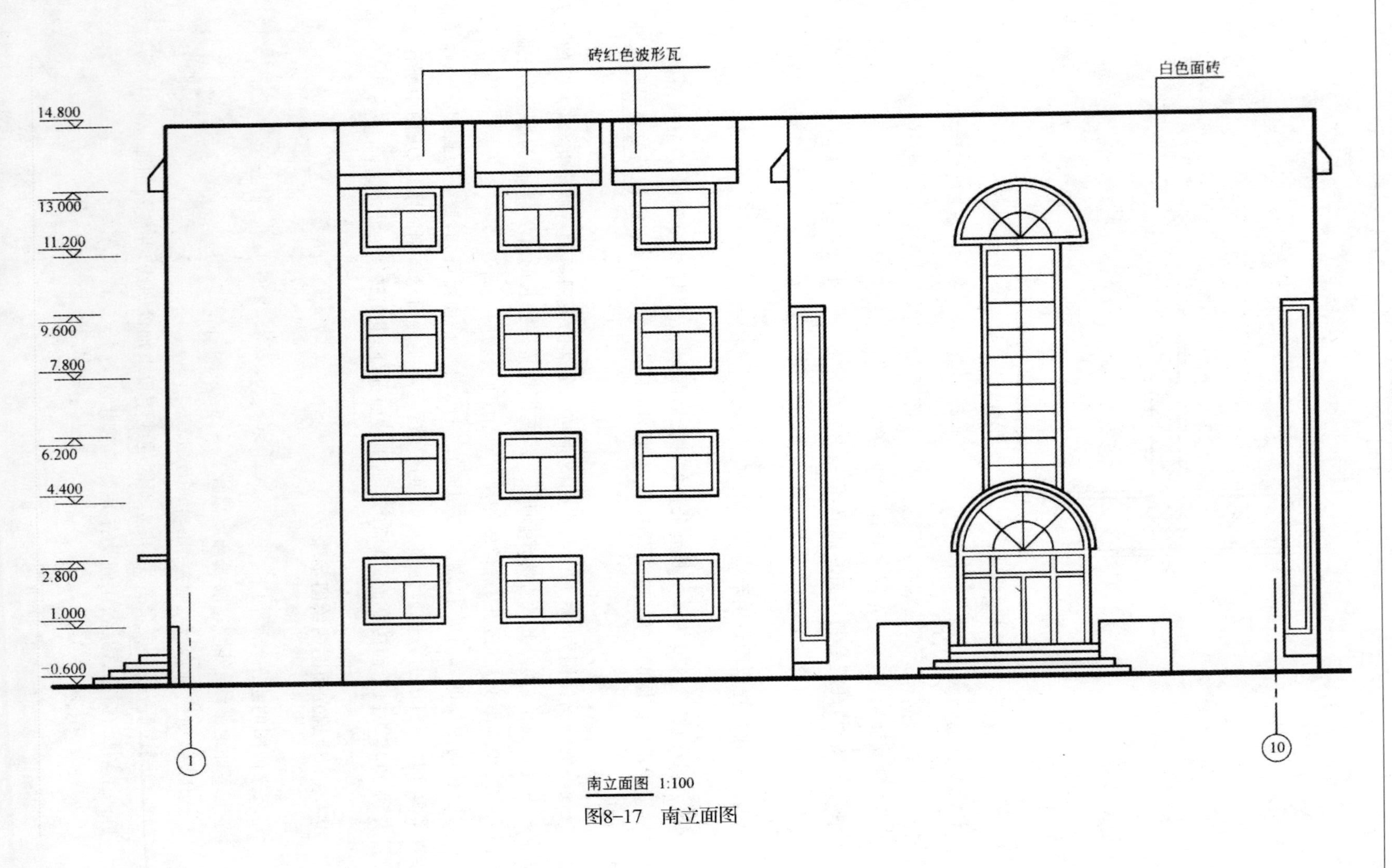
砖红色波形瓦
白色面砖
14.800
13.000
11.200
9.600
7.800
6.200
4.400
2.800
1.000
-0.600
1
10
南立面图 1:100

图8-17 南立面图

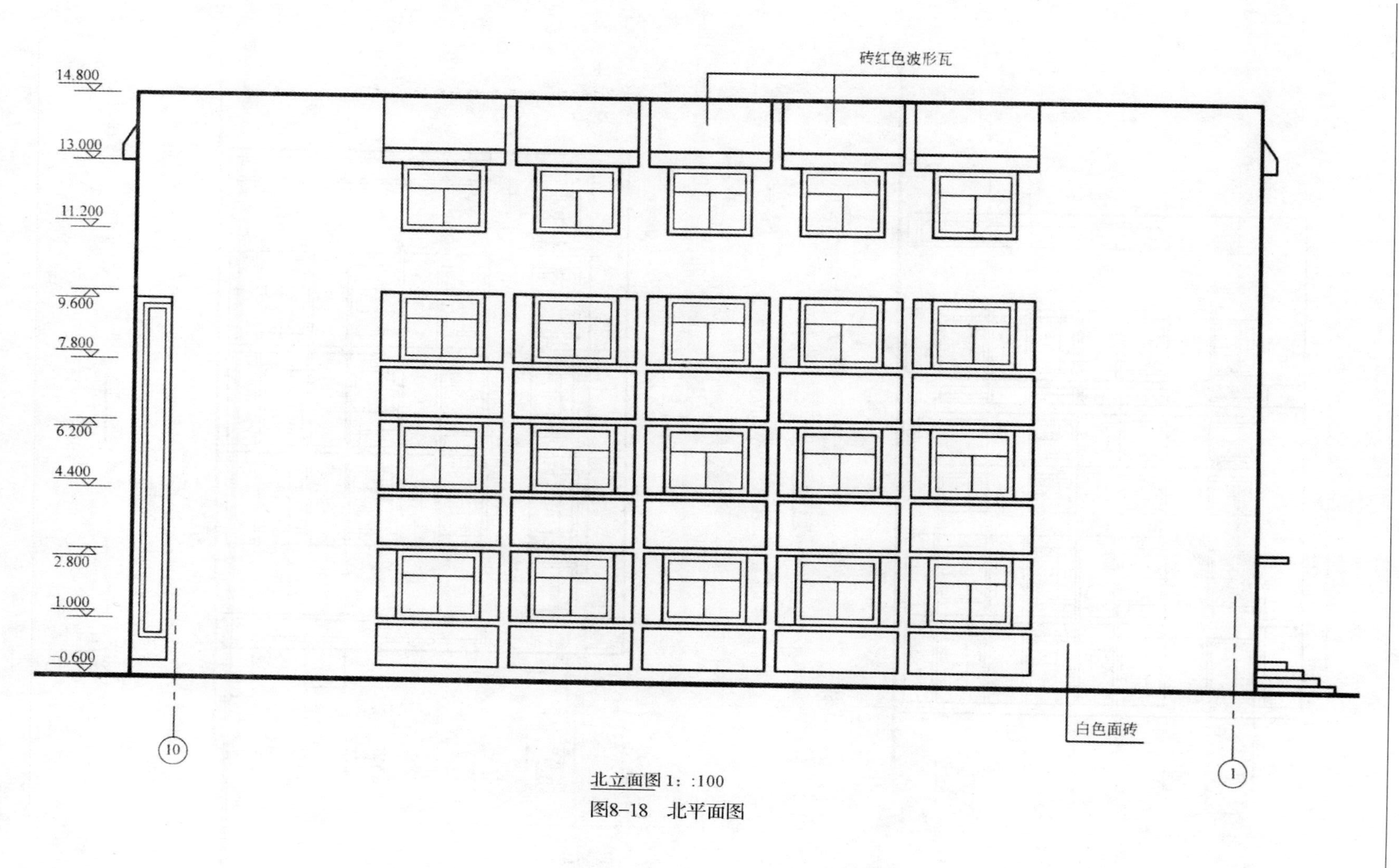

北立面图 1：:100

图8-18　北平面图

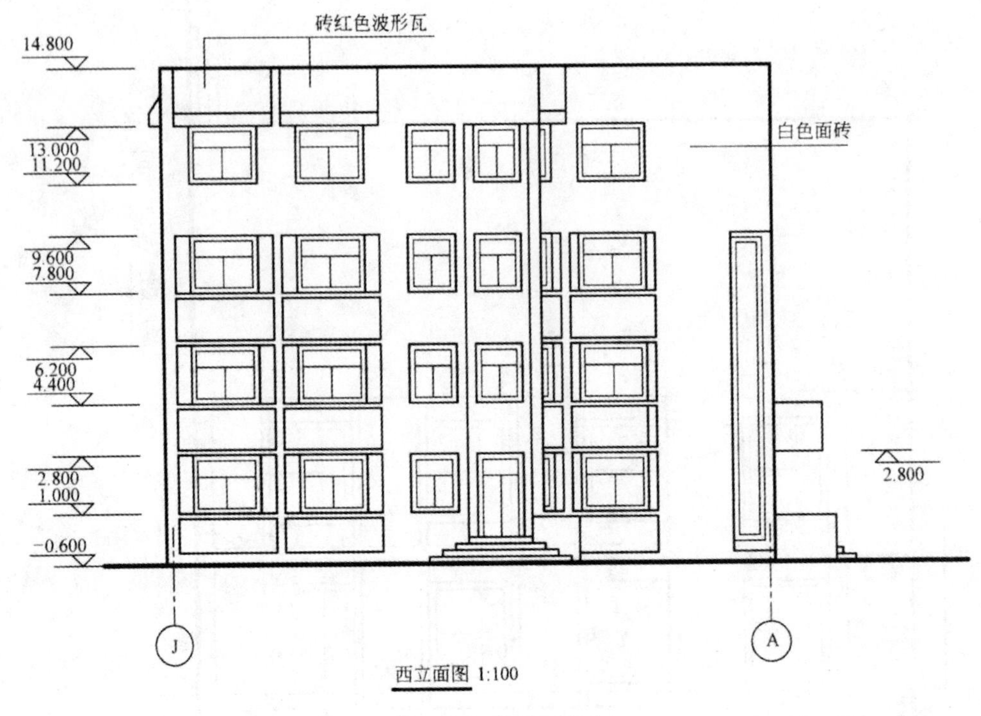

图 8-19　西立面图

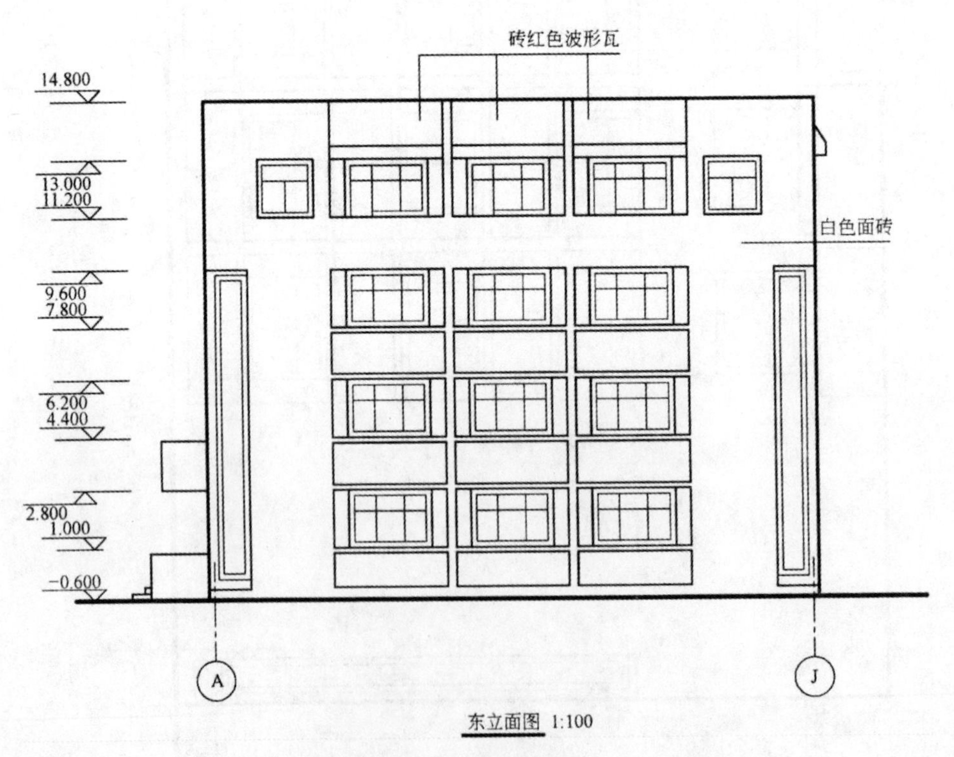

图 8-20　东立面图

8.5　建筑剖面图

8.5.1　建筑剖面图的形成及图示内容

假想用一个竖直剖切平面从上到下将房屋垂直地剖开，移去一部分，绘出剩余部分的正投影图，该图称为建筑剖面图，如图 8-21 所示。

剖面图的剖切位置应选择在内部结构和构造比较复杂或有代表性的部位，其数量应根据建筑物的复杂程度和实际施工需要而定。对于多层建筑，至少要有一个通过楼梯间剖切的剖面图。当一个剖切平面不能满足要求时，可采用转折剖的方法，但一般只转折一次。

建筑剖面图主要表示建筑物内部空间的结构形式和构造方法，如顶层的形式、屋顶的坡度、檐口的形式、楼层的分层情况、楼板的搁置方式、楼梯的形式、内外墙及其门窗的位置、各种承重梁和连系梁的位置以及简要的结构形式和构造方法等。

建筑剖面图中一般不画出室内外地面以下的部分，基础部分由结构施工图中的基础图表示，因而把室内外地面以下的基础墙画上折断线。在 1∶100 的剖面图中，室内外地面的层次和做法一般由剖面节点详图或设计总说明来表达。因此在剖面图中，只画一条加粗的粗实线，用来表示室内外地面线。

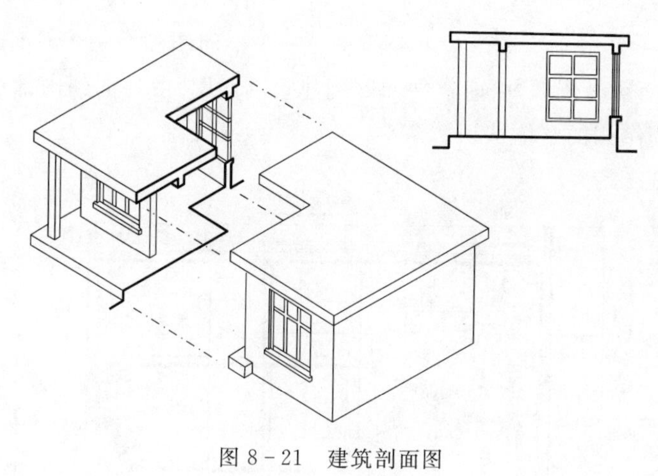

图 8-21　建筑剖面图

8.5.2　建筑剖面图的有关规定和要求

1. 定位轴线

在剖面图中，一般只画出两端的轴线及其编号，以便与平面图对照识读。

2. 图线

室内外地面线用粗实线表示；剖切到的墙身、楼板、屋面板、楼梯段、楼梯平台等轮廓线用粗实线表示；未剖切到但可见的门窗洞、楼梯段、楼梯扶手和内外墙的轮廓线用中粗实线表示；门窗扇及其分格线、雨水管等用细实线表示。尺寸线、尺寸界线、引出线和标高符号也画成细实线。

3. 图例

剖面图与平面图、立面图一样,也应按规定的图例绘制门窗。

在 1∶100 的剖面图中,剖切到的砖墙和钢筋混凝土的材料图例画法与 1∶100 的平面图相同。

4. 尺寸标注

在建筑剖面图中,主要标注高度尺寸和标高。对于外墙的高度尺寸来说,应标注三道尺寸。最外侧的一道尺寸为室外地面以上的总高尺寸;中间的一道尺寸为层高尺寸,即底层地面到二层楼面、各层楼面到上一层楼面、顶层楼面到檐口处的屋面的尺寸,同时还应注明室内外地面的高差尺寸以及檐口的高度尺寸;最里面的一道尺寸为门窗洞及洞间墙的高度尺寸。此外,还应标注某些局部尺寸,如内墙上门窗洞的高度尺寸、窗台的高度尺寸以及一些不另画详图的构配件尺寸等。剖面图上两轴线间的尺寸也必须注明。

在建筑剖面图中,除标注高度尺寸外,还必须注明室内外地面、楼面、楼梯平台面、屋顶檐口顶面等处的建筑标高以及某些梁的底面、雨篷底面等处的结构标高。

5. 其他规定及要求

在剖面图中,凡需绘制详图的部位,均应画上索引符号。剖面图的剖切位置应在底层平面图中查找。

8.5.3 建筑剖面图识图示例

图 8-22、图 8-23 分别为某学校办公楼的 1—1 剖面图和 2—2 剖面图。阅读建筑剖面图时,应以建筑平面图为依据,由建筑平面图到建筑剖面图、由外部到内部、由下到上,反复对照查阅,形成对房屋结构的整体认识。

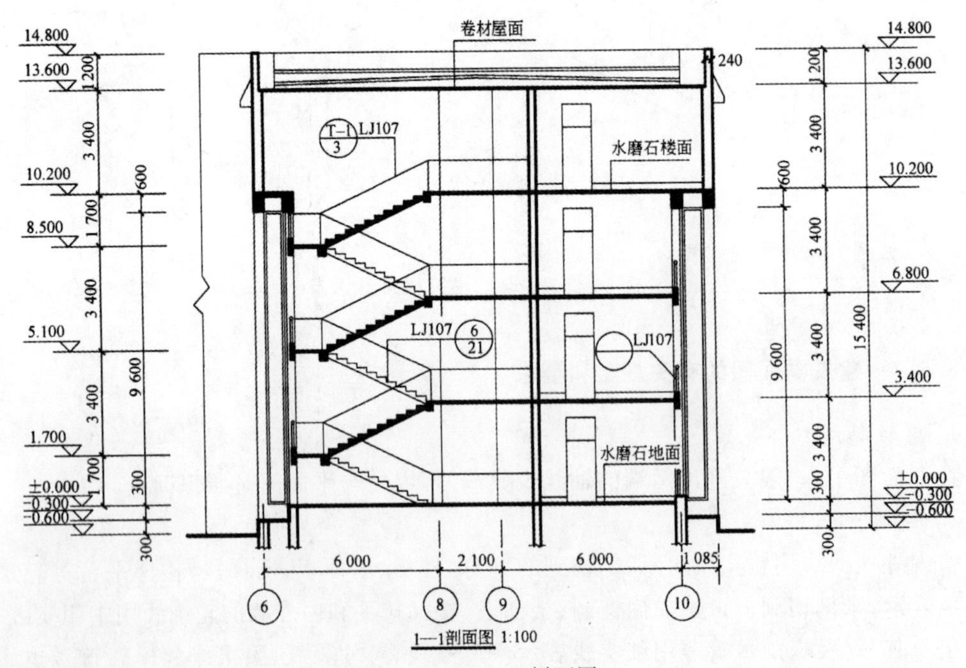

图 8-22 1—1 剖面图

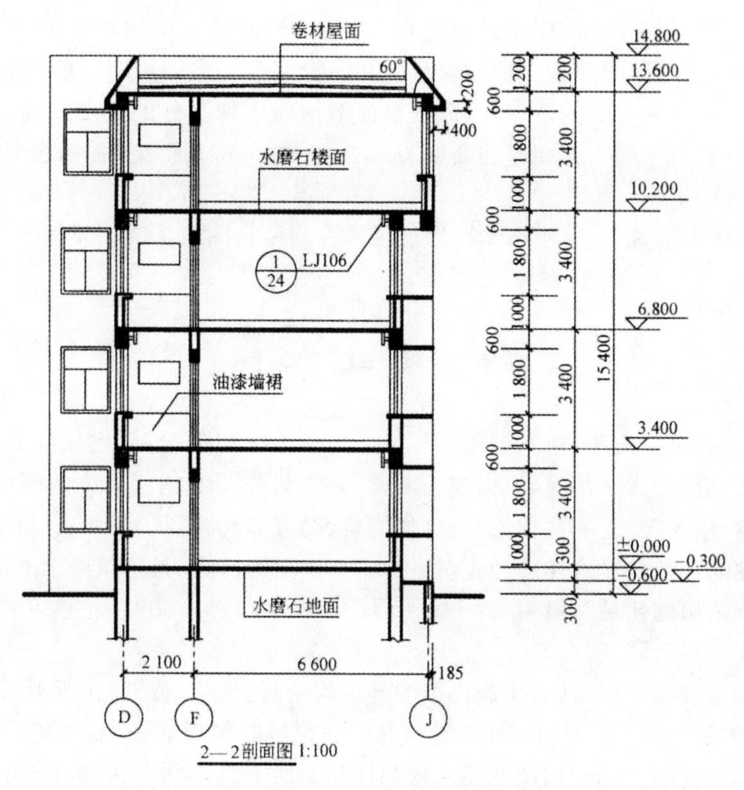

图 8－23　2 — 2 剖面图

由底层平面图中的剖切符号可知，1 — 1 剖面图是通过大门厅、楼梯间的一个纵剖面图，仅表示了办公楼东端剖切部分的内容。中、西部的未剖切到的部分与南立面图相同，故在此不再表示，仅用折断线表示。

1 — 1 剖面图的剖切位置通过每层楼梯的第二个梯段，每层楼梯的第一个梯段则为未剖切到而可见的梯段，但各层之间的休息平台是被剖切到的。图中的涂黑断面均为剖切到的钢筋混凝土构件的断面。该办公楼的屋顶为平屋顶，利用屋面材料做出坡度，形成双坡排水，檐口采用包檐的形式。办公楼的层高为 3.400 m，室内外地面的高度差为 0.600 m，檐口的高度为 1.200 m。另外，从图中还可以得知各层楼面、休息平台面、屋面、檐口顶面的标高尺寸。图中标注的文字表明，办公楼采用水磨石楼面和水磨石地面，屋面为卷材屋面。

8.5.4　建筑剖面图的绘图步骤和相互关系

1. 建筑剖面图的绘图步骤

1)定轴线、室内外地坪线、楼面线、屋面线。

2)画细部，如门窗洞、墙身、楼梯、梁板、雨篷、檐口、屋面等。

3)检查无误后，擦掉多余线条，按照剖面图的线型要求加深图线，并画出断面的材料图例。

4)标注标高、尺寸、轴线、索引符号、图名、比例及相关的文字说明。

2. 建筑平、立、剖面图之间的相互关系

建筑施工图一般是按照平、立、剖的顺序绘制的。绘图时，应按照从大到小、先整体后局部、先骨架后细部、先底稿后加深、先绘图后注字的顺序，逐步深入、细致地完成。

绘制建筑平、立、剖面图时，应注意它们的完整性和统一性。例如，立面图中外墙面的门窗布置和门窗宽度应与平面图中相应的门窗布置和门窗宽度一致。同时，立面图中各部位的高度尺寸，除了使用功能和立面的造型外，都是根据剖面图中构配件的关系来确定的。因此，在设计和绘图时，立面图和剖面图相应的高度关系必须一致，立面图和平面图相应的长度和宽度关系也必须一致。

对于小型的房屋来说，当平、立、剖面图能够画在同一张图纸上时，利用它们相应部分的一致性来绘图，会更加方便。

8.6 建筑详图

建筑平面图、建筑立面图、建筑剖面图一般采用较小的比例绘制，在这些图纸上难以清楚表示建筑物某些部位的详细情况，根据施工需要，必须另外绘制比例较大的图样，将某些建筑构配件（如门、窗、楼梯等）及一些构造节点（如檐口、勒脚等）的形状、尺寸、材料、做法详细表示出来。这就是建筑详图。建筑详图是建筑平、立、剖面图的补充，是建筑施工的重要依据之一。

建筑详图所采用的比例一般为 1∶1、1∶2、1∶5、1∶10、1∶20 等。建筑详图的尺寸要齐全、准确，文字说明要清楚、明白。

在建筑平、立、剖面图中，凡需绘制详图的部位均应画上索引符号，在所画出的详图上也应编上相应的详图符号（见表 8-4）。详图符号与索引符号必须对应一致，以便看图时查找相关的图纸。对于套用标准图或通用图的建筑构配件和剖面节点，只要注明所套用图集的名称、编号和页次，就不必另画详图。

表 8-4 索引符号与详图符号的画法规定及编号方法

名 称	符 号	说明
索引符号	5/— ——详图的编号 ——详图在本张图纸上 5/— ——局部剖面详图的编号 ——剖面详图在本张图纸上	细实线单圆圈直径应为 8～10 mm 详图在本张图纸上
	5/4 ——详图的编号 ——详图所在的图纸编号 5/4 ——局部剖面详图的编号 ——剖面详图所在的图纸编号	详图不在本张图纸上
	J103 5/4 ——标准图册编号 ——标准详图编号 ——详图所在的图纸编号	标准详图
详图符号	5 ——详图的编号	粗实线单圆圈直径应为 14 mm 被索引的在本张图纸上
	5/2 ——详图的编号 ——被索引的图纸编号	被索引的不在本张图纸上

建筑详图包括局部构造详图(如外墙剖面详图、楼梯详图、门窗详图等)、房间设备详图(如厕所详图、实验室详图等)及内外装修详图(如顶棚详图、花饰详图等)。

8.6.1　外墙剖面详图

1. 外墙剖面详图的内容及阅读

外墙剖面详图实际上是建筑剖面图中有关部位的局部放大图。外墙剖面详图主要表示房屋的屋面、楼面、地面和檐口与墙的连接以及窗台、窗顶、勒脚、室内外地面、防潮层、散水等处的构造、尺寸和用料等。

外墙剖面详图往往在窗洞中间断开,成为几个节点详图的组合。多层房屋中各层情况相同时,则可只画出底层、顶层或中间层。有时也可不画整个墙身详图,只分别用几个节点详图表示。

阅读外墙剖面详图时,首先应根据详图中的轴线编号找到所表示的建筑部位,然后与平、立、剖面图进行对照。读图时应由下而上或由上而下逐个节点阅读,了解各部位的详细做法与构造尺寸,并与设计说明中的材料做法核对。

2. 外墙剖面详图识图示例

图 8 - 24 所示为某学校办公楼的外墙剖面详图。将详图中的轴线编号与平、立、剖面图对照可知,该外墙为办公楼的东外墙。由于该办公楼二、三层楼层处构造相同,而四层楼层处构造做法与二、三层有所区别,所以读图时可分为四部分。第一部分为勒脚、地面、散水、防潮层;第二部分为二、三层楼层处节点;第三部分为四层楼层处节点;第四部分为檐口节点。

(1)勒脚、散水节点。

由图 8 - 24 可以看出房屋外墙的防潮、防水和排水的做法。在底层室内地面以下 60 mm 处设置 370mm ×240 mm 的基础圈梁一道。在外墙面,在室外地面 300～600 mm 高度范围内,用防水性和耐久性好的材料做成勒脚。本例中勒脚的做法与整个外墙面相同。沿外墙四周向外做出的倾斜坡面叫作散水,散水的作用是迅速排走勒脚附近的水,以防雨水或地面水侵蚀墙基。本例中的散水为混凝土散水。基层为素土夯实,垫层为 100 mm 厚的 C15 混凝土,面层为 20 mm 厚的 1∶2 水泥砂浆抹面,坡度为 2%,散水宽度为 1 000 mm。图中还表明室内地面为水磨石地面。

(2)二、三层楼层处节点。

窗台为预制钢筋混泥土窗台,外窗台挑出墙面 900 mm。从窗顶部分可以看出过梁和圈梁的构造做法。本例中为 L 形钢筋混凝土圈梁,圈梁兼起过梁的作用。圈梁挑出外墙 900 mm,与窗台一起形成立面上的线脚,从而可以加强立面的效果。在圈梁底的外侧做出滴水斜口,以防外墙上的雨水顺流到墙上。从图 8 - 24 中还可以看出,楼板为 100 mm 厚现浇钢筋混凝土,楼面为水磨石楼面。

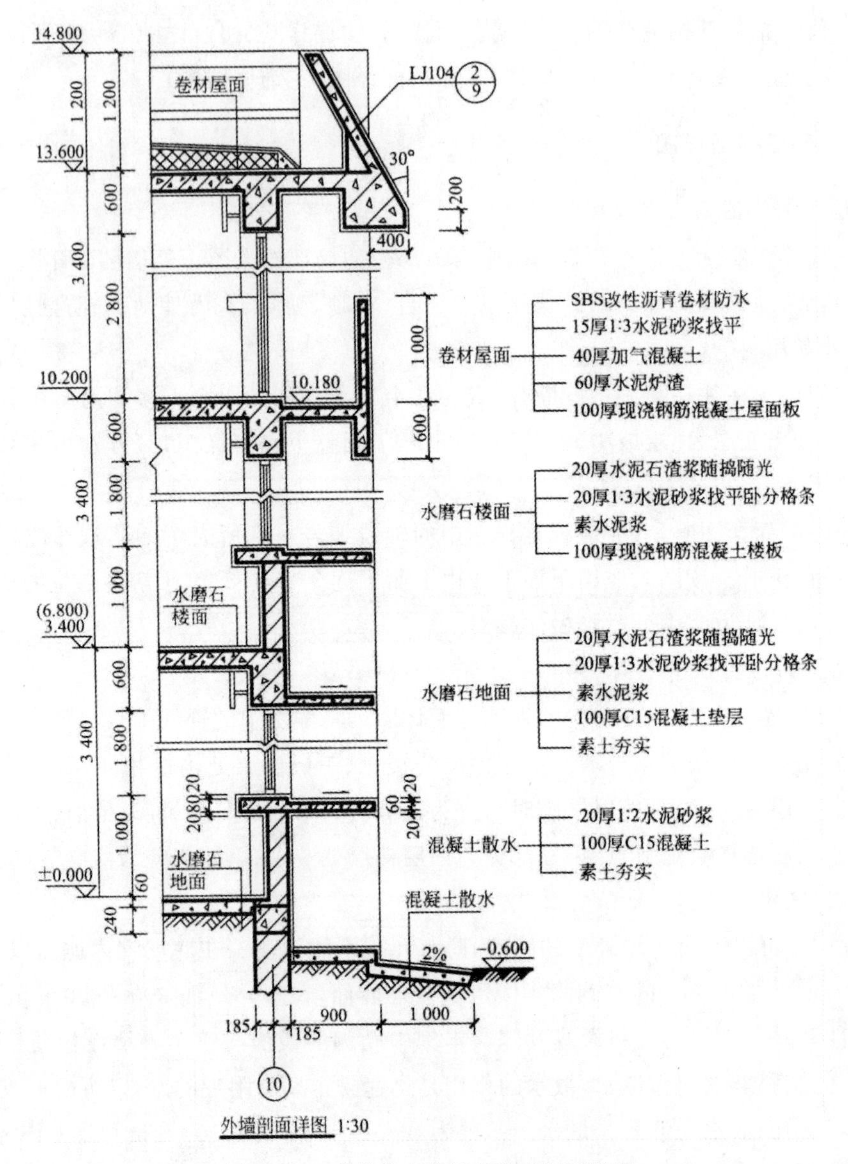

图 8-24　某学校办公楼的外墙剖面详图

(3)四层楼层处节点。

该外墙处设置了门连窗以通向外面的阳台。圈梁与阳台板、阳台栏杆浇筑在一起。阳台板的顶面标高为 10.180 m，比四层楼面低 20 mm。阳台顶面向外抹出一定的坡度，以便将雨水排出。

(4)檐口节点。

本例中屋顶的承重为 100 m 厚现浇钢筋混凝土楼板，板上做水泥炉渣和加气混凝土保温隔热层，待水泥砂浆找平后，再做 SBS 改性沥青卷材防水层。屋面檐口的形式为包檐，窗顶部分为挑檐，挑檐天沟与圈梁浇筑在一起。为增强立面效果，挑檐的立面做 60°的斜坡面，挑檐的内侧做成垂直面。

在墙身详图中，应注明室内底层地面、室外地面、楼层地面、窗台、窗顶、顶棚及檐口底面的标高。当同一个图中有几个标高数字时，带括号的数字表示在与此相应的高度上，该图形仍然适用。

此外，在墙身详图中，还应注明高度方向的尺寸及墙身细部的尺寸。

8.6.2　楼梯详图

楼梯是房屋中上、下交通的主要设施之一。楼梯是由楼梯段、休息平台、栏杆或栏板组成的。楼梯的构造比较复杂，在建筑平面图和建筑剖面图中不能将其表示清楚，所以必须另画详图表示。楼梯详图主要表示楼梯的类型、结构形式、各部位的尺寸及装修做法等，是楼梯施工放样的主要依据。

楼梯的建筑详图包括楼梯平面图、楼梯剖面图以及踏步和栏杆等节点详图。楼梯平面图应与楼梯剖面图比例一致，以便对照阅读。踏步、栏杆等节点详图比例要大些，以便能清楚地表示该部分的构造情况。

1. 楼梯平面图

假想用一个水平剖切平面在每一层（楼）地面以上 1 m 的位置将楼梯间剖开，移去剖切平面以上的部分，绘出剩余部分的水平正投影图，该图称为楼梯平面图，如图 8-25 所示。

一般应分别画出底层楼梯平面图、顶层楼梯平面图及中间各层的楼梯平面图。如果中间各层的楼梯位置、梯段数量、踏步数、梯段长度都完全相同，可以只画一个中间层楼梯平面图，称为标准层楼梯平面图。

楼梯平面图主要表示梯段的长度和宽度、上行或下行的方向、踏步数和踏面宽度、楼梯休息平台的宽度、栏杆扶手的位置以及其他一些平面形状。

在楼梯平面图中，楼梯段被水平剖切后，其剖切线是水平线，而各级踏步也是水平线，为了避免混淆，剖切处规定画 45°折断符号，首层楼梯平面图中的 45°折断符号应以楼梯平台板与梯段的分界处为起始点画出，使第一梯段的长度保持完整。

在楼梯平面图中，梯段的上行或下行方向是以各层楼地面为基准标注的。向上者称上行，向下者称下行，并用长线箭头和文字在梯段上注明上行、下行的方向及总踏步数。

在楼梯平面图中，除注明楼梯间的开间和进深尺寸、楼地面和平台面的尺寸及标高外，还需注明各细部的详细尺寸。通常用踏面数与踏面宽度的乘积表示梯段的长度，将三个平面图画在同一张图纸内，并互相对齐，这样既便于阅读，又可省略标注一些重复的尺寸。

阅读楼梯平面图时，要掌握各层平面图的特点。在底层平面图中，只有一个被剖切到的梯段和栏板，该梯段为上行梯段，故在箭头上注明“上”字，并注明从底层到达二层的踏步总数为 20 级。本例还画出楼梯底部的储藏室以及通向储藏室的三级踏步。在顶层平面图中，由于剖切平面在安全栏板之上，故剖切平面未剖切到任何梯段，能看到两段完整的下行梯段和楼梯平台，在梯口处只有一个注有“下”字的长箭头，并注明从顶层到达下一层的踏步总数为 20 级。标准层平面图中既画出被剖切到的往上走的梯段（画有“上”字的长箭头），还画出该层往下走的完整梯段（画有“下”字的长箭头）、楼梯平台及平台往下的部分梯段。这部分梯段与被剖切到的梯段的投影重合，以 45°折断线为界。

读图时还应注意的是，各层平面图上所画的每一分格表示梯段的一级。但因最高一级的踏面与平台面或楼面重合，所以平面图中每一梯段画出的踏面数总比级数少一个。例如，底层平面图中剖切的第一梯段有 12 级，但在平面图中只有 11 格，梯段长度为 11×260 mm＝2 860 mm。

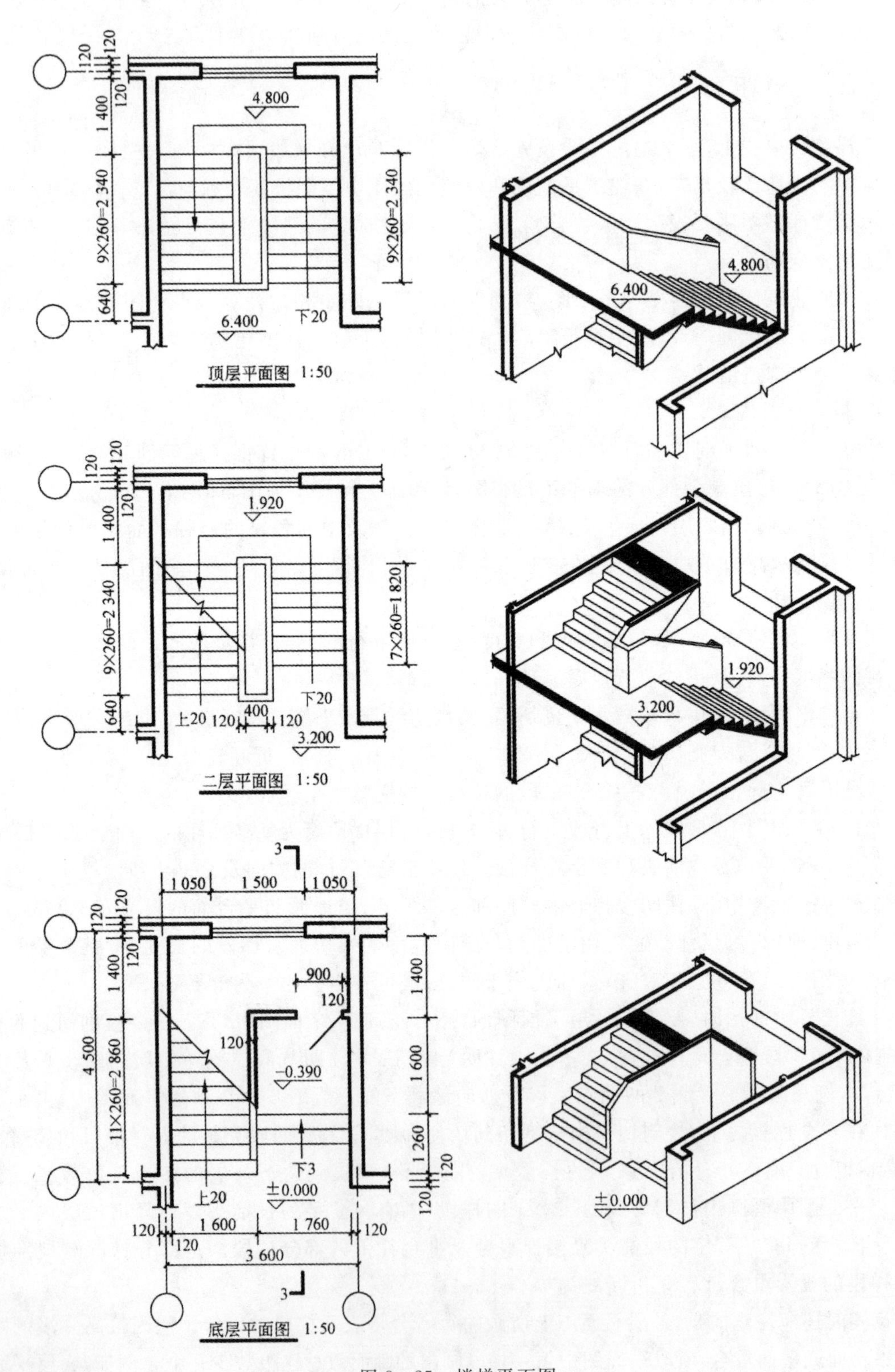
4.800
6.400
下20
顶层平面图 1:50
9×260=2 340
1 400
640
120
4.800
6.400
1.920
3.200
上20
下20
400
7×260=1 820
二层平面图 1:50
1.920
3.200
1 050
1 500
1 050
900
−0.390
下3
上20
±0.000
4 500
11×260=2 860
1 600
1 260
1 600
1 760
3 600
底层平面图 1:50
±0.000

图 8-25 楼梯平面图

2. 楼梯剖面图

假想用一个竖直剖切平面沿梯段的长度方向将楼梯间从上至下剖开，然后往另一梯段方向投影所得的剖面图称为楼梯剖面图，如图 8－26 所示。

楼梯剖面图能清楚地表示楼梯梯段的结构形式、踏步的踏面宽、踢面高、级数及楼地面、楼梯平台、墙身、栏杆、栏板等的构造做法及其相对位置。

阅读楼梯剖面图时，应了解楼梯剖面图的习惯画法及有关规定。表示楼梯剖面图的剖切位置的剖切符号应在底层楼梯平面图中画出。剖切平面一般应通过第一跑，并位于能剖切到门窗洞口的位置上，剖切后向未剖切到的梯段进行投影。

在楼梯剖面图中，应标注楼梯间的进深尺寸及轴线编号、各梯段和栏杆栏板的高度尺寸、楼地面的标高以及楼梯间外墙上门窗洞口的高度尺寸和标高。梯段的高度尺寸可用级数与踢面高度的乘积来表示，应注意的是级数与踏面数相差为 1，即踏面数＝级数—1。

标注与梯段坡度相同的倾斜栏杆栏板的高度尺寸时，应从踏面的中部起垂直量到扶手顶面，标注水平栏杆栏板的高度尺寸时，应以栏杆栏板所在地面为起点量取。在楼梯剖面图中需另画详图的部位，应画上索引符号。

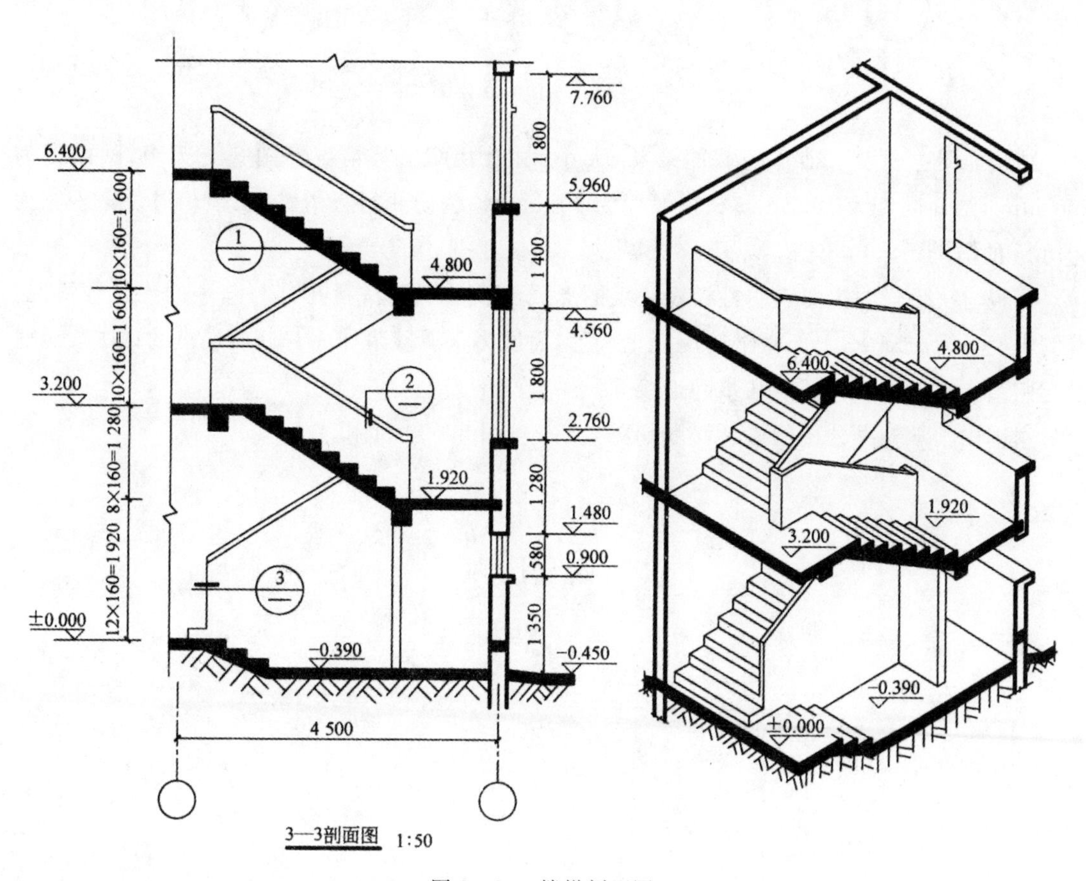

图 8－26　楼梯剖面图

3. 楼梯节点详图

在楼梯平面图和剖面图中没有清楚表示踏步做法、栏杆栏板及扶手做法、梯段端点的做法等，常用较大的比例另画出详图，如图 8－27 所示。

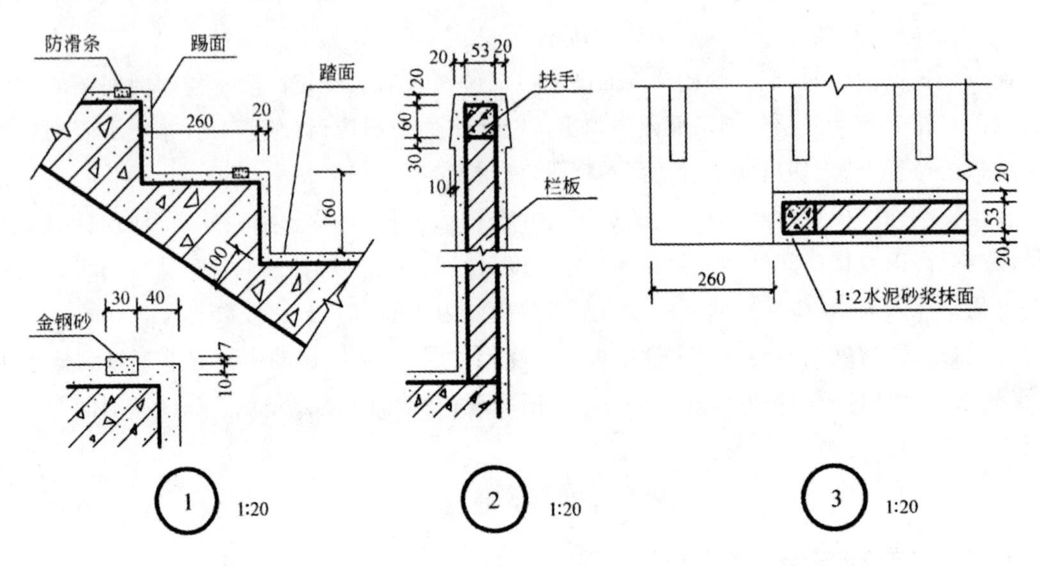

图 8－27　楼梯节点详图

踏步详图主要表示踏步的截面形状、大小、材料及面层等情况。图 8－27 中，踏面宽为 260 mm，踏面高度为 160 mm，梯段厚度为 100 mm。为防止行人滑跌，在踏步口设置了宽为 30 mm 的防滑条。

栏板与扶手详图主要表明栏板及扶手的形式、大小、所用材料及其与踏步的连接等情况。本例中栏板为砖砌成，上面做钢筋混凝土扶手，面层为水泥砂浆抹面。底层端点的详图表示底层起始踏步的处理及栏板与踏步的连接等。

本书中某学校办公楼的楼梯详图如图 8－28～图 8－30 所示。

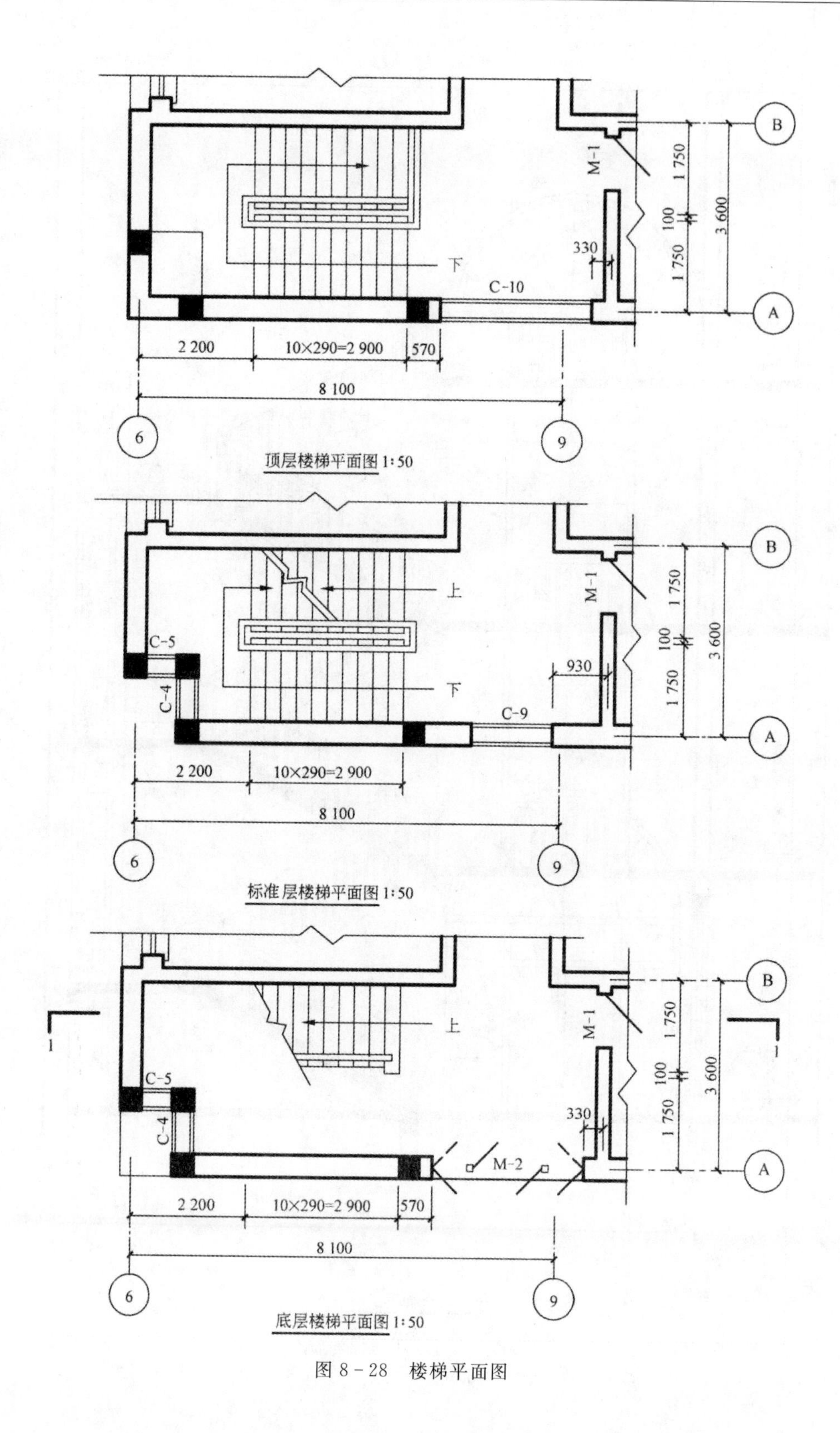
M-1
1 750
100
3 600
330
1 750
下
C-10
2 200
10×290=2 900
570
8 100
B
A
6
9
顶层楼梯平面图 1:50
M-1
上
C-5
C-4
930
下
C-9
2 200
10×290=2 900
8 100
标准层楼梯平面图 1:50
M-1
上
C-5
C-4
330
M-2
2 200
10×290=2 900
570
8 100
底层楼梯平面图 1:50

图 8－28　楼梯平面图

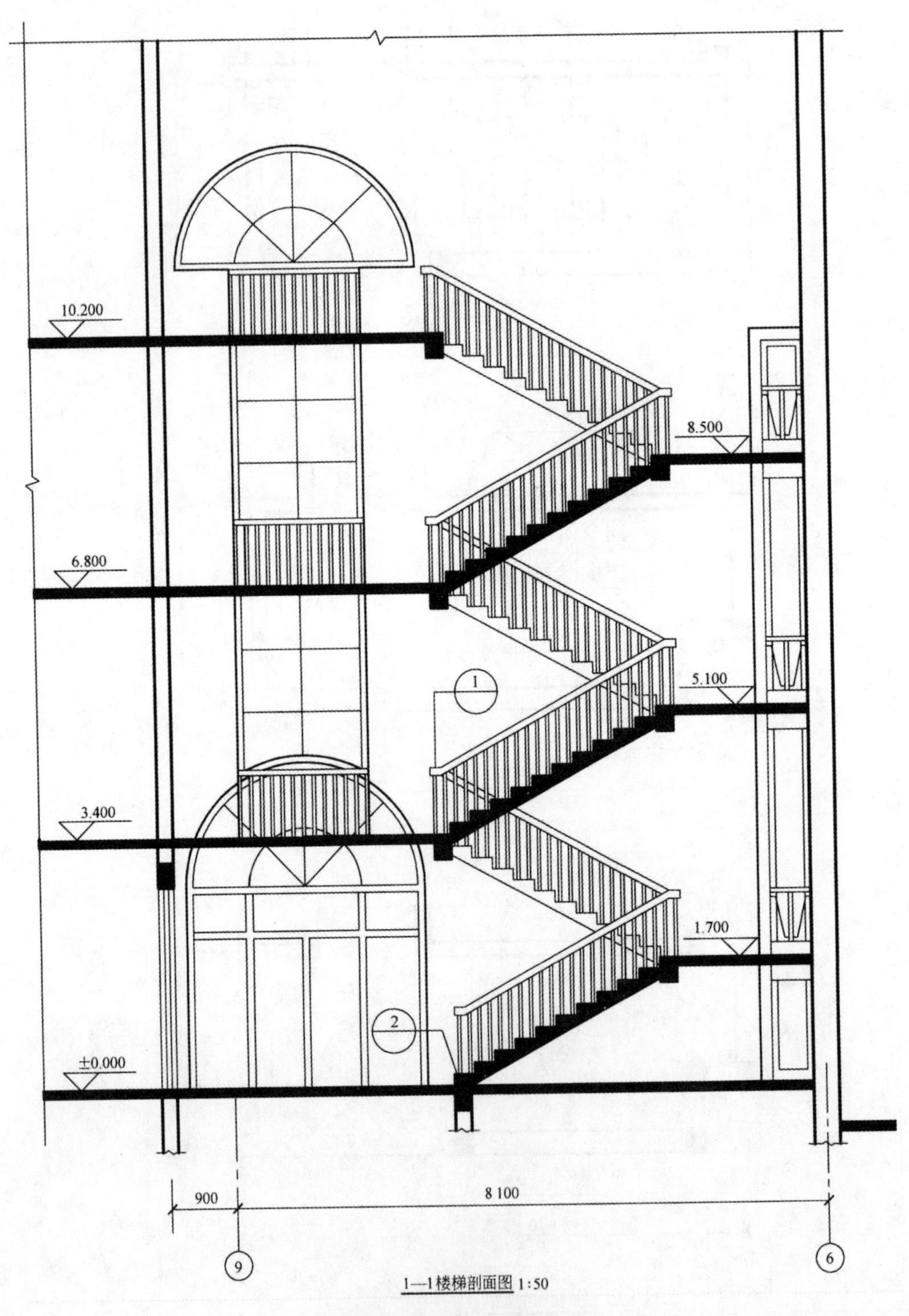

图 8-29 1-1 楼梯剖面图

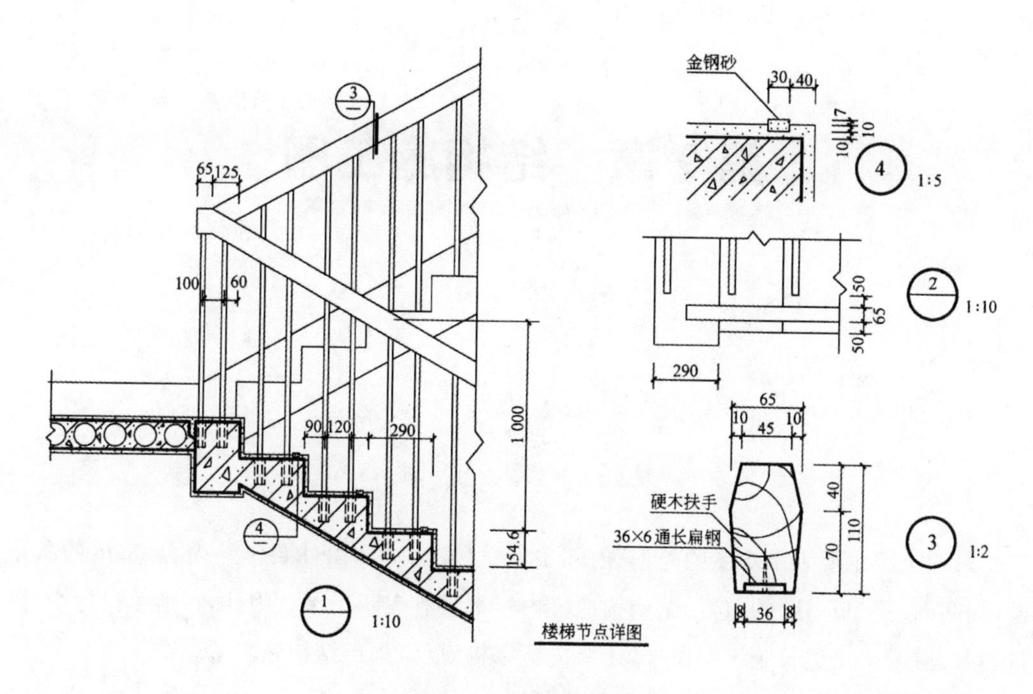

图 8-30　楼梯节点图

8.6.3　楼梯平面图、楼梯剖面图的绘图步骤

1. 楼梯平面图的绘图步骤

1)确定楼梯间的轴线位置,并画出梯段长度、平台深度、梯段宽度、梯井宽度等。

2)根据踏面数、踏面宽度,用几何作图中等分平行线的方法等分梯段长度,画出踏步。

3)画栏板、箭头等细部,并按线型要求加深图线。

4)标注标高、尺寸、轴线、图名、比例等。

2. 楼梯剖面图的绘图步骤

绘制楼梯剖面图时,应注意图形比例与楼梯平面图一致。画栏杆、栏板时,其坡度应与梯段一致。具体绘图步骤如下:

1)确定楼梯间的轴线位置,画出楼地面、平台面与梯段的位置。

2)确定墙身并确定踏步位置,确定踏步时,仍用等分平行线间距的方法。

3)画细部,如窗、梁、栏板等。

4)检查无误后,按线型要求加深图线。

5)标注轴线、尺寸、标高、索引符号、图名、比例等。

第9章　结构施工图

9.1　概　　述

建筑施工图主要表示房屋的外形、内部布局、建筑构造和内外装修等内容，房屋的各承重构件(如基础、梁、板、柱)的布置，结构构造等内容都没有表示出来。因此，在房屋设计中，除了进行建筑设计，画出建筑施工图以外，还要进行结构设计，画出结构施工图。

建筑结构按受力形式可分为砖墙与钢筋混凝土梁板结构、框架结构、桁架结构、空间结构等。按主要承重结构所使用的材料可分为木结构、砖石结构、砖墙与钢筋混凝土梁板结构(混合结构)、钢筋混凝土结构、钢结构等。

9.1.1　结构施工图的内容和用途

结构施工图主要表示结构设计的内容，它是表示建筑物各承重构件(如基础、承重墙、梁、板、柱、屋架等)的布置、形状、大小、材料、构造及其相互关系的图样。它还要反映其他专业(如建筑、给水排水、暖通、电气等)对结构的要求。

结构施工图一般包括：

1)结构设计说明。

2)结构平面图(基础平面图、楼层结构平面图、屋面结构平面图)。

3)构件详图(梁板、柱及基础结构详图，楼梯结构详图)。

本章以某四层办公楼为例来说明结构施工图的内容和图示方法。该办公楼为混合结构，采用了条形基础、砖墙承重，其他承重构件都采用钢筋混凝土结构。砖墙布置的尺寸已在建筑施工图中表明，故不必再画其结构施工图。钢筋混凝土构件的布置图和结构详图是本章阐述的主要内容。

9.1.2　钢筋混凝土结构的基本知识和图示方法

由混凝土和钢筋两种材料构成整体的构件叫作钢筋混凝土构件，有工地现浇的，也有工厂预制的，分别叫作现浇钢筋混凝土构件和预制钢筋混凝土构件。

1．混凝土的强度等级和钢筋等级

混凝土按其抗压强度的不同分为不同的强度等级。常用的混凝土强度等级包括 C15、C20、C25、C30、C35、C40、C45、C50、C55、C60、C65、C70、C75、C80 等。

钢筋按其强度和品种分成不同的等级，并分别用不同的直径符号表示

2．钢筋的名称和作用

如图 9－1 所示，按构件中钢筋所起作用的不同，可分为：

1)受力筋：构件中主要的受力钢筋，一般是承受构件中的拉力，叫作受拉筋。在梁、柱构件中有时还需要配置承受压力的钢筋，叫作受压筋。

2)箍筋：构件中承受剪力或扭力的钢筋，同时用来固定纵向钢筋的位置，一般用于梁或柱中。

3)架立筋：它与梁内的受力筋一起构成钢筋的骨架。

4)分布筋：它与板内的受力筋一起构成钢筋的骨架。

5)构造筋：因构件的构造要求和施工安装需要配置的钢筋。架立筋和分布筋也属于构造筋。

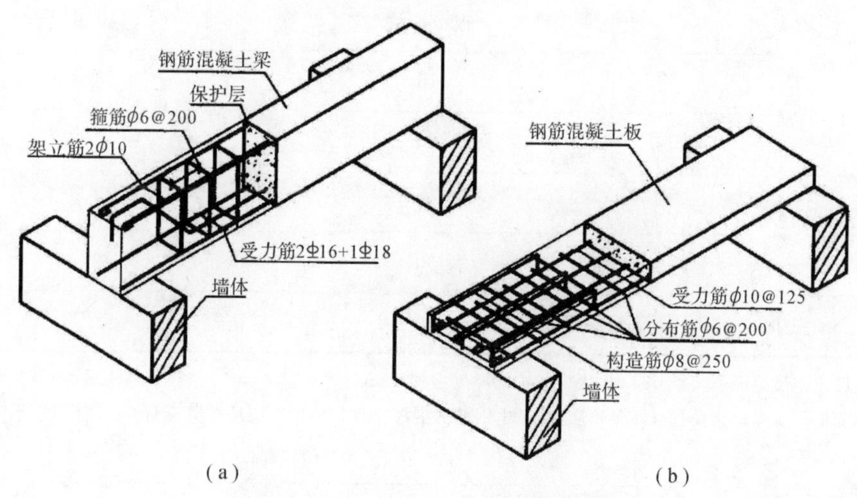

图 9－1　钢筋混凝土构件的配筋构造

(a)钢筋混凝土梁；(b)钢筋混凝土板

常用钢筋的图例及搭接形式见表 9－1。

表 9－1　常用钢筋的图例及搭接形式

名　称	图　例
带半圆形弯钩的钢筋端部	
带半圆形弯钩的钢筋搭接	
无弯钩的钢筋端部，长短钢筋投影重叠可在短钢筋的端部用 45°短粗线表示	

续表

名　称	图　例
无弯钩的钢筋搭接	
带直钩的钢筋端部	
带直钩的钢筋搭接	

3. 保护层

为了满足混凝土结构构件的耐久性要求和对受力钢筋有效锚固的要求，最外层钢筋的外边缘到构件表面需保持一定的厚度，人们将其称为保护层。根据《混凝土结构设计规范》(GB50010—2010)规定，设计使用年限为50年的混凝土结构，最外层钢筋的保护层厚度应符合表9-2的规定；设计使用年限为100年的混凝土结构，最外层钢筋的保护层厚度不应小于表9-2中数值的1.4倍。

表9-2　混凝土保护层的最小厚度　　单位：mm

环境类别	板、墙、壳	梁、柱、杆
一	15	20
二a	20	25
二b	25	35
三a	30	40
三b	40	50

注：1. 混泥土强度等级不大于C25时，表中保护层厚度增加5 mm；

2. 钢筋混泥土基础宜设置混泥土垫层，基础中钢筋的混泥土保护层厚度应从垫层顶面算起，且不应小于40 mm。

4. 图示方法

钢筋混凝土构件的外观只能反映混凝土表面和它的外形，而内部钢筋的配置情况，可假定混凝土为透明体。配筋图是主要表示构件内部钢筋配置的图样，一般由立面图和断面图组成。立面图中构件的轮廓线用细实线画出，钢筋简化为单线，用粗实线表示。断面图中剖切到的钢筋圆截面画成黑圆点，其余未剖切到的钢筋仍画成粗实线，并规定不画材料图例。钢筋混凝土构件的配筋图将在本章梁、板、柱的结构详图中阐述。

5. 钢筋的尺寸注法

钢筋的直径、根数或相邻钢筋的中心距一般采用引出线方式标注，其尺寸标注有下面两种形式：

1)标注钢筋的根数和直径，如梁内受力筋和架立筋；

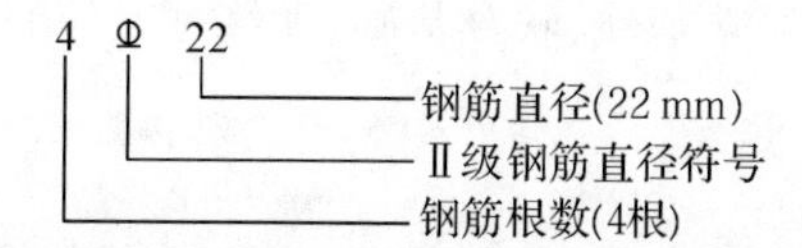

2)标注钢筋的直径和相邻钢筋中心距,如梁内箍筋和板内钢筋。

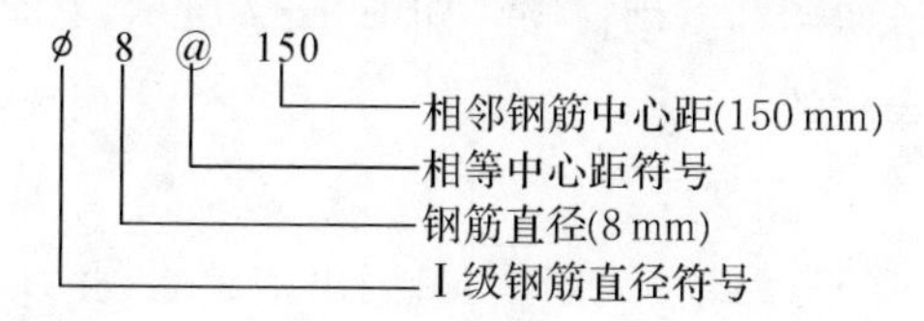

6. 常用房屋结构构件代号

在结构施工图中,常需要注明构件的名称,常采用代号表示。构件的代号,通常以构件名称的汉语拼音第一个大写字母表示。表 9-3 是常用结构构件代号。

表 9-3　常用结构构件代号

序号	名　称	代号	序号	名　称	代号	序号	名　称	代号
1	板	B	15	吊车梁	DL	29	基础	J
2	屋面板	WB	16	圈梁	QL	30	设备基础	SJ
3	空心板	KB	17	过梁	GL	31	桩	ZH
4	槽形板	CB	18	连系梁	LL	32	桩间支撑	ZC
5	折板	ZB	19	基础梁	JL	33	垂直支撑	CC
6	密肋板	MB	20	楼梯梁	TL	34	水平支撑	SC
7	楼梯板	TB	21	檩条	LT	35	梯	T
8	盖板或沟盖板	GB	22	屋架	WJ	36	雨篷	YP
9	挡雨板或檐板	YB	23	托架	TJ	37	阳台	YT
10	吊车梁安全走道板	DB	24	天窗架	CJ	38	梁垫	LD
11	墙板	QB	25	框架	KJ	39	预埋件	M
12	天沟板	TGB	26	刚架	GJ	40	天窗端壁	TD
13	梁	L	27	支架	ZJ	41	钢筋网	W
14	屋面梁	WL	28	柱	Z	42	钢筋骨架	G

9.2 基　础　图

基础图是表示建筑物室内地面以下基础部分的平面布置和详细构造的图样。基础图通常包括基础平面图和基础详图。

基础的形式有条形基础、独立基础、联合基础、片筏基础、箱形基础等。本章重点介绍条形基础图和独立基础图。

9.2.1 条形基础图

条形基础图包括基础平面图和基础详图。如图 9－2 所示，它是采用剖切在房屋室内地面下方的一个水平剖面图来表示的。

1. 条形基础平面图

1)图示内容和要求：在条形基础平面图中，只画出基础墙、柱以及基础底面的轮廓线，基础的细部轮廓线可省略不画。这些细部的形状将反映在基础详图中。基础墙和柱的外形线是剖切到的轮廓线，应画成粗实线。由于基础平面图常采用 1：100 的比例绘制，故材料图例的表示方法与建筑平面图相同，即剖切到的基础墙可不画砖墙图例，钢筋混凝土柱涂成黑色。条形基础的底边外形是可见轮廓线，画成细实线。

2)尺寸注法：在基础平面图中，必须注明基础的大小尺寸和定位尺寸。基础的大小尺寸即基础墙宽度、柱外形尺寸以及基础的底面尺寸，这些尺寸可直接标注在基础平面图上，也可用文字加以说明(如基础墙宽外墙 370，内墙 240)和用基础代号 J_1、J_2 等形式列表标注，还可以在相应的基础详图中标注基础底面的宽度。基础的定位尺寸也就是基础墙、柱的轴线尺寸(应注意它们的定位轴线及其编号必须与建筑平面图相一致)。

2. 条形基础详图

条形基础平面图只表示基础的平面布置，而基础各部分的形状、大小、材料、构造以及基础的埋置深度等都没有表达出来，这就需要画出各部分的基础详图。条形基础详图一般采用垂直断面图来表示。图 9－3 所示为四层办公楼承重墙的基础详图。该承重墙的基础是钢筋混凝土条形基础。当条形基础的断面形状类似的时候，可以画在一个图上，如 $J_{1(3)}$、$J_{2(4)}$、$J_{6(7)}$ 等。如 $J_{1(3)}$ 中基础底面宽度 1100 表示 J_1 的宽度，900 表示 J_3 的宽度。七种型号基础底面的宽度可以在基础详图中详细地表示出来。同时该图还采用详图的形式表示出内外墙基础圈梁 JQL、JQL_1 的配筋情况。

1)图示内容和要求：从基础详图中可以看出，该工程采用的是墙下钢筋混凝土条形基础。钢筋混凝土条形基础底面下铺设 100 mm 厚的混凝土垫层。在基础详图中，凡剖到的基础墙、大放脚、基础垫层等的轮廓线画成粗实线，在断面内画材料图例。

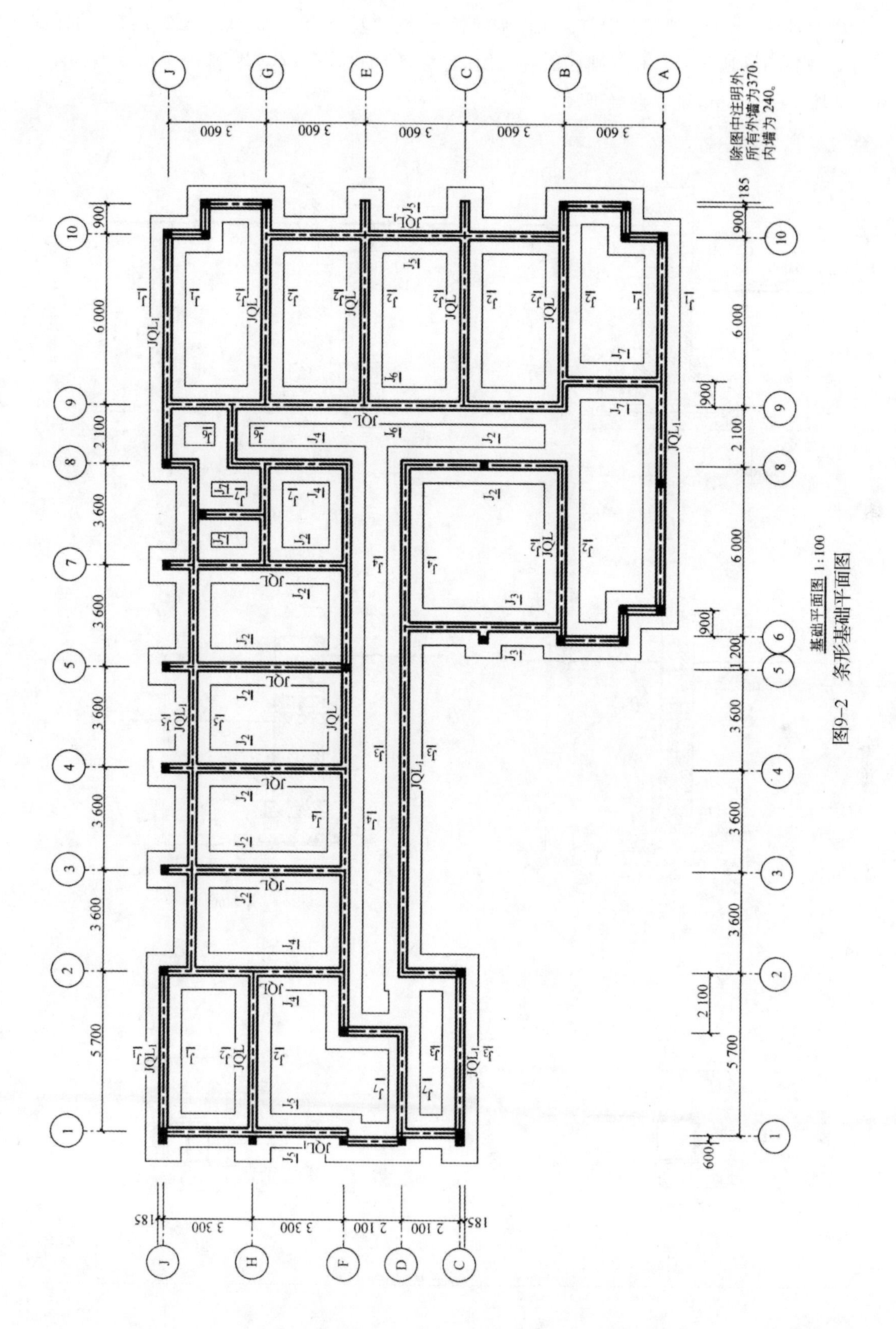

图9-2　条形基础平面图

2)尺寸注法:在基础详图中应标注出基础各部分(如基础墙、大放脚、基础垫层等)的详细尺寸以及室内外地面标高和基础底面(基础埋置深度)的标高。本工程基础采用宽度为 700 mm,埋深为 900 mm 的素混凝土。

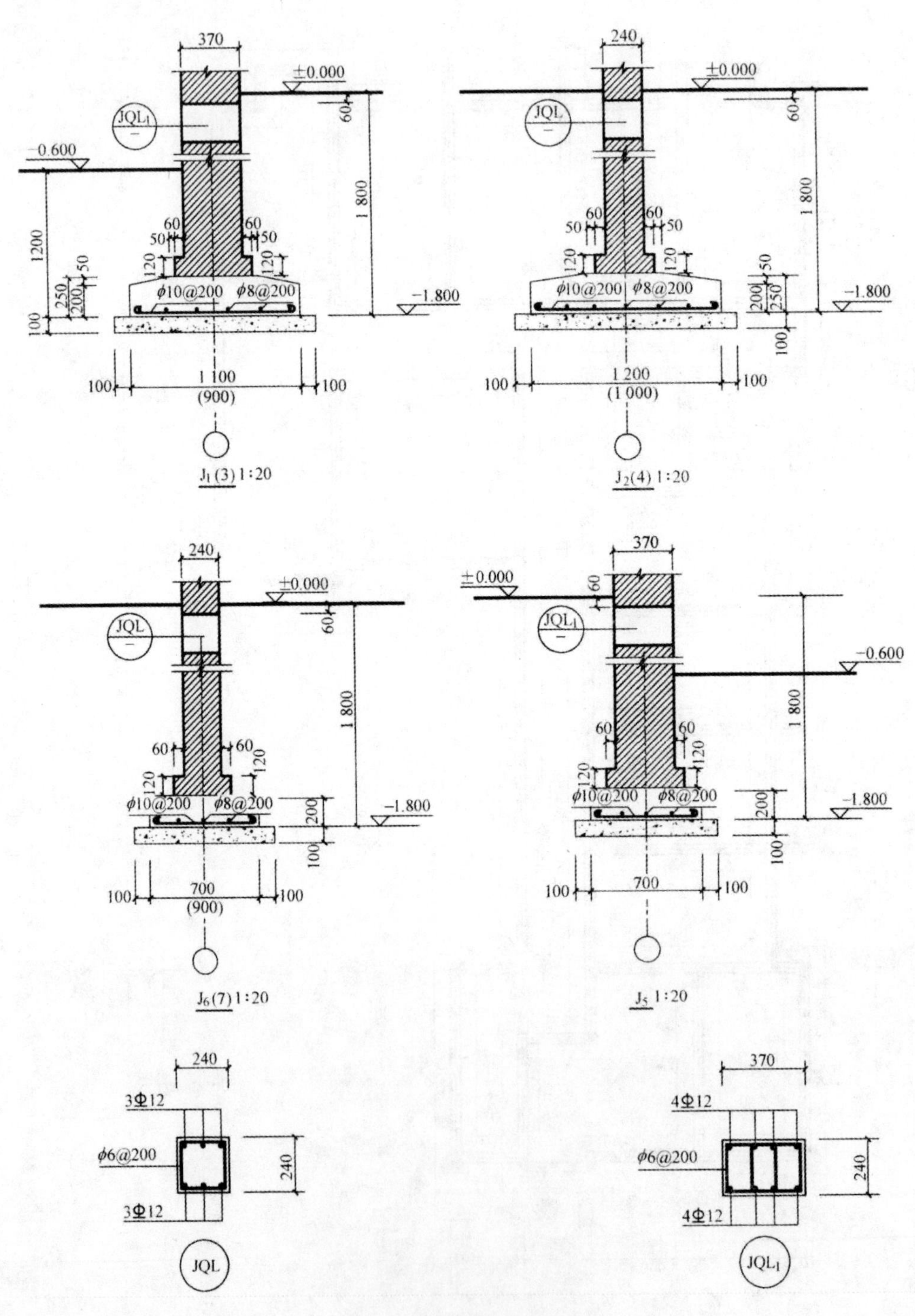

图 9-3 条形基础详图

9.2.2　独立基础图

钢筋混凝土柱下一般采用独立基础。

下面以现浇柱为例，介绍相应的独立基础图的情况。独立基础图通常由平面图及垂直断面图(即详图)来表示。图 9－4 是一根现浇柱的独立基础图，其平面图采用局部剖面的形式表示基础的网状配筋和柱子的断面配筋情况。详图则表示该柱基础垫层为 100 mm 厚的混凝土，下部做成踏步状。在柱基中预放四角 4Φ18(俗称插铁)及中部 4Φ18 钢筋以便与柱子钢筋搭接，其搭接长度为 1 400 mm，搭接处用 45°短粗线表示无弯钩钢筋的终端位置。在钢筋搭接区内的箍筋间距(ϕ6@100)相比柱子箍筋间距(ϕ6@200)来说，要适当加密。

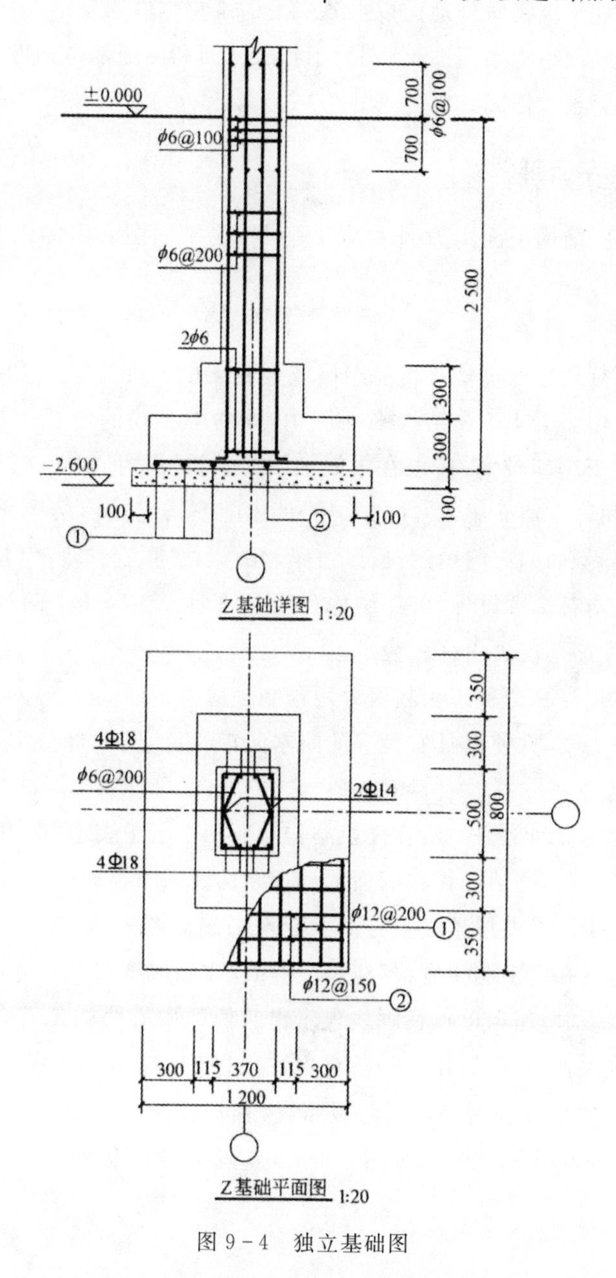

图 9－4　独立基础图

在独立基础平面图中可见的投影轮廓线用细实线表示，局部剖面中的钢筋网及柱子断面的配筋用粗实线表示。详图中剖切到的部分的外形线可用细实线表示，钢筋及室内外地面线可用粗实线表示。平面图中应表示出长、宽及钢筋的尺寸。详图中则应注明长、高尺寸，钢筋尺寸，室内外地面及基础底面的标高尺寸。

9.3 结构平面图

结构平面图是表示建筑物室外地面以上各层平面承重构件布置的图样。本工程实例画出了楼层结构平面图和屋顶结构平面图，分别表示各层楼面和屋面承重构件(如梁、板、柱、墙、门窗过梁、圈梁等)的平面布置情况。

9.3.1 楼层结构平面图

现以办公楼的三层结构平面图为例来说明楼层结构平面图表示的内容和图示要求，如图9－5所示。

1. 图示内容和要求

该办公楼的楼面荷载是通过楼板传递给墙或楼面梁的。轴线④～⑦由于开间较大，所以在中间轴线⑤上设一楼面梁 L_1，在结构平面图中，梁的中心线的位置用粗单点长画线表示。在轴线Ⓓ～Ⓕ之间由于房间较宽，所以在中间轴线Ⓕ上设一楼面梁 L_2，以及在轴线Ⓑ～Ⓓ间房间较宽，所以在中间设一楼面梁 L_3，这些梁的具体配筋情况另由结构详图表示。沿着外墙以及内墙周围设有圈梁，如遇有门窗洞口，则过梁和圈梁拉通，合二为一，均用粗单点长画线表示。如果过梁和圈梁均有标准设计，可在结构说明中注明。各墙角中的柱子均为构造柱。轴线Ⓐ处有一雨篷，其配筋情况另由详图表示。

楼板有预制板和现浇板两种。预制板采用预制预应力钢筋混凝土空心板。为满足厕所部分上下水管道留孔的需要，并使其具有良好的防水防渗性能，厕所部分 B_1、B_2 板采用现浇板，其余部分采用预制板。

轴线Ⓐ～Ⓑ间的楼梯间部分一般在楼层结构平面图中不予表示，而用较大比例(如1∶50)单独画出楼梯结构平面图，这部分将在后面的楼梯结构详图中再作说明。

三层结构平面图采用在三层楼面上方的一个水平剖面图表示。为了画图方便，习惯上把楼板下的不可见墙身线和门窗洞位置线(应画成虚线)改画成细实线。各种梁(如楼面梁、雨篷梁、阳台梁、过梁和圈梁等)用粗单点长画线表示出它们的中心线的位置。预制楼板的布置不必完全按实际投影分块画出，而简化为一条对角线(细实线)来表示楼板的布置范围，并沿着对角线方向注明预制板的块数和型号。预制板布置相同的部分可用同一符号来表示，如Ⓐ、Ⓑ、Ⓒ、Ⓓ、Ⓔ等。现浇板的表示方法类似，也用一细对角线表示出其布置范围。如图9－5(a)所示。

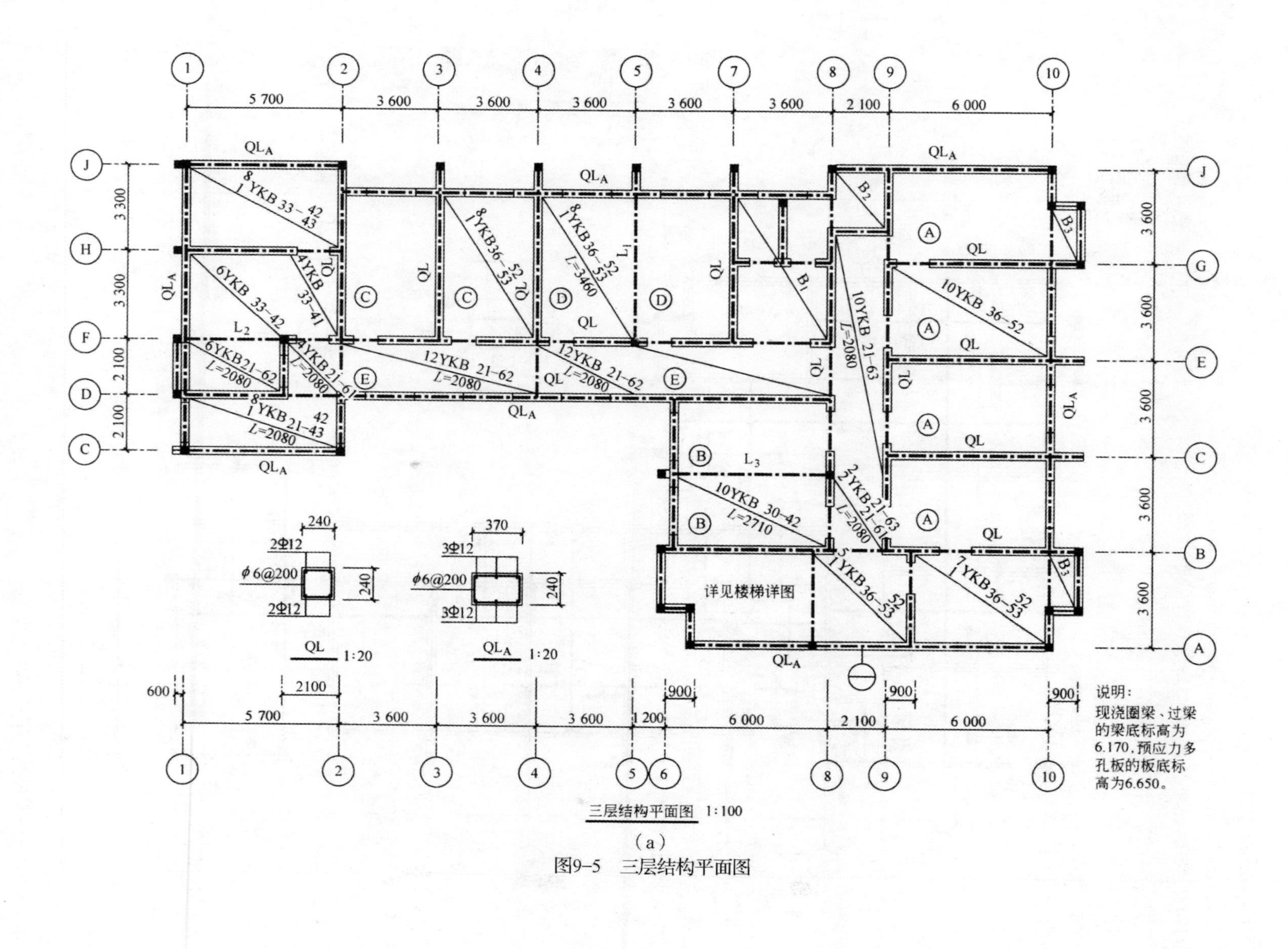
说明：
现浇圈梁、过梁的梁底标高为6.170，预应力多孔板的板底标高为6.650。
详见楼梯详图
QL 1:20
QL$_A$ 1:20
三层结构平面图 1:100
(a)

图9-5　三层结构平面图

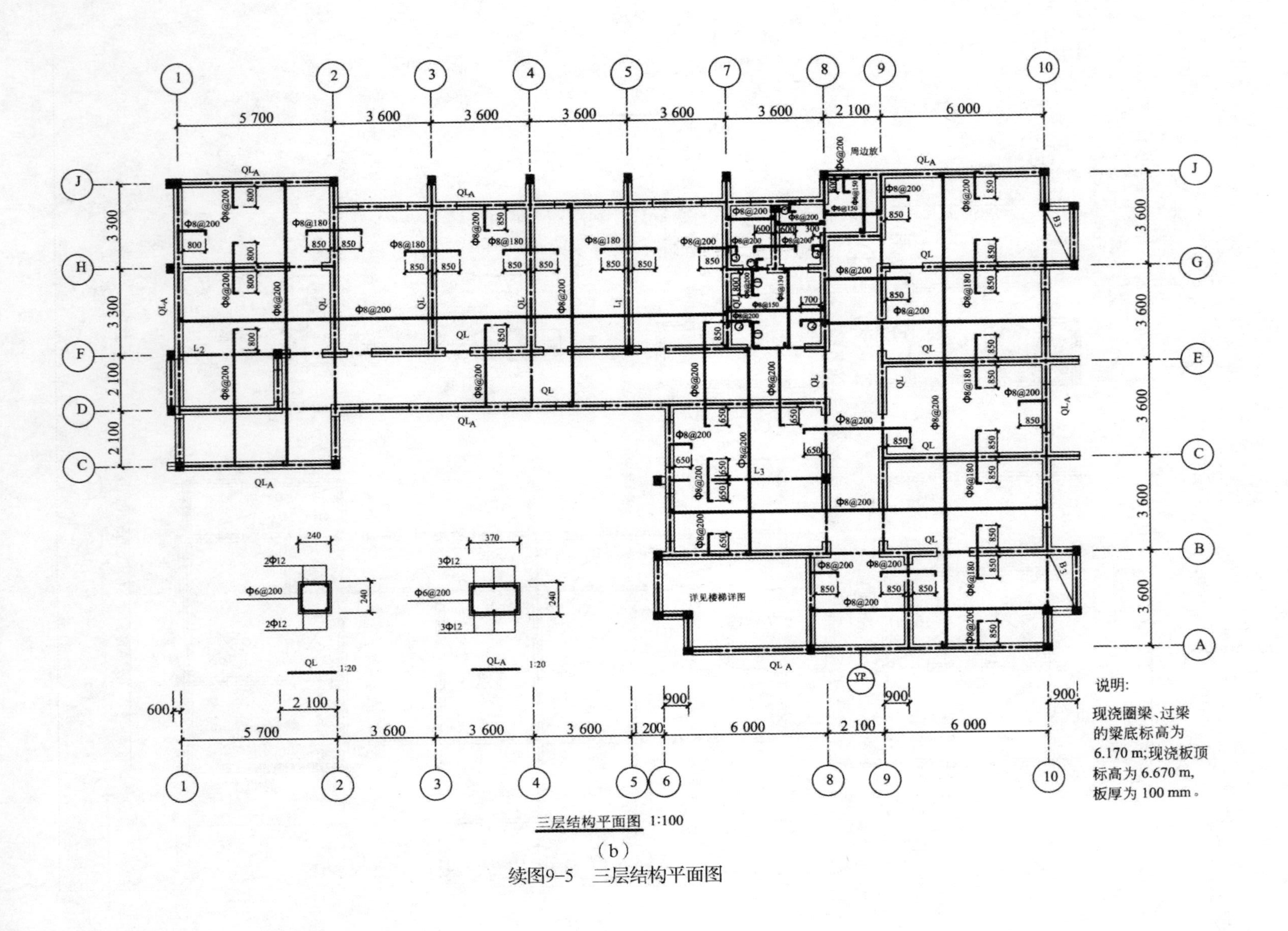

三层结构平面图 1:100

(b)

续图9-5 三层结构平面图

现将三层结构平面图中预制板的代号说明如下：

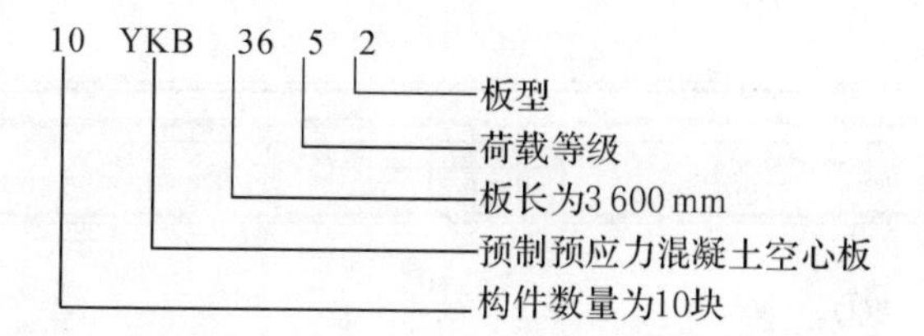

板型有七种型号，板厚为 120 mm 的 1、2、3、4 型板的标志宽度分别为 500 mm、600 mm、900 mm、1 200 mm，板厚 180 mm 的 5、6、7 型板的标志宽度分别为 600 mm、900 mm、1 200 mm。

其他符号的含义见表 9－3。

现浇板三层结构平面图如图 9－5(b)所示。

2. 尺寸注法

结构平面图中应标注各轴线间尺寸和轴线总尺寸，还应标明有关承重构件的平面尺寸。此外，还必须标明各种梁、板的底面标高，作为安装或支模的依据。梁、板的底面标高可以注写在构件代号后的括号内，也可以用文字作统一说明。

9.3.2　屋顶结构平面图

屋顶结构平面图是表示屋面承重构件平面布置的图样，其内容和图示要求与楼层结构平面图基本相同。由于屋面排水需要，当屋面承重构件按结构找坡时，可根据需要按一定的坡度布置，并设置天沟板。

9.4　钢筋混凝土构件详图

结构平面布置图只表示建筑物各承重构件的布置情况，至于它们的形状、大小、材料、构造和连接情况等，则需要分别画出各承重构件的构件详图。

钢筋混凝土构件的图示方法和要求以及钢筋的尺寸注法见本章 9.1 节的说明。下面选择该办公楼工程中具有代表性的梁、板以及一个预制柱构件来说明钢筋混凝土构件详图所表示的内容。

9.4.1　钢筋混凝土梁

图 9－6 是单跨钢筋混凝土梁(L_1)的立面图和断面图。该梁的两端搁置在构造柱和砖墙上，梁的底部跨中配置三根钢筋(即 $2\phi22+1\phi22$)，中间 $1\phi22$ 在近支座处呈 45°方向弯起，弯起钢筋上部弯平点的位置离墙或柱边缘距离为 50 mm。弯起钢筋伸入靠近梁的端部(留一保护层厚度)。梁的上面配置两根通长钢筋(即 $2\phi12$)，箍筋为 $\phi6@200$，中间部分配置 $4\phi8$ 钢筋及纵向固定 $4\phi8$ 钢筋的 $\phi6@200$ 钢筋。在立面图中应标明梁底的结构标高。梁的断面形状、大小以及不同断面的配筋，则用断面图表示。断面图的数量视梁的复杂程度而定。该梁采用了两个断面图，其中 1—1 为跨中断面，2—2 为近支座处断面。

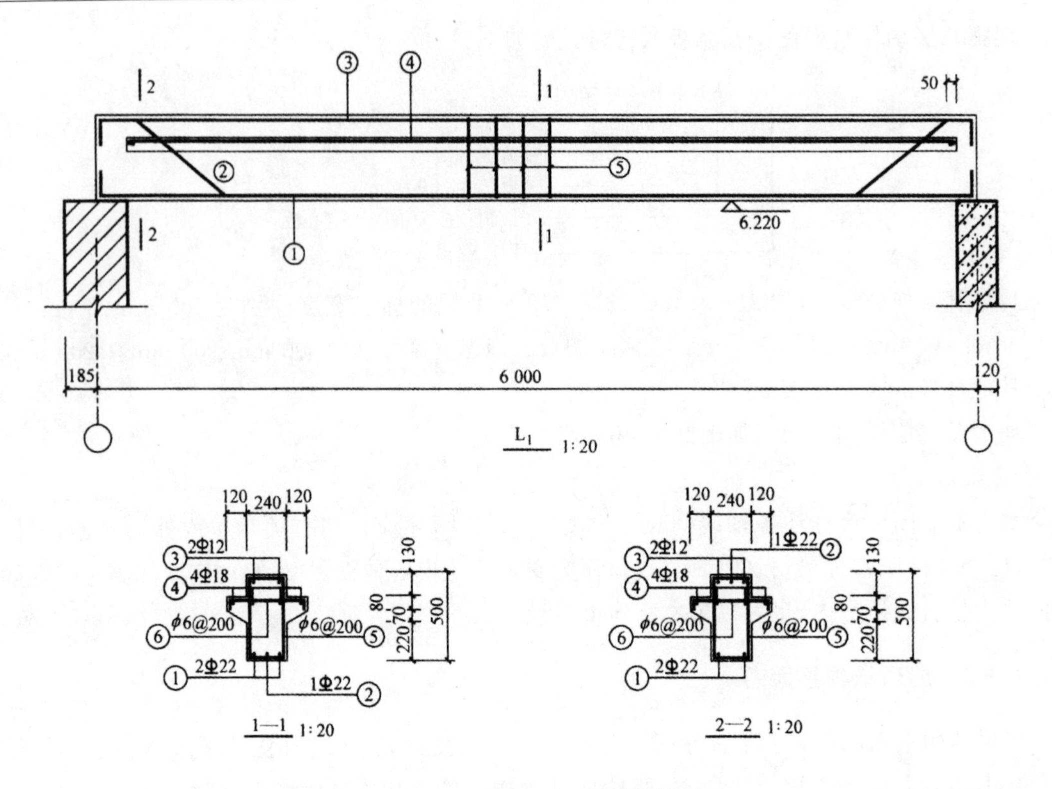

图 9－6 钢筋混凝土梁结构详图

9.4.2 钢筋混凝土板

预制预应力空心板为定型构件，均有标准图集，因此不必绘出结构详图。下文重点介绍现浇板的情况。在结构平面图中配置双层钢筋时，底层钢筋的弯钩应向上或向左，顶层钢筋的弯钩则向下或向右，如图 9－7 所示。图 9－8 所示为该办公楼三层平面图中的现浇板 B_1、B_2 的一个局部平面图。轴线⑦～⑧及轴线Ⓕ～Ⓖ之间的房间的板为双向配筋，纵向为 φ8@150 受力筋，横向为 φ8@130 受力筋，近支座处在板的上部分别配置 φ8@200 的构造筋。⑦～⑧轴线后面的两个小房间由于板跨较小，采用单向配筋，纵向为 φ8@200 受力筋，近支座在板的上部也分别配置 φ8@200 的构造筋。在轴线⑧～⑨间的房间也采用双向配筋，纵向为 φ8@150 受力筋，横向为 φ8@150 受力筋，近支座处周边配置 φ6@200 的构造筋。其中单向配筋的两个小房间的分布筋的情况一般不予表示，按规范进行构造配置或在图中用文字说明。

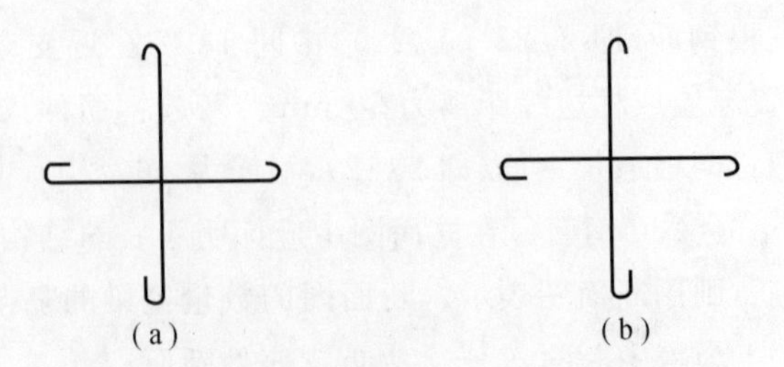

图 9－7 现浇板配置双层钢筋时钢筋的画法

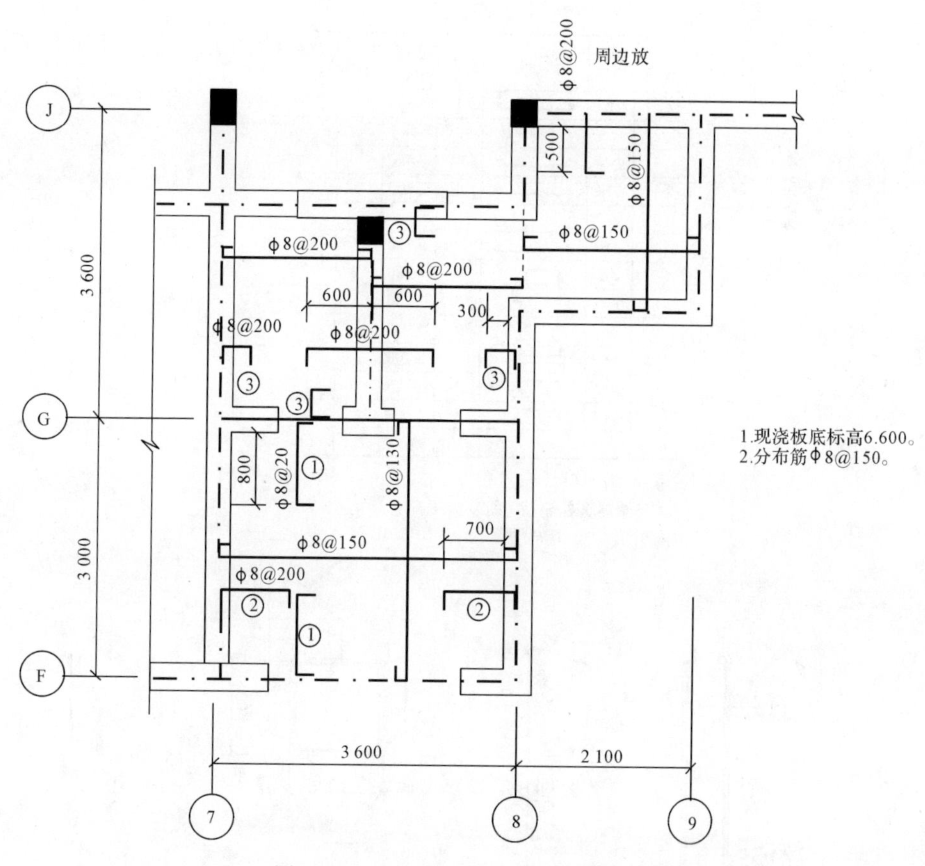

图 9－8　现浇板 B1、B2 的局部平面图

9.4.3　钢筋混凝土柱

下面以工业厂房常用的预制钢筋混凝土牛腿柱为例，来看其结构详图的情况。图 9－9 所示为一根预制柱的配筋图，其图示特点如下。

1. 配筋图

配筋图包括立面图和断面图。对于较复杂的构件，还可以画出钢筋详图，即把钢筋抽出来单独画出，如图 9－9 所示。牛腿处钢筋⑪及钢筋⑫即为钢筋详图，同时还可以画出钢筋表。根据立面图、断面图和钢筋表可以看出，上柱的①号钢筋是 4 根直径为 22 mm 的Ⅱ级钢筋，分别放在柱的四角，从柱顶一直伸入牛腿内 800 mm。下柱的③号钢筋是 4 根直径为 18 mm 的Ⅱ级钢筋，也放在柱的四角，下柱左、右两侧中间各安放 2 根 $\phi16$ 的④号钢筋。下柱中间配的是⑥号钢筋 $2\phi10$。③、④和⑥都是从柱底一直伸到牛腿顶部。柱边的①和③号钢筋在牛腿处搭接成一整体。牛腿处配置⑪和⑫号弯筋，都是 $4\phi12$，其弯曲形状与各段长度尺寸见⑪和⑫号钢筋详图。牛腿的钢筋布置参见图 9－10 立体图。2－2 断面图画出了①、③、④、⑥、⑪、⑫号钢筋的排列情况。

关于柱箍筋的编号，上柱是⑦，下柱是⑨和⑩，在牛腿处是⑧，各段放法不同，在立面图中分别进行说明，如上柱的顶端 500 mm 范围内是⑦号箍筋 $\phi6@100$。牛腿部分选用⑧号箍筋 $\phi8@150$。应该注意，对于牛腿变截面部分的箍筋，其周长要随牛腿截面的变化逐个计算。

钢筋表

钢筋编号	钢筋规格	形状	数量	长度(m)	钢材(kg)	混凝土体积(m^3)
①	Φ22		4	4 330		
②						
③	Φ18		4	7 430		
④	Φ16		4	7 400		
⑤						
⑥	ϕ10		2	7 330		
⑦	ϕ6		14	1 500		
⑧	ϕ8		5	2 280		
⑨	ϕ6		2	1 900		
⑩	ϕ6		26	2 700		
⑪	Φ12		4	1 920		
⑫	Φ12		4	1 600		
共计					20.9	1.60

说明：
1.预制钢筋混凝土柱采用C20混凝土。
2.钢筋ϕ为HPB300钢筋，Φ为HRB335钢筋。
预埋件均采用HPB300钢板。

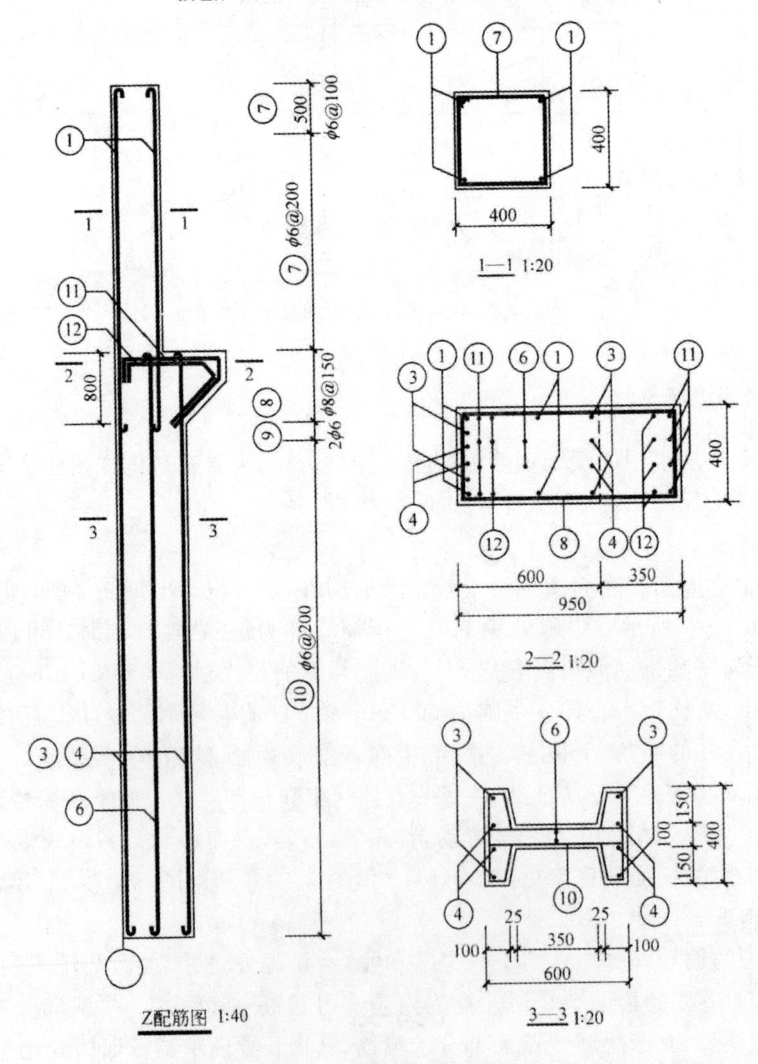

图 9－9　预制柱的配筋图

柱的配筋图一般用 1∶50、1∶40、1∶30、1∶20 的比例绘制，断面图用 1∶20、1∶10 的比例绘制，立面图和断面图与梁的配筋图一致。柱的尺寸标注，除应注明总高与分段高度、各断面大小和牛腿尺寸外，还应注明纵向钢筋搭接长度（图 9-9①号、③号钢筋在牛腿位置处的搭接长度为 800 mm）、柱身各段长度中箍筋的编号及间距（上柱下段采用⑦号钢筋 ϕ6@200），以及注明柱底牛腿面和柱顶的标高。

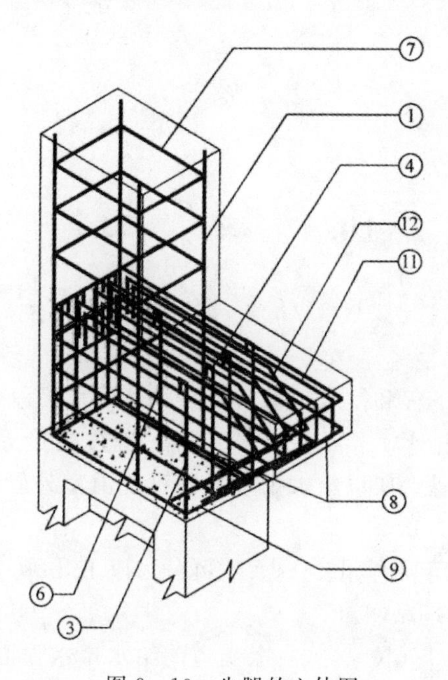

图 9-10　牛腿的立体图

第10章　建筑给水排水施工图

10.1　概　　述

10.1.1　简介

给水排水工程包括给水工程和排水工程两个方面。给水工程是指从水源取水、水质净化、净水输送、配水使用等工程；排水工程是指污水（生活、粪便、生产等污水）排除、污水处理、处理后的污水排入江河湖泊等工程。所以给水排水工程系统由室外管道及其附属设备、净化厂的处理构筑物等组成。

给水排水施工图按其作用和内容来分，大致可分为以下几种。

1. 管道平面布置图和管道轴测图

为了说明一个市区、一个厂（校）区或一条街道的给水排水管道的布置情况，就需要在该区域的总平面图上画出各种管道的平面布置图，这种图称为该区域的管网总平面布置图。有时为了表示管道的敷设深度，还配以管道剖面图。

在一幢建筑物内需要用水的房间（厕所、浴室、厨房等）布置管道时，也要在房屋平面图中画上卫生设备、盥洗用具和给水、排水、热水等管道的平面图，这种图称为室内给水、排水管网平面布置图。

为了表示管道内的介质流经的设备、管道、附件、管道连接和配置情况，通常把室内管道画成轴测图。它与平面布置图一起，是室内给水排水工程的重要图样。

2. 管道配件及安装详图

例如管道上的阀门井、水表井、管道穿墙、排水管相交处的检查井等的构造详图。

3. 水净化处理工艺设备图

例如给水厂、水质净化厂的各种水净化处理设备构筑物，如沉淀池、过滤池、曝气池等全套图样。

由于管道的截面尺寸比其长度尺寸小得多，所以在小比例的施工图中均以单线条表示管道，用图例表示管道上的配件。这些线型和图例符号将在本章各节中分别予以介绍。

10.1.2　室内管道的布置原则

1. 给水管道的布置原则

从配水平衡和供水可靠性考虑，建筑物的给水管应从建筑物用水量最大处和不允许断水处引入。建筑内部给水管道的布置与建筑物性质、建筑物外形、结构状况、卫生用具、生产设备布置情况以及所采用的给水方式等有关，并应充分利用室外给水管网的压力。综合起来大致包括以下两点：

1）管道布置时应力求长度最短，尽可能呈直线走向，与墙、梁、柱平行敷设，兼顾美观，并考虑施工检修便利。

2）给水管道应尽量靠近用水量最大处或不允许间断供水的用水处，以保证供水可靠，并减少管道传输流量，使大口径管道长度最短。

2. 排水管道的布置原则

排水管道的布置应满足水利条件最佳、便于维护管理、保护管道不易受损坏、保证生产和使用安全以及经济和美观的要求。综合起来包括以下两点：

1）污水立管应设置在靠近杂质最多、最脏及排水量最大的排水点处，以便尽快地接纳横支管来的污水而减少管道堵塞机会；同理，污水管的布置应尽量避免不必要的转角及曲折，尽量作直线连接。

2）排水管应选最短途径与室外管道连接，连接处应设检查井。

本章将以前几章所述的某学校办公楼为例，讨论建筑给排水工程图的图示方法及内容。

10.2　室内管道平面图

管道平面图是建筑给排水施工图中最基本的图样，它主要反映卫生器具、管道及附件相对于房屋的平面布置。

10.2.1　管道平面图的图示特点

1. 比例

管道平面图的比例，可采用与房屋建筑平面图相同的比例，一般为 1∶100，有时也可采用 1∶50、1∶150 或 1∶200 的比例。如在卫生设备或管道布置较复杂的房间，以 1∶100 的比例不能表示清楚时可选择 1∶50 的比例。

2. 管道平面图的数量和表达范围

管道布置不相同的楼层应分别绘制其平面图；管道布置相同的楼层可绘制一个楼层的平面图，在图中必须标注楼层地面标高。由于底层管道平面图中的室内管道须与户外管道相连，所以必须单独绘制，如图 10－1 所示。而各楼层管道平面图，把有卫生设备和管路布置的盥洗房间范围内的平面图画出即可，不必画出整个楼层的平面图，如图 10－2、图 10－3 所示。

3. 房屋平面图

管道平面图中的房屋平面图不适用于房屋的土建施工，而仅作为管道系统各组成部分的水平布局和定位的基准，因此，仅需抄绘房屋的墙、柱、门窗洞、楼梯、台阶等主要构配件，而将房屋的细部和门窗代号等略去。房屋平面图的轮廓图线都采用细线（0.25*b*）绘制。

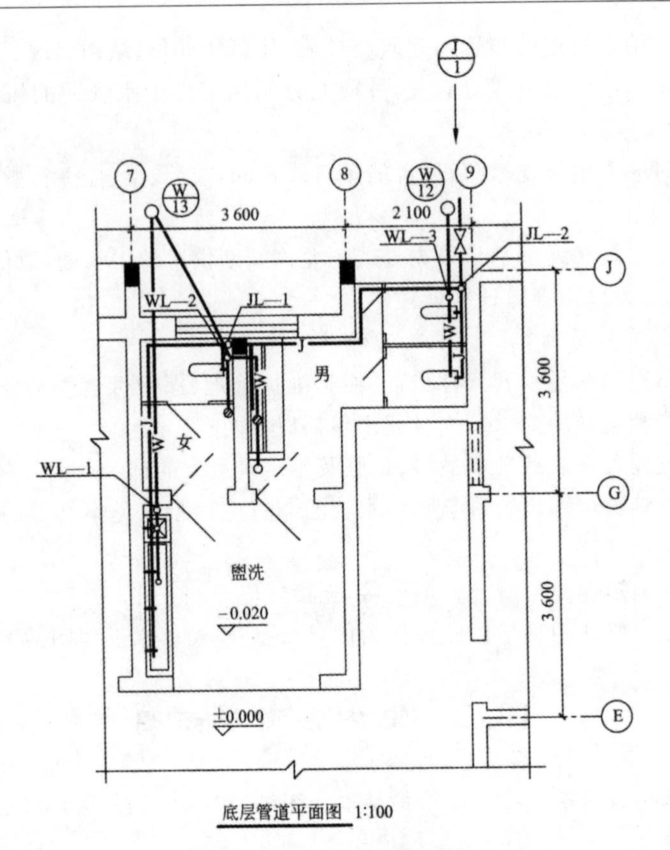

图 10－1 底层管道平面图

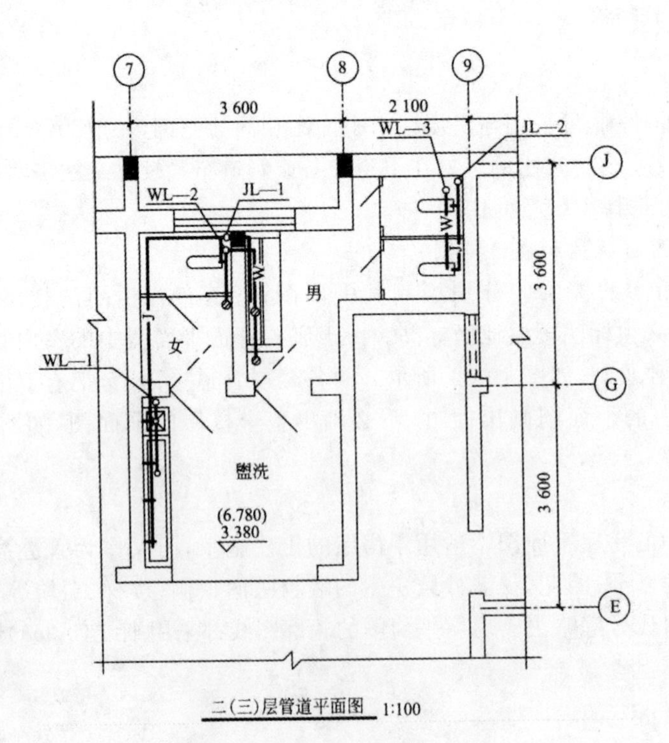

图 10－2 二(三)层管道平面图

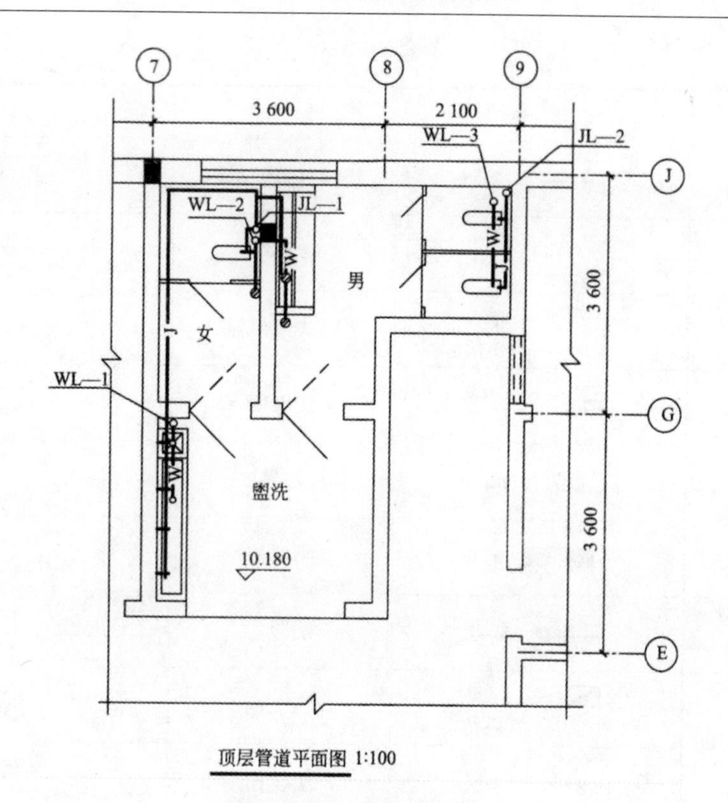

图10-3　顶层管道平面图

4. 卫生器具平面图

室内的卫生设备一般已在房屋设计的建筑平面图上布置好，可以直接抄绘于卫生设备的平面布置图上。常用的配水器具和卫生设备，如洗脸盆、污水池、淋浴器等均有一定规格的工业定型产品，不必详细画出其形体，可按表10-1所列的图例画出；对于非标准设计的盥洗槽、大便槽等土建设施，则应由建筑设计人员绘制施工详图，在管道平面图中仅需画出其主要轮廓。所有表示卫生器具的图线都用细实线(0.25*b*)绘制。

表10-1　给水排水图例

名　称	图　例	名　称	图　例
给水管	——J——	水表井	
排水管	——W——	通气帽	成品　蘑菇形
雨水管	——Y——	存水弯	
管道立管	XL-1　XL-1	圆形地漏	
水嘴	平面　系统	截止阀	
淋浴喷头		闸阀	

续表

名　称	图　例	名　称	图　例
自动冲洗水箱		延时自闭冲洗阀	
立管检查口		多孔管	
清扫口	平面　系统	蹲式大便器	
矩形化粪池	HC	坐式大便器	
雨水口	单算	浴盆	
	双算	小便槽	
室外消火栓		洗脸盆	
室内消火栓（单口）	平面　系统	污水池	
管道固定支架		盥洗槽	

5. 管道平面图

为了便于读图，各种管路须按系统分别予以标记和编号。当建筑物的给水引入管或排水排出管的数量超过一根时，应进行编号。

系统索引符号的形式如图 10－4 所示，用细实线圆（0.25b）表示，圆圈直径为 10～12 mm，圆圈上部的文字代表管道系统的类别，以汉语拼音的第一个字母表示，如“J”代表给水系统，“W”代表污水系统，圆圈下部是阿拉伯数字，表示系统编号。

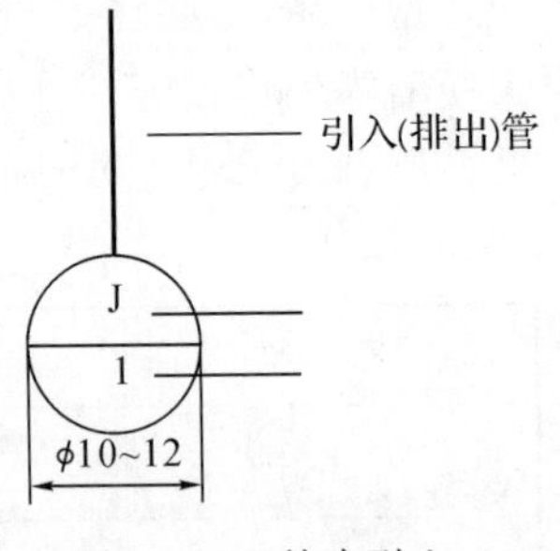

图 10－4　给水引入（排水排出）管编号

卫生设备管道系统的管道一般较细，所以用各种线型表示不同性质系统的管道。例如：新设计的各种给水和其他压力流管线用中粗实线（0.7b）表示，新设计的各种排水和其他重力流管线用粗实线（b）表示。管道类别应以汉语拼音字母表示，见表 10－1。管道的立管用细实线小圆圈表示，并用指引线标上立管代号 XL，X 表示管道类别代号（如 J，W）；建筑物内穿过楼层的立管，其数量超过 1 根时应进行编号，如 WL－1 表示 1 号污水立管。

安装在下层空间或埋设在地面下而为本层使用的管道，可绘于本层平面图上。当在同一平面布置几根不同高度的管道时，若严格按投影来画平面图，会重叠在一起，此时可以画成平行排列的形式。

6. 尺寸和标高

房屋的水平方向尺寸，一般在底层管道平面图中只需标注其轴线间尺寸，标高只需标注室外地面的整平标高和各层地面标高。

各类管道应标注管径和管道中心距建筑墙、柱或轴线的定位尺寸，必要时还应标注管道标高。

管道的长度在备料时须按比例从图中近似量出，在安装时则以实测尺寸为依据，所以图中均不标注管道长度。引入管、排出管应注明与建筑轴线的定位尺寸、穿建筑外墙的标高和防水套管形式。

10.2.2　管道平面图的绘制步骤

绘制给水排水施工图时一般先画管道平面图。管道平面图的绘制步骤如下。

1. 抄绘房屋平面图

房屋的细部构造不必抄绘，次要轮廓均可省略。可用 1∶100 画出用水房间的平面图。在各层的平面布置图上，均须标明墙、柱轴线，并在底层墙、柱轴线间标注尺寸。此外，在底层平面布置图上应画出指北针和室外地坪标高，室内底层地面一般作为相对标高的起点（±0.000），厕所则略低于室内地坪，各楼层也须标注相应的标高。

2. 绘制卫生设备的平面布置

由于大便器、小便斗为定型产品，小便槽、盥洗台、洗脸盆均另有详图，因此，平面图须用细线按比例用图例画出卫生设备的位置。

3. 绘制出管道的平面布置

管道是室内管网平面布置图的主要内容，画管道布置时，先画立管，再画引入管和排水管，最后按水流方向画出横支管和附件。给水管一般画至各设备的放水龙头或冲洗水箱的支管接口，排水管一般画至各设备的废、污水的排泄口。

10.2.3　管道平面图的读图方法

以前面所讲的某学校办公楼为例来识读管道平面图，如图 10－1、图 10－2 和图 10－3 所示。

1. 配水器具和卫生设备

从房屋建筑图中可以看出，该建筑为南北朝向的四层建筑，用水设备集中在每层的盥洗室和男、女厕所内。在盥洗室内有三个放水龙头的盥洗槽和一个污水池，在女厕所内有一个蹲式大便器，在男厕所内有两个蹲式大便器和一个小便槽。

2. 管道系统的布置

根据底层管道平面图的系统索引符号可知：给水管道系统 $\left(\frac{J}{1}\right)$ 的引入管穿墙后进入室内，在男、女厕所内各有一根立管，并对立管进行编号，如 JL－1。从管道平面图中可以看出立管的位置，并能看出每根立管上承接的配水器具和卫生设备。

污水管道系统 $\left(\frac{W}{12}\right)$ 承接男厕所内蹲便器的污水，$\left(\frac{W}{13}\right)$ 承接男厕所内小便槽和地漏的污水、女厕所内蹲便器和地漏的污水、盥洗室内盥洗槽和污水池的污水。

3. 各楼层、地面的标高

从各楼层、地面的标高可以看出各层高度。厕所、厨房的地面一般比室内主要地面的标高低一些，这主要是为了防止污水外溢。

10.3 管道系统图

管道平面图主要显示室内给水排水设备的水平安排和布置，每个视图只能显示两个方向，而连接各管路的管道系统因其在空间转折较多，上下交叉重叠，往往在平面图中无法完整且清楚地表示，因此，需要一种能同时反映管道空间三个方向的图，这种图被称为管道系统图。管道系统图能反映各管道系统的管道空间走向和各种附件在管道上的位置，如图 10－5 和图 10－6 所示。

10.3.1 管道系统图的图示特点

1. 比例

管道系统图一般采用与房屋的卫生平面布置图相同的比例，即 1∶50 或 1∶100。当配水设备较为密集、复杂时，可将管道轴测图的比例放大；反之，如果管道系统图内容较为简单，为使图幅较为紧凑，则可将比例缩小。总之，视具体情况来选用恰当的比例，以便既能显示清楚又不过于重叠交叉或内容空洞。图 10－5 和图 10－6 所示的某学校办公楼给水排水管道系统图都采用 1∶100 的比例。

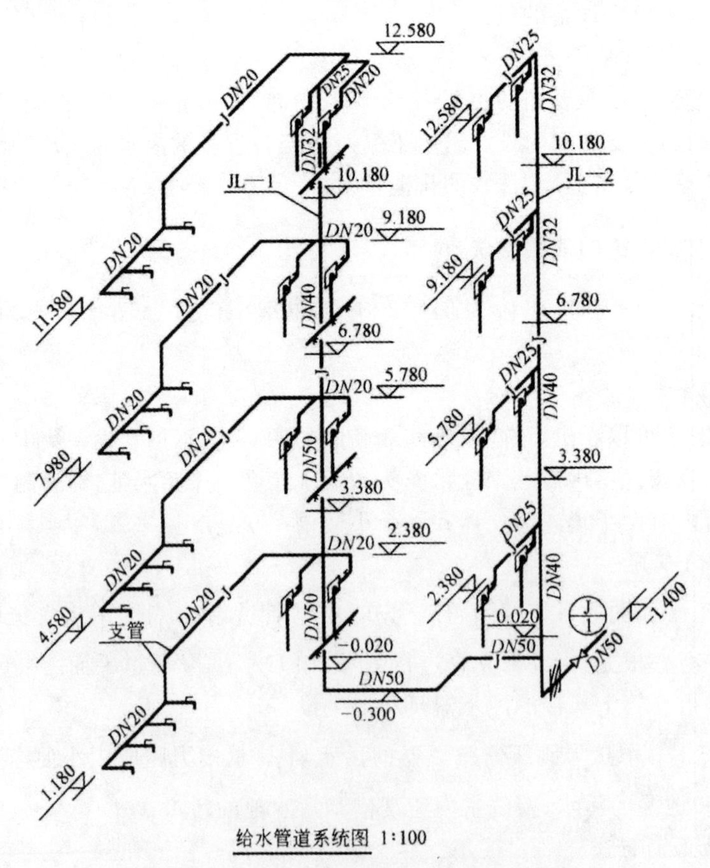

图 10－5 某学校办公楼给水管道系统图

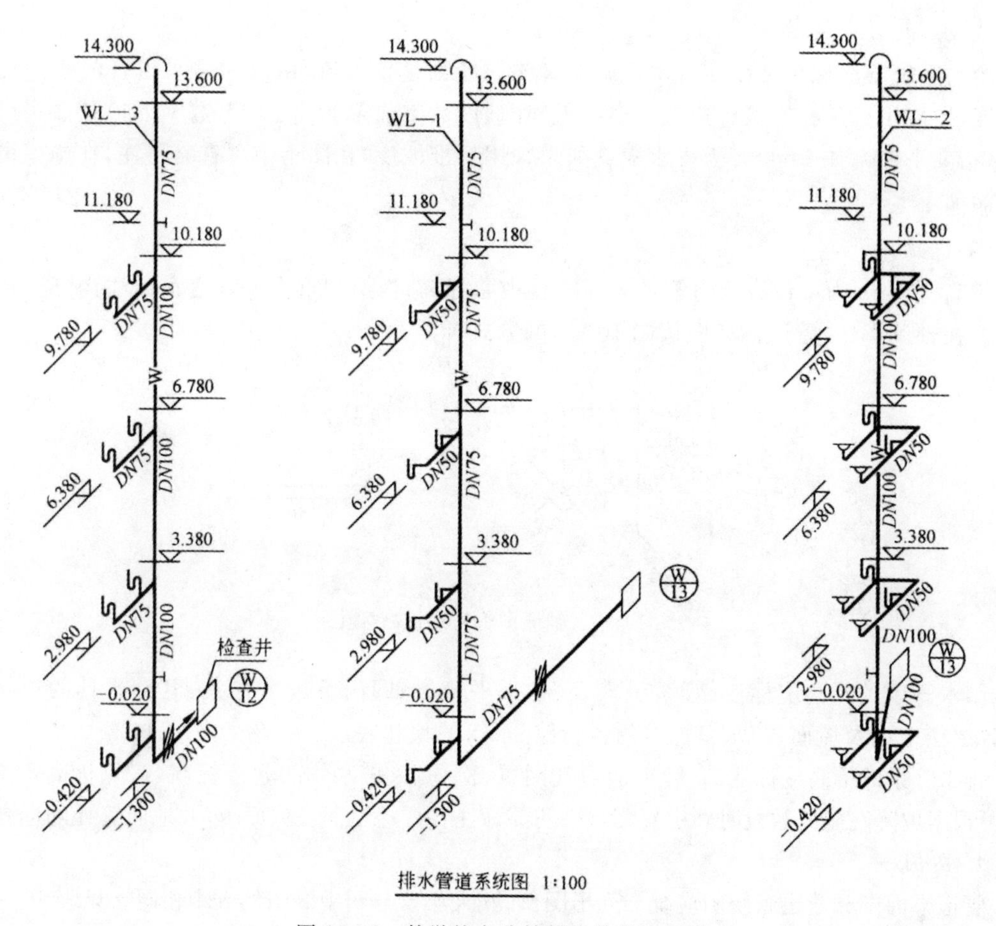

图 10-6　某学校办公楼排水管道系统图

2. 轴向和变形系数

管路系统在工程中多数是沿墙面和墙角布置的，主要是显示管路的轴向长度，而不考虑管路各向形体的立体真实感和失真度。所以管路系统的轴测图应以 45°正面斜轴测的投影规则绘制，即 OX 轴处于水平位置，OZ 轴垂直，OY 轴一般与水平线成 45°夹角。

轴间角 $\angle XOY=135°$，$\angle YOZ=135°$，$\angle XOZ=90°$。三轴的变形系数 $P_x=P_y=P_z=1$。

3. 管径、坡度、标高

(1)管径。

管道的尺寸必须标注在管道系统图上。水煤气输送钢管(镀锌或非镀锌)、铸铁管等宜标注“公称直径”，在管径数字前应加注代号“DN”，如 $DN50$ 表示公称直径为 50 mm。无缝钢管、焊接钢管等管材，管径以“外径 $D\times$壁厚”表示，如 $D108\times4$。混凝土管、钢筋混凝土管等管径以内径“d”表示，如 $d230$。管径一般标注在该管段旁边，也可用指引线引出标注。

在给水管道系统图中，每段管道均须逐段标注管径。但在连续管段中，如不影响图示的清晰度，可在管径变化的始端和终端旁标出，中间管段可省略标注。在三通或四通管路中，不论管径是否变化，各个分支管段均须标注管径。

排水横管上各管段的管径如无变化，可在始、末管段上标注管径。不同管径的横管、立管、排水管等均须逐段分别标出。

(2)坡度。

给水系统不必标出坡度。排水系统的管路一般都是重力流,所以在排水横管的旁边要标注坡度,坡度可标注在管段旁边或引出线上,在坡度数字前须加代号"i",数字下边画箭头以示坡向(指向下游),如 $i=0.\underset{\rightarrow}{0}5$。排水横管如果采用标准坡度,在图示中可省略不注,在施工说明中写明即可。

(3)标高。

标高应以 m 为单位。压力管道应标注管中心标高;沟渠和重力流管道宜标注沟(管)内底标高。在轴测图中,管道标高应按图 10-7 的方式标注。

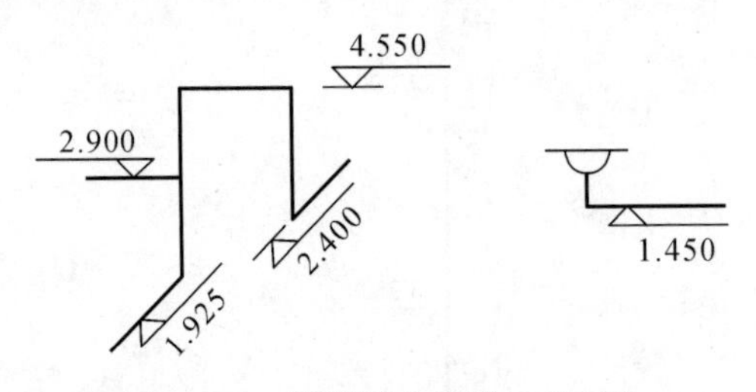

图 10-7　轴测图中管道标高标注

给水管系的标高应标注:管系引入管、各水平管段、阀门及放水龙头、卫生器具的连接支管、各层楼地面及屋面、与水箱连接的各管路、水箱的顶和底。

排水管系的标高应标注:立管上的通气网罩、检查口、排水管的起点标高(终点标高不必标注,可根据坡降在施工敷设时确定)。此外,还要标注各层楼地面及屋面、窨井地面等处的标高。

4. 图例

管道平面图和管道系统图应统一列出图例,其大小要与图中的图例大小相同。见表 10-1。

10.3.2　管道系统图的画图步骤

1)为了使图面整齐以便于识图,在布置图幅时,应尽量将各管路系统中穿越相应楼层的楼地面线的立管画在同一水平线上。

2)先画各系统的立管,定出各层的楼地面线、屋面线;再画给水引入管及屋面水箱的管路或排水管;最后画排水横管、窨井及立管上的检查口和网罩等。

3)从立管上引出各横向的连接管段,并在横向管段上画出给水管系的截止阀、放水龙头、连接支管、冲洗水箱等,在排水管系中画承接支管、存水弯等。

4)标注各管段的公称直径、坡度、标高、冲洗水箱的容积等数据。

10.3.3　管道系统图的读图方法

管道平面图和管道系统图是建筑给水排水工程图中的基本图样,两者必须相互对照、相互补充,从而将室内的卫生器具和管道系统组合成完整的工程体系,充分明确各种设备的具体位置和管路在空间的布置,最终搞清图样所表达的内容。

下面仍以某学校办公楼为例,讲述管道系统图的读图方法。

1. 给水管道系统

一般从室外引入管开始识读,按照水流流向,依次为引入管、水平干管、立管、支管、卫生器具。

下面就以给水管道系统$\frac{J}{1}$为例(见图10－5),识读如下：

先与底层管道平面图配合识读,找出$\frac{J}{1}$管道系统的引入管。由图10－5可知:室外引入管为*DN*50,其上装一阀门,管中心标高为－1.400 m;*DN*50的进水管进入男厕所后,从墙内侧穿出底层地面(－0.020 m)成为立管JL－2(*DN* 40)。在JL－2标高为2.380 m处接一根沿⑨轴墙敷设的支管(*DN*25),其上接两个大便器冲洗水箱。在JL－2标高为－0.300 m处接一根*DN*50的管道与厕所北墙平行,穿墙后在女厕所墙角处穿出底层地面,成为JL－1(*DN*50)。在JL－1标高为2.380 m处接出支管,其中一支上接大便器和小便槽的冲洗水箱,另一支沿⑦轴墙进入盥洗室,降至标高为1.180 m,上接四个水龙头。

其他各层的识读方法与底层类似,这里就不赘述。

2. 排水管道系统

先在底层管道平面图中找出相应的系统和立管的位置,再找出各楼层管道平面图中的立管位置,以此作为联系,依次按卫生器具、连接管、横支管、立管、排出管、检查井的位置进行识读。从所给平面图中可以看出,本系统有三根排出管,起点标高均为－1.300 m。

配合管道平面图(见图10－1)可知:$\frac{W}{12}$管道系统有一根排出管,管径为*DN*100,承接WL－3的污水,WL－3在男厕所内,承接两个大便器的冲洗水。立管一直穿出屋面,顶端14.300 m处装有一蘑菇形通气帽,在0.980 m和11.180 m处各装有一检查口。

$\frac{W}{13}$管道系统有两根排出管,管径分别为*DN*100和*DN*75,分别承接WL－1和WL－2的污水。WL－2在女厕所内,承接大便器、小便槽和两个地漏的污水;WL－1在盥洗室内,承接盥洗槽和污水池的污水。检查口与通气帽的位置与$\frac{W}{12}$相同。

第 11 章　采暖通风施工图

本章对采暖、通风工程图作一般性介绍，以使读者了解这种专业的设备、管道的布置情况和要求，以及施工图的表示方法和特点，并与相关的土建图纸相互对照，掌握建筑、结构与暖通在施工图中的相互关系。

11.1　概　　述

11.1.1　简介

采暖与通风工程是为了改善人们的生活、工作和生产条件而设置的。

采暖供热工程由热源、室外热力管网和室内采暖系统组成。热源一般指生产热能的部分，即锅炉房、热电站等；室外热力管网指输送热能(热能是以蒸汽和热水的形式作为介质来输送的)到各个用户的部分；室内采暖系统则是指以对流或辐射的方式将热量传递到室内空气中的采暖管道和散热器等组成部分。采暖系统按热媒的不同，可分为热水采暖系统、蒸汽采暖系统以及电热采暖和火炉采暖等，其中，前两种采暖系统的应用颇为广泛。

通风工程是指通过一系列的设备和装置(空气处理器、风机、空气输送管道、空气分布器等)，将室内污浊的有害气体排至室外，并将新鲜的或经处理的空气送入室内，形成一个人们所需要的舒适的居住条件和工作环境，以保证人们的健康。

11.1.2　图纸的组成

采暖施工图分为室内和室外两部分。室内部分表示一栋建筑物的供暖工程，包括管道平面布置图、剖面图、系统轴测图和详图以及文字说明；室外部分表示一个区域的供暖管网，包括总平面图、剖面图和详图。本章只介绍室内部分。

通风施工图包括通风系统平面图、剖面图、系统轴测图、详图及文字说明，此外，图纸中还应有设备表、材料表等。

绘制采暖通风施工图时，应遵守《暖通空调制图标准》(GB/T 50114 — 2010)，还应遵守《房屋建筑制图统一标准》(GB/T 50001 — 2017)中的各项基本规定。

11.2　室内采暖工程施工图

11.2.1　热水采暖系统

以热水为热媒，把热量带给散热设备的采暖系统，称为热水采暖系统。

热水采暖系统根据热水在系统中循环流动的动力不同，可以分为自然循环热水采暖系统和机械循环热水采暖系统。自然循环热水采暖系统主要依靠冷热水的重度不同，造成自然循环流动，该系统由锅炉、供水管、散热器和回水管所组成，图 11－1 所示为自然循环热水采暖系统工作原理图。机械循环热水采暖系统主要依靠系统中的水泵提供动力，促进系统的循环流动，该系统由热源、管道、散热器和水泵组成，图 11－2 所示为机械循环热水采暖系统工作原理图。

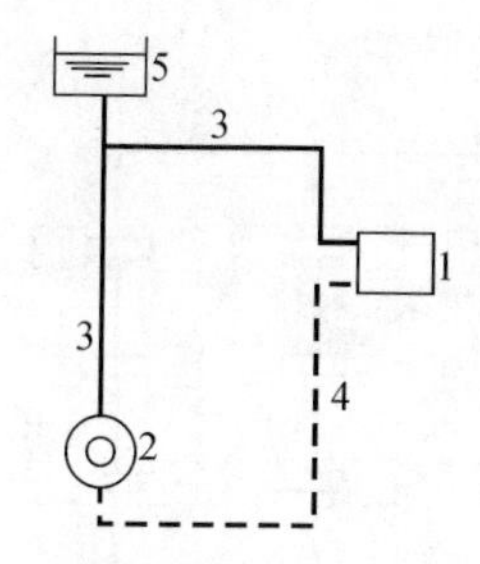

图 11－1　自然循环热水采暖系统工作原理图
1—散热器；2—热水锅炉；3—供水管；
4—回水管；5—膨胀水箱

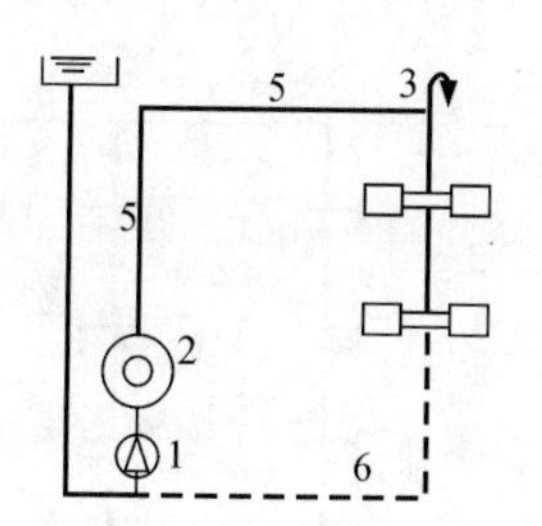

图 11－2　机械循环热水采暖系统工作原理图
1—循环水泵；2—热水锅炉；3—集气罐；
4—膨胀水箱；5—供水管；6—回水管

按照供水干管敷设的位置，可以分为上分式，中分式和下分式系统；按照立管的布置特点，可以分为单管式和双管式系统；按照管道敷设方式，可以分为垂直式和水平式系统。

1. 垂直式系统

(1)双管上分式。

图 11－3 为双管上供下回式热水系统，供水干管敷设在整个系统之上，通常敷设在顶层的天棚里或顶棚下面。每组有两根立管，一根为供水，一根为回水，一般设在散热器的一侧或两组散热器中间。回水干管设在最低层散热器的下部，一般设在底层的地板上、地沟内或地下室的楼板下。系统最高点设膨胀水箱，用来容纳水受热膨胀而增加的体积和补充系统内水量的不足。膨胀水箱下部接出的膨胀管连接在循环水泵入口前的回水干管上。供水干管末端设置集气罐，可确保空气能顺利地和水流同方向流动，集中到集气罐处排气，供水干管应沿水流设上升坡度，坡度值不小于 0.002，一般为 0.003。

(2)双管下分式。

图 11－4 所示为双管下供下回式热水采暖系统，供水干管和回水干管均设在所有散热器之下。当建筑物设有地下室或平屋顶，建筑顶棚下不允许布置供水干管时可采用这种形式。此系统中的空气排除较困难，可以在顶层散热器上设置自动排气阀排气。

(3)单管式。

图 11－5(a)所示为单管顺序式热水采暖系统，供水干管设在系统上部，供水按照自高层至底层的顺序全部流过，最后汇集于回水干管。此系统的缺点是不能进行局部调节。图 11－

5(b)所示为单管跨越式热水采暖系统,它克服了顺序式系统的缺点。

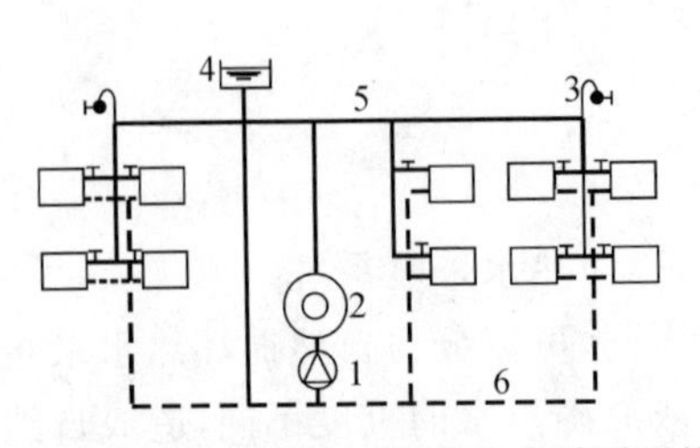

图 11-3　双管上供下回式热水采暖系统

1—循环水泵；2—热水锅炉；3—集气罐；
4—膨胀水箱；5—供水管；6—回水管

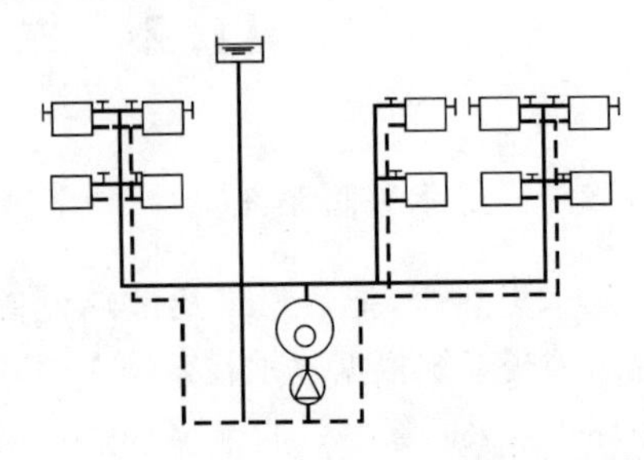

图 11-4　双管下供下回式热水采暖系统

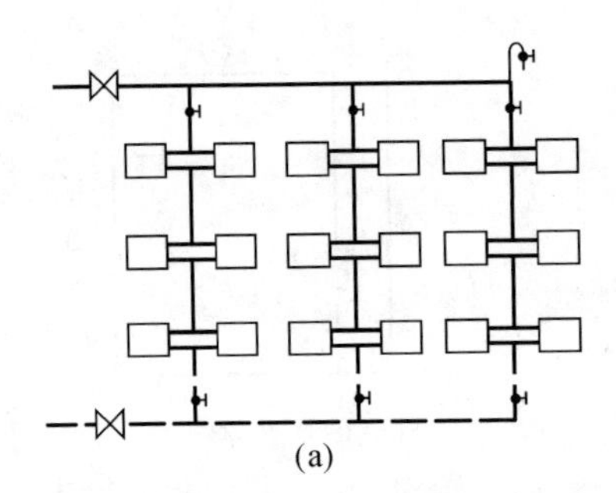

(a)

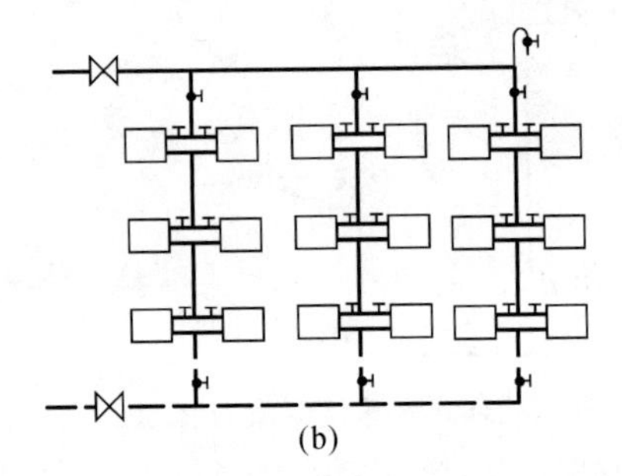

(b)

图 11-5　单管热水采暖系统

(a)顺序式；(b)跨越式

2. 水平式系统

图 11-6(a)所示为水平单管顺序式热水采暖系统,各层水平支管将同一楼层的各组散热器串联在一起,热水水平地顺序流过各组散热器。该系统同样存在不能进行局部调节的缺点。图 11-6(b)所示为水平单管跨越式系统,该系统在散热器的支管间连接一跨越管,热水一部分流入散热器,一部分经跨越管直接流入下组散热器,它克服了不能进行局部调节的缺点。单管水平式系统的排气方式有:在每个散热器上安装放气阀的局部排气法;将散热器上部用一根专设的空气管连接起来,由一个散热器上的放气阀排气。图11-6 中的上层为每个散热器各自局部排气,下层为空气管集中排气。

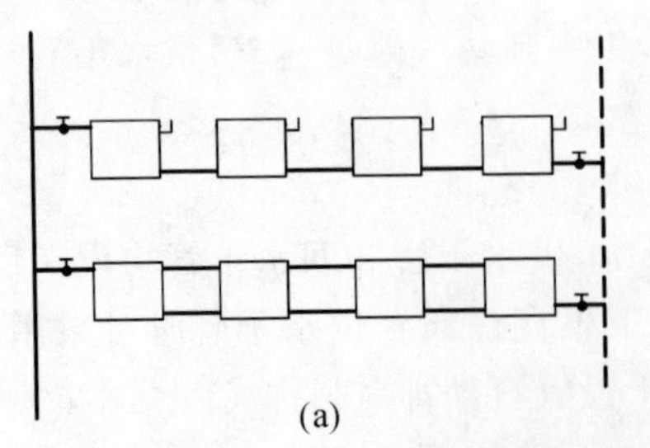

(a)

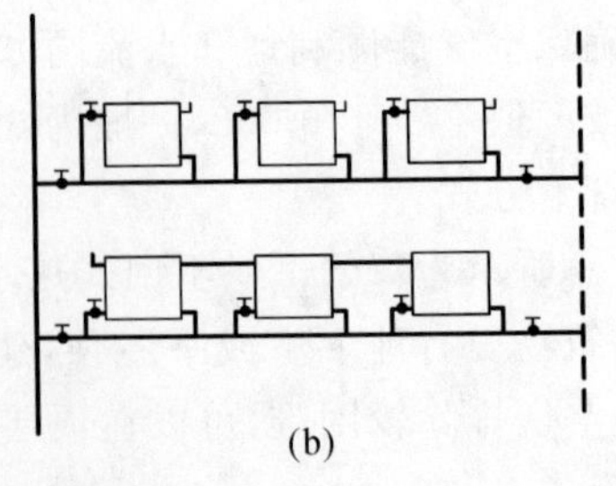

(b)

图 11-6　单管水平式热水采暖系统

(a)顺序式；(b)跨越式

11.2.2 蒸汽采暖系统

以蒸汽作为热煤的供暖系统叫作蒸汽采暖系统。图11-7所示为蒸汽采暖系统的原理图。水在锅中被加热成具有一定压力和温度的蒸汽，蒸汽靠自身压力作用通过管道流入散热器内，在散热器内放热后，蒸汽变成凝结水，凝结水靠重力经过疏水器后，沿凝水管返回凝结水箱内，再由凝结水泵送入锅炉重新被加热变成蒸汽后循环使用。

蒸汽采暖系统的图示与热水采暖系统基本相似，只是在回水系统中设有疏水器。疏水器的作用就是阻汽疏水，即自动排放蒸汽管道的凝结水并阻止蒸汽通过。

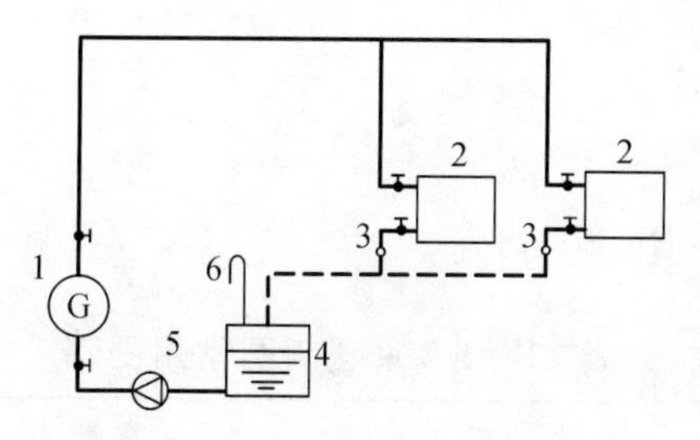

图11-7 蒸汽供暖系统原理图

1—蒸汽锅炉；2—散热器；3—疏水器；4—凝结水箱；5—凝结泵；6—空气管

11.2.3 室内采暖施工图的表示方法

1. 图例

由于采暖施工图一般采用较小的比例，所以管道、散热器、阀门及附属设备用规定的图例表示。常用的采暖图例见表11-1。

2. 管道常见画法

在管道图中，管道的转向、分支与交叉画法如图11-8所示。图11-8(a)(b)所示为管道转向的画法；图11-8(c)所示为管道分支的画法；图11-8(d)所示为管道交叉的画法；图11-8(e)所示为管道跨越的画法。

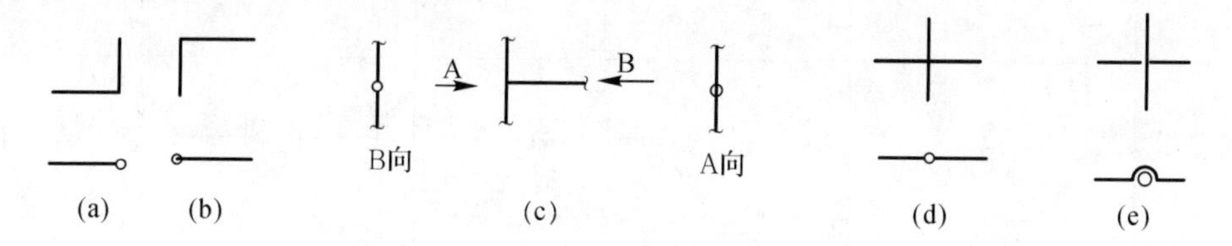

图11-8 管道常见画法

(a)(b)转向；(c)分支；(d)交叉；(e)跨越

管道在本图中断，转至其他图面表示(或由其他图面引来)时，应注明转至(或来自)的图纸编号，如图11-9所示。

3. 管道与散热器连接的表示法

采暖管道、附件及设备画在给定的建筑平面图上，采暖平面图上的管道、散热器和附件都是示意性的，系统图则可以表示系统的全貌，反映出管道与散热器之间的连接以及排气和疏水等装置。采暖工程施工图中管道与散热器连接的表示方法见表 11-2。

4. 管径标注

焊接钢管用公称通径 DN 表示，如 $DN50$。无缝钢管用“D(或 $\phi\phi\phi$)外径×壁厚”表示，如 $D114\times5$。一般情况下水平管道的管径尺寸宜标注在管道的上方；竖向管道的管径尺寸宜标注在管道的左侧，如图 11-10 所示。

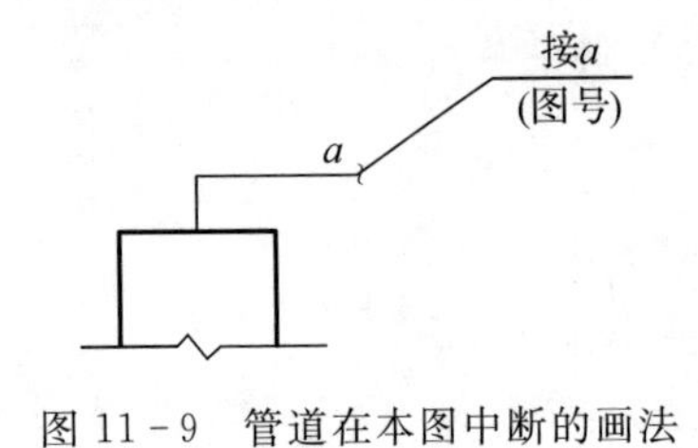

图 11-9　管道在本图中断的画法

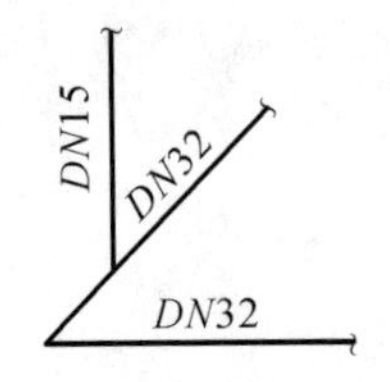

图 11-10　管径尺寸标注的位置

表 11-1　采暖制图常用图例

名　称	图　例	说　明	名　称	图　例	说明
采暖供水管线		用粗实线表示	旋塞阀		
采暖回水管线		用粗虚线表示	截止阀		
水泵		右侧为出水	闸阀		
止回阀		流通方向	压力表		
自动排气阀			减压阀		左高右低
固定支架			散热器及手动放气阀	15　15　15	左为平面画法 中为剖面画法 右为流面画法
疏水器			集气罐、放气阀		

表11－2　管道与散热器连接的表示方法

系统形式	楼　层	平　面　图	轴　测　图
双管上分式	顶层	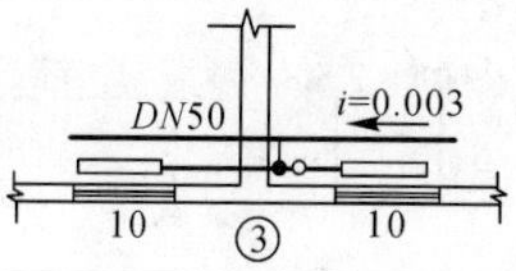 DN50　i=0.003　10　③　10	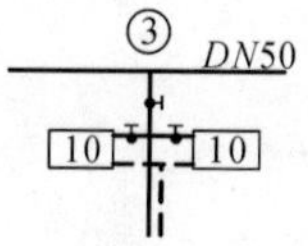 ③　DN50　10　10
	中间层	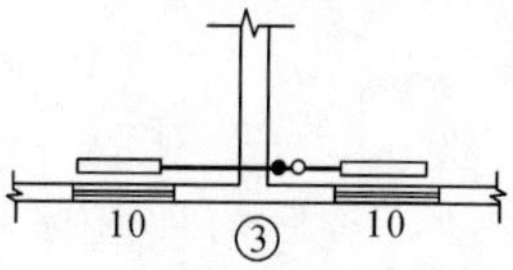 10　③　10	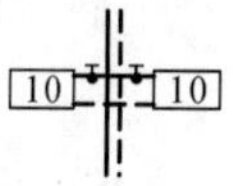 10　10
	底层	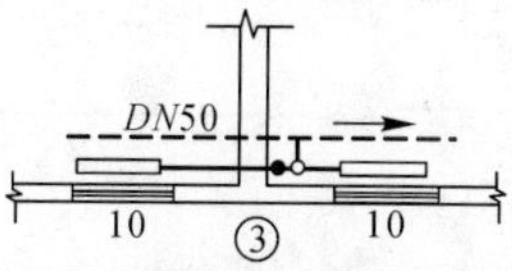 DN50　10　③　10	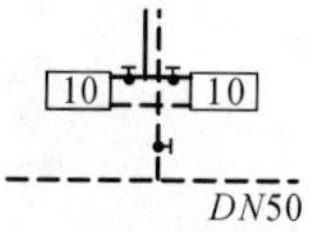 10　10　DN50
双管下分式	顶层	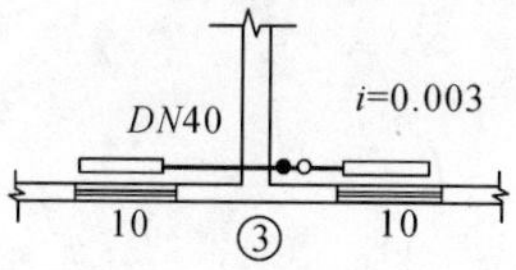 DN40　i=0.003　10　③　10	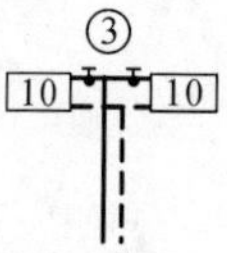 ③　10　10
	中间层	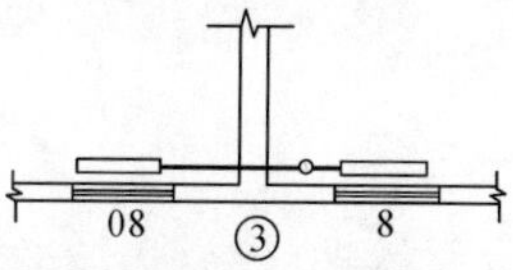 08　③　8	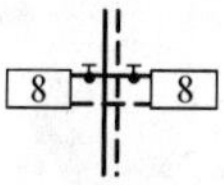 8　8
	底层	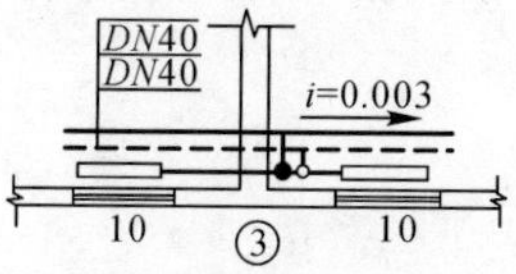 DN40　DN40　i=0.003　10　③　10	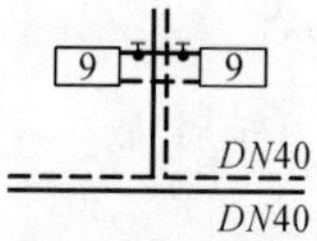 9　9　DN40　DN40
单管垂直式	顶层	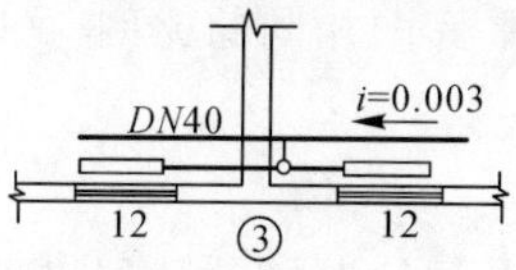 DN40　i=0.003　12　③　12	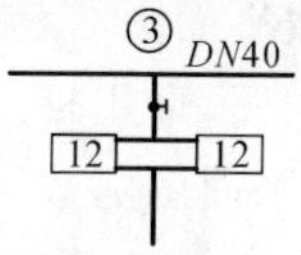 ③　DN40　12　12
	中间层	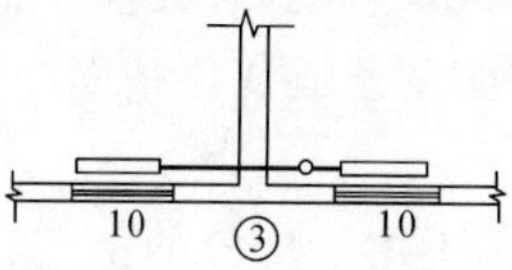 10　③　10	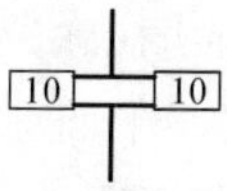 10　10
	底层	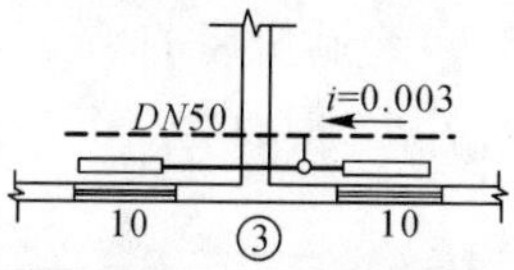 DN50　i=0.003　10　③　10	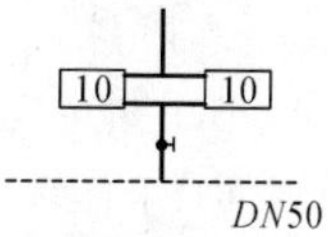 10　10　DN50

5．散热器的标注

散热器上应标明规格和数量，按下列规定标注：

1)柱式散热器应只标注数量；

2)圆翼型散热器应标注根数、排数；

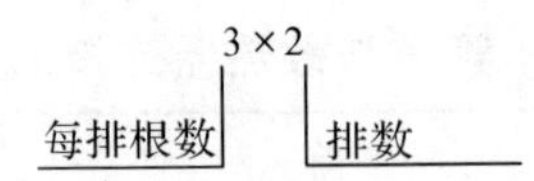

3)光管式散热器应标注管径、长度、排数；

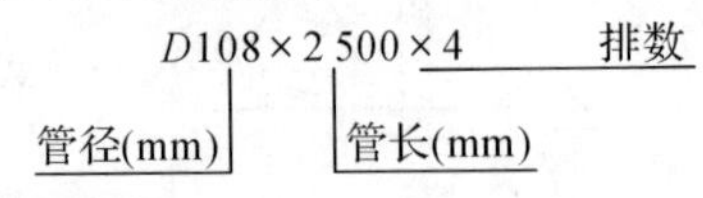

4)串片式散热器应标注长度、排数。

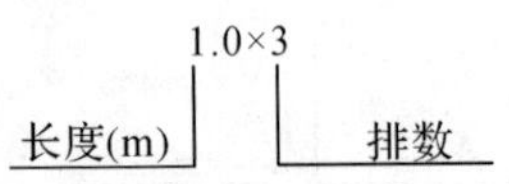

在系统图中，前两种应标注在散热器内，后两种应标注在散热器的上方，如图 11－11 所示。

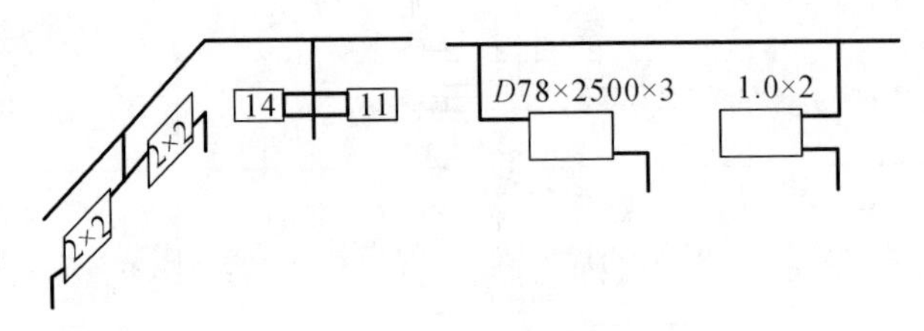

图 11－11　散热器的标注

11.2.4　采暖平面图

采暖平面图是室内采暖施工图中的基本图样，它表示室内采暖管道和散热设备的平面布置情况。

1. 图示特点

(1)比例。

采暖平面图一般采用与房屋建筑平面图相同的比例，采暖管道较复杂的部分，也可以画出局部放大图，采用较大的比例。

(2)平面图的数量。

多层房屋的采暖平面图原则上应分层绘制。若楼层平面的管道布置相同时，可绘制一个共同的平面图(称为标准层平面图)，但必须绘制底层平面图和顶层平面图。

(3)房屋平面图的画法。

在采暖平面图中所画的房屋平面图不用于房屋的土建施工，仅作为采暖系统平面布置和定位的基准。因此，仅需用细实线(0.25b)绘制房屋的墙身、柱、门窗洞、楼梯等主要建筑构配件的轮廓，并注明定位轴线的编号、房间名称、平面标高等。

(4)平面图的剖切位置。

各层采暖平面图是在各层管道系统之上水平剖切后，向下投影所绘制的水平投影图。

(5)管道画法。

在采暖平面图中，管道及设备都不必按其实际投影绘制，而应按规定的图例画出。见表 11－1，采暖供水管线用粗实线(b)绘制；回水(凝结水)管线用粗虚线(b)表示。各种管道无论是在楼面(地面)之上或之下，明装或暗装，均不考虑其可见性，仍按规定的线型绘制。管道的安装和连接方式可在施工说明中写清楚，一般在平面图中不标注。

(6)尺寸标注

房屋的水平方向尺寸，一般只须标注其轴线间的尺寸和总尺寸。采暖管道和设备一般都是沿墙靠柱设置的，不必标注定位尺寸，必要时以墙面或柱面为基准标注。管道的长度一般不标注，在安装时以实测尺寸为依据。至于管道的管径、标高、坡度，因平面图不能充分反映管道在空间的具体布置，一般在采暖系统图中予以标注。

2. 平面图的识读

通过阅读平面图，可以了解以下内容：

1)建筑物内散热器的平面位置、种类、片数以及散热器的安装方式，即散热器是明装、暗装或半暗装的。通常，散热器安装在靠外墙的窗台下，散热器的规格和数量应注写在本组散热器所靠外墙的外侧，当散热器远离房屋的外墙时，可就近标注。

2)水平干管的布置方式，干管上的阀门、固定支架、补偿器等的平面位置和型号。识读时须注意干管是敷设在最高层、中间层还是底层的，以此判定出是上分式系统、中分式系统还是下分式系统，在底层平面图上还须查明回水干管或凝结水干管(虚线)的位置以及固定支架等的位置。若回水干管敷设在地沟内，则须查明地沟的尺寸。

3)通过立管编号查清系统立管数量和平面布置。立管编号的标志是内径为6～8 mm的圆圈，圆圈内用阿拉伯数字注明，一根立管有一个编号。一般用实心圆表示供热立管，用空心圆表示回水立管(也有全部用空心圆表示的)。

4)膨胀水箱、集气罐等设备在管道上的平面布置。

5)若是蒸汽采暖系统，须查明疏水器等疏水装置的平面位置及其规格尺寸。

6)热媒入口。

11.2.5　采暖系统图

采暖系统图是指从热媒入口至出口的采暖管道、散热器、主要附件的空间位置和相互关系的立体图。

1. 图示特点

(1)比例。

一般采用与采暖平面图相同的比例。当管道系统较复杂或较简单时，也可采用其他比例。

(2)轴向和变形系数。

采暖系统图一般采用正面斜轴测，即 OZ 轴为房屋的高度方向，OX 轴处于水平位置，OY 轴一般与水平线成45°夹角，如图11-12(有时也可用30°或60°)所示。为了与平面图配合阅读，OX 轴与平面图的横向一致，OY 轴与纵向一致。轴间角 $\angle XOY = 135°$，$\angle YOZ = 135°$，$\angle XOZ = 90°$。三轴的轴向变形系数 $P_X = P_Y = P_Z = 1$，如图11-12所示。

(3)管道画法。

管道的线型和采暖平面图一样，当空间交叉的管道在图中相交时，应鉴别其前、后、上、下的可见性，在相交处将后面或下面被遮挡的管线断开。

在采暖系统图中，当管道过于集中，无法表达清楚时，可在管道的适当位置断开，然后引出绘制在其他位置，相应的断开处宜用相同的小写拉丁字母注明(也可用细虚线连接)，以便互相查找，如图11-13所示。

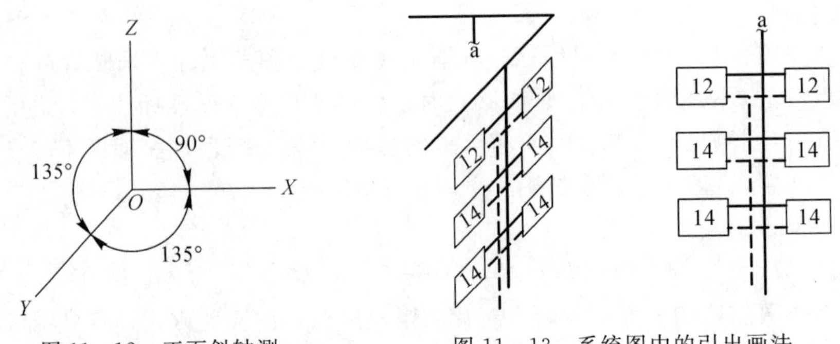

图 11－12　正面斜轴测　　　　图 11－13　系统图中的引出画法

(4)管径、坡度、标高。

1) 管径:在采暖系统图中,每段管道均须逐段标注管径。但在连续管段中,如不影响图示的清晰性,可在管径变化的始端和终端旁标注,中间可省略。

2) 坡度:在采暖系统图中,水平干管必须标注坡度,坡度可注在管段旁边,数字下边画箭头以示坡向(指向下游),如$\xrightarrow{0.003}$。

3)标高:标高应以 m 为单位,宜注写到小数点后第三位。需注楼地面、供热总管、回水总管及水平干管的标高。若不加说明则指的是管中心的标高。

2. 系统图的识读

通过阅读系统图,了解以下内容:

1)干管与立管之间以及立管、支管与散热器之间的连接方式,阀门的安装位置和数量,各管段管径大小、坡度、坡向,水平管道的标高以及立管编号等。

2)其他附件与设备在系统中的位置,凡注明规格尺寸者,都要与平面图和材料表进行核对。

3)热媒入口情况。

11.2.6　识读举例

图 11－14～图 11－16 为前面章节所述的某学校办公楼的底层、标准层和顶层采暖平面图,图 11－17 为其采暖系统图。读图时要将采暖平面图与系统图对照起来看,一般是按管道的连接顺着热媒流动的方向阅读,即:采暖入口→供热总管→供热干管→供热立管→供热支管→散热器→回水支管→回水立管→回水干管→回水总管→采暖出口,这样能较快地掌握整个室内采暖系统的来龙去脉。

该工程为热水采暖系统,管道布置形式为单管跨越式。从底层平面图(见图 11－14)可以看出,该系统的热媒入口在房屋的东南角。供热总管敷设在地沟内,从系统轴测图可以看出标高为－1.300 m,在轴线⑩和Ⓐ的墙角处竖直上行,穿过楼面通至四层顶棚处,然后沿外墙内侧布置,先向西,再折向北,最后折向西,形成水平供热干管,干管的坡度为 0.003,在干管的起始端和末端分别设有自动排气阀。干管末端的标高为 13.000 m,根据干管的坡度和管道长度可以推算出各转弯点的标高。干管的管径依次为 *DN*50 、*DN*40 、*DN*32 和 *DN*25。

平面图和系统轴测图上都标明了立管编号,本系统共有 12 根立管,立管管径全部为 *DN*25,立管为单管式,与散热器支管用三通或四通连接。干管的管径标注在系统图上,立管和支管的管径则写在采暖设计说明里,如散热器支管管径均为 *DN*15。散热器为铸铁柱翼型,回水从支管经立管流到底层回水干管，回水干管设在地沟内，室内地沟断面尺寸为 1 m×1 m。回水干管的起始端在楼梯间北边的接待室，标高为－0.400 m ，坡度为 0.003，依次从立管 12 到立管 1。最后沿⑩轴线通至房屋的东南角，返低至标高－1.300 m 处通向室外，回水干管的管径标注在系统图中。

从图 11－14～图 11－16 可以看出各楼层房间内散热器的平面布置情况以及散热器的片数。采暖系统采用单管跨越式，供热干管安装在四层顶棚下，顶层平面图中用粗实线表示供热干管的布置以及干管与立管的连接情况，回水干管安装在底层地沟内，室内地沟用细实线表示，为了便于检查维修，设置了五个暖气沟入孔。另外，底层平面图上还表示采暖出入口的位置。标准层平面图中既没有供热干管也没有回水干管，只表示出立管通过支管与散热器的连接情况。散热器一般沿内墙安装在窗台下，立管位于墙角处。由于顶层的外墙向外拉齐，因此立管在三层到四层处拐弯，这在标准层平面图中和系统图中都表示出来。散热器的片数在平面图和系统图中都进行了标注，如顶层休息室为 18 片，顶层接待室为 16 片。绘制系统图时，为了避免管道重叠，采用了断开画法，把立管 1、11、12 移到其他地方绘制，读图时要注意。

从系统图中可以看出，每根立管的两端均设有截止阀，每个散热器的进水支管上设有阀门，每个散热器上装有手动放气阀，干管上设有固定支架，其中供水干管上有 6 个，回水干管上有 7 个，具体位置在平面图中已表示出来。此外，在采暖出入口处，供热总管和回水总管上设有甲型热水采暖系统入口装置。

通过阅读采暖平面图和系统图，可以了解房屋内整个采暖系统的空间布置情况，但管道的连接在图中都是示意性的，实际安装时应按标准图或习惯做法进行施工。

11.2.7　画图步骤

1. 平面图的绘图步骤

1)先按比例用细实线画出所需的房屋平面图。画房屋平面图时，先画轴线，再画墙身和门窗洞，最后画其他构配件。

2)用细实线画出平面图中各组散热器的位置。

3)画出各立管的位置，在中间层平面图中画出支管以连接立管和散热器。

4)对于顶层或底层平面图，首先要画出供热总管、干管和回水总管、干管的位置。

5)用细实线画出管道上的附件及设备，如阀门、固定支点、集气罐等。

6)标注立管的编号、散热器片数、设备型号等，同时标出房屋平面图的轴线编号、轴线间尺寸等。

2. 采暖系统图的绘图步骤

1)从供热总管开始顺序画出全部水平干管的位置。

2)在水平干管上按照平面图的立管位置和编号画出全部立管。

3)画出所有支管和散热器。

4)画回水管路时：若是双管系统，从回水支管画起；若是单管系统，从立管末端画起。顺序画出回水干管至回水总管。

5)画出管道上的附件及设备。

6)标注管径大小、管道坡度和标高及散热器片数等。

7)填写技术说明。

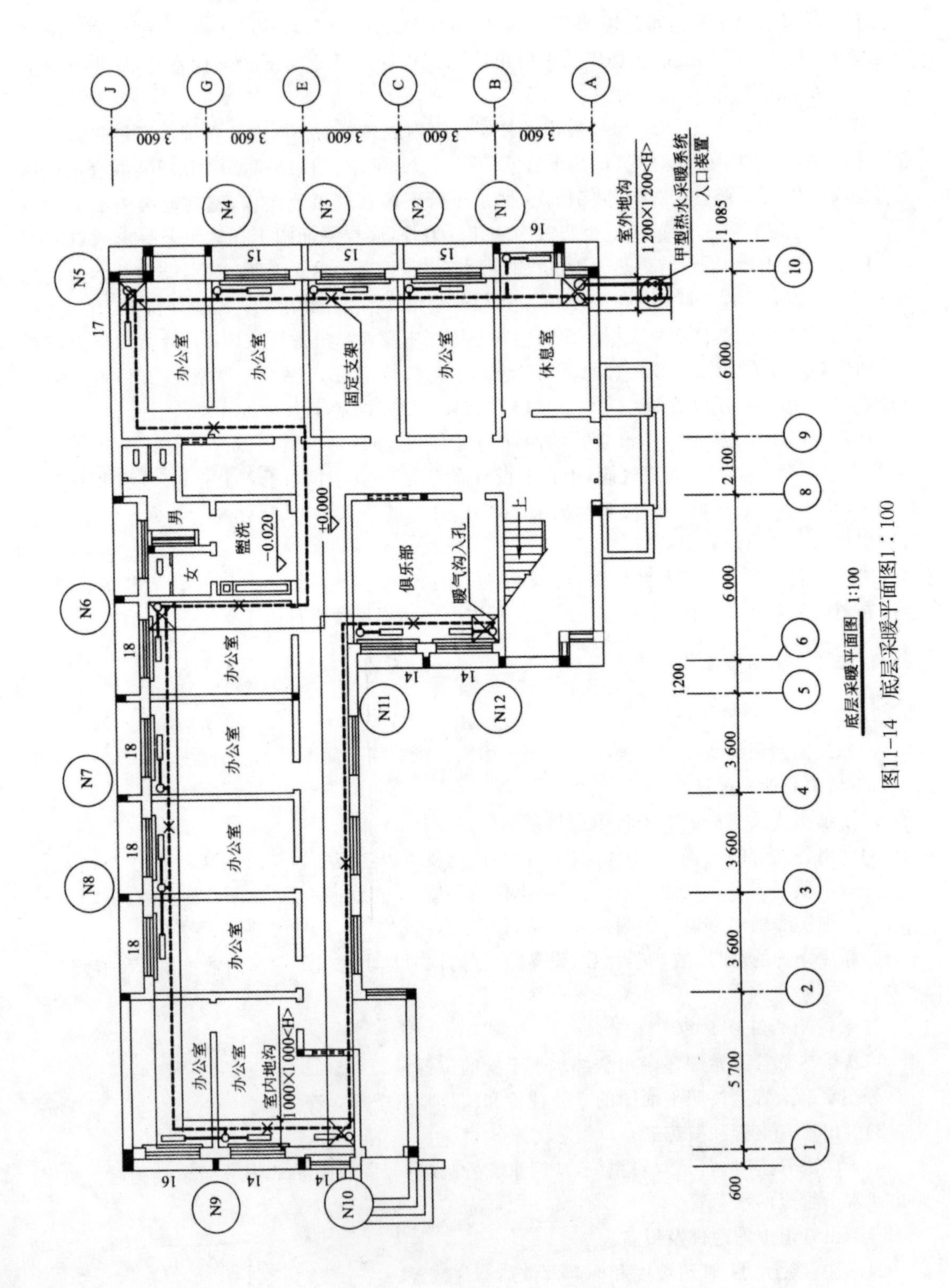

图11-14 底层采暖平面图1：100

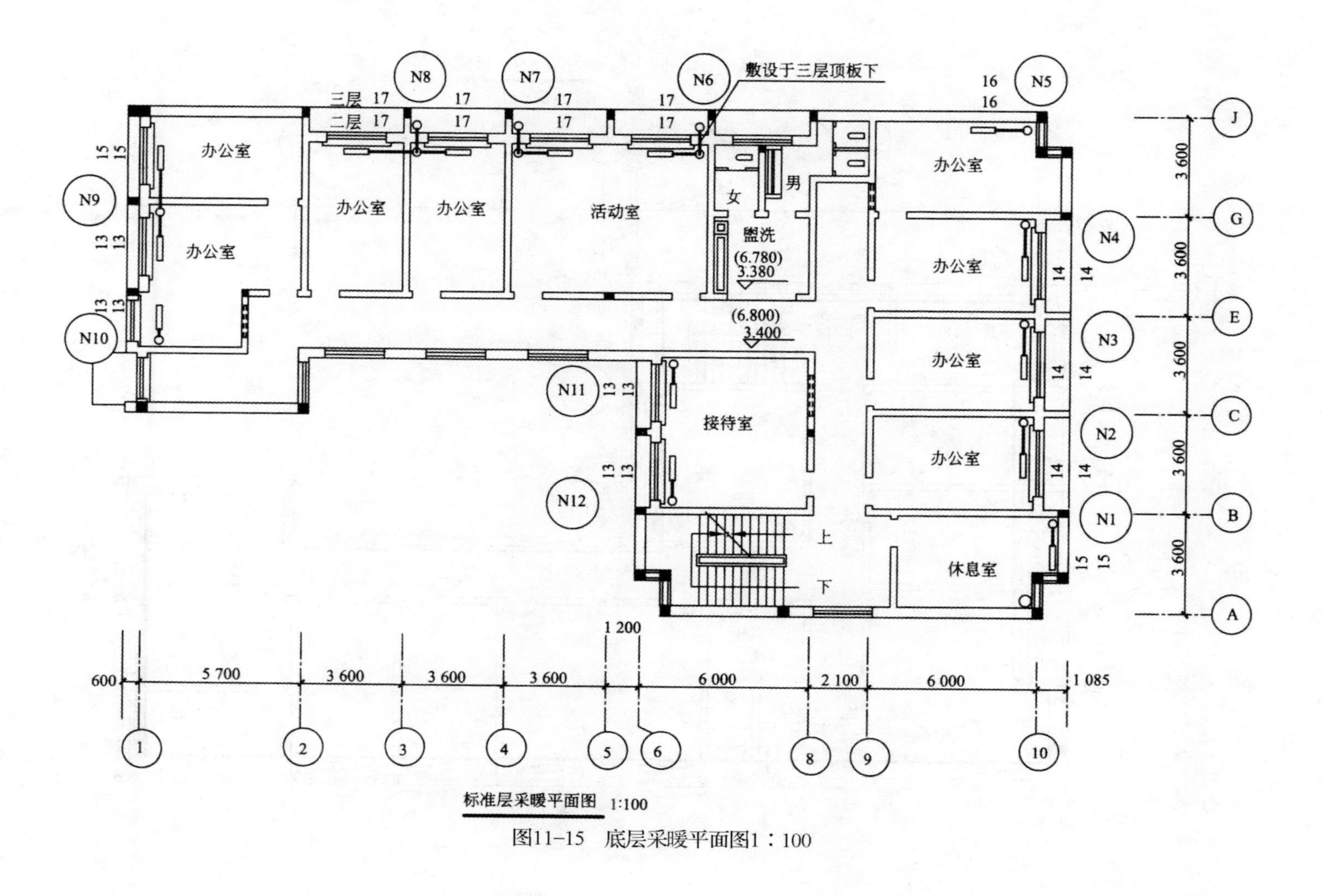

图11-15　底层采暖平面图1：100

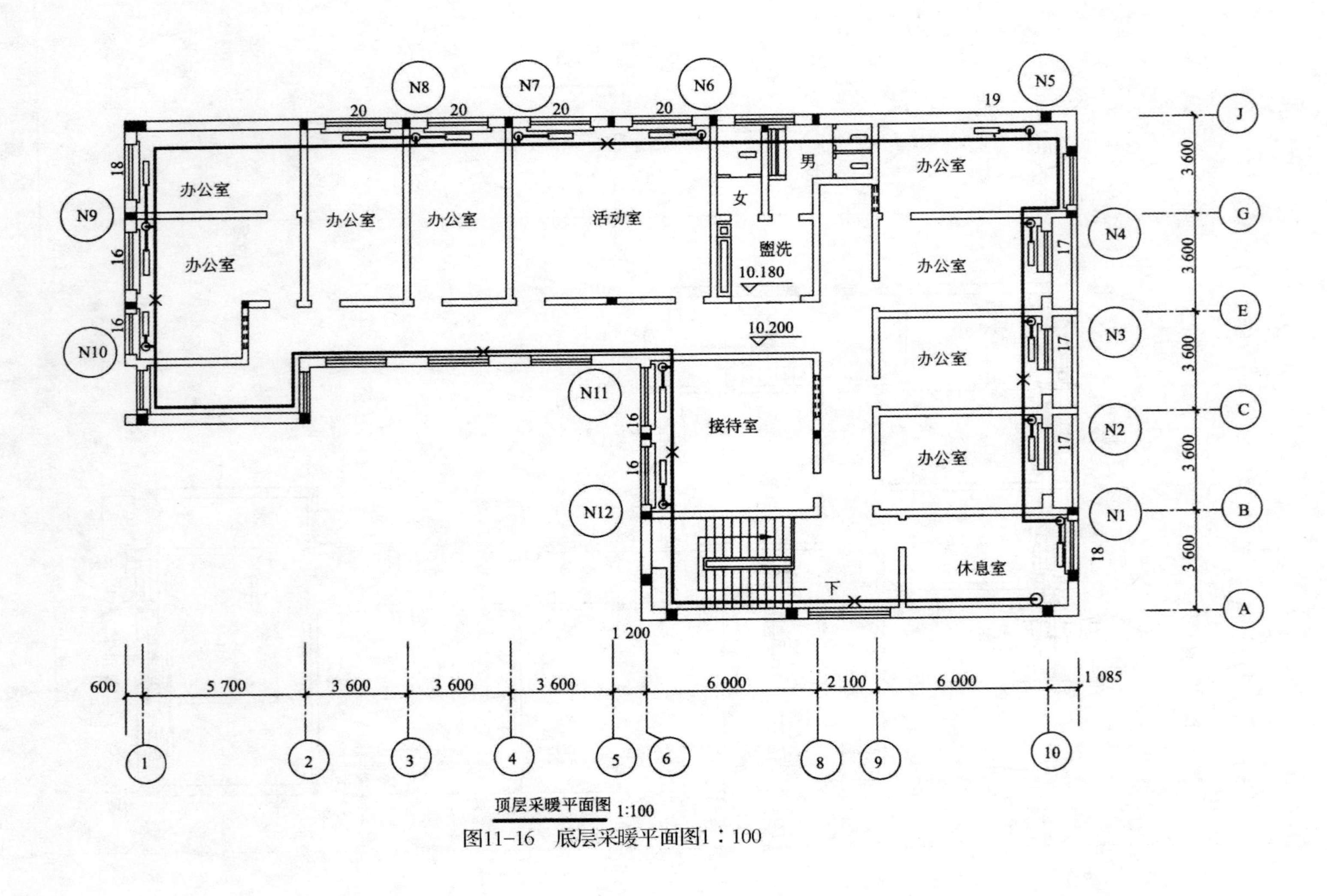

顶层采暖平面图 1:100

图11-16 底层采暖平面图1：100

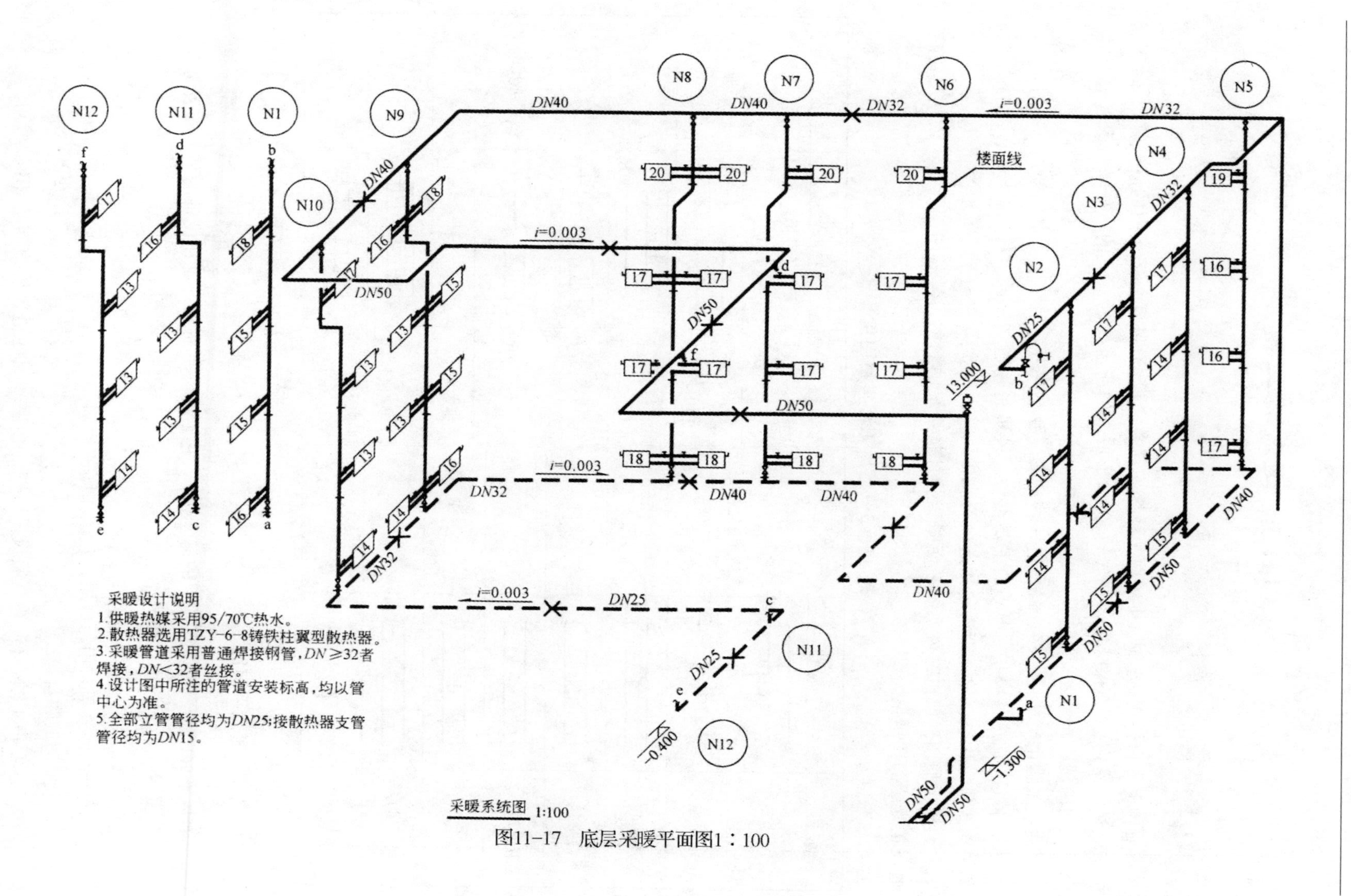

图11-17　底层采暖平面图1：100

11.3 通风施工图

11.3.1 概述

通风工程包括送(进)风、排风两个系统。简单来说,通风就是把室内的废气排出去,把新鲜空气送入室内,从而保持室内空气的新鲜,形成人们所需要的舒适的居住条件和工作环境,保证人们的健康。

通风工程由空气处理室、风机、空气输送管道及空气分布器组成。空气处理室是对空气进行过滤、除尘、加热、冷却、加湿等的主要设备。风机是输送气体的机械,常用的有离心式风机和轴流式风机。空气输送管道包括送风管和排风管。

通风工程图一般由通风系统平面图、剖面图、系统轴测图、详图、图例及施工说明等组成。通风工程图的图例见表11-3。

表11-3 通风工程常用图例

名称	图 例	说 明	名称	图 例	说 明
三通调节阀	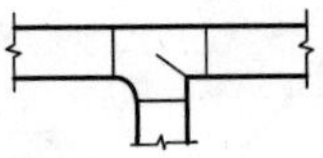		带导流片的矩形弯头		
消声器	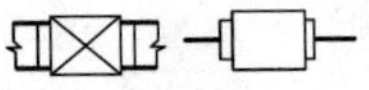	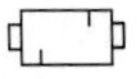	对开多叶调节风阀	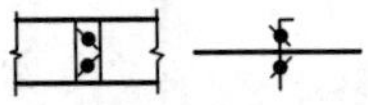	
方形风口			蝶阀		
条缝形风口	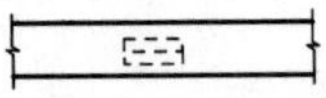		插板阀	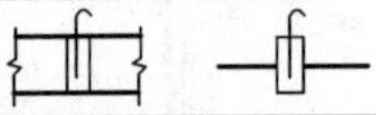	
矩形风口	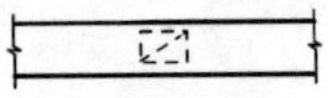		防烟、防火阀	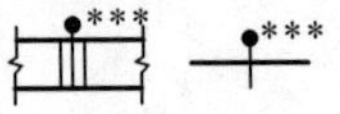 *** ***	***表示防烟,防火阀名称代号
圆形风口	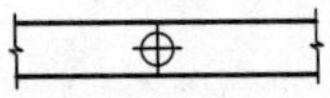		轴流风机	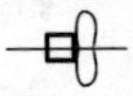	
侧面风口	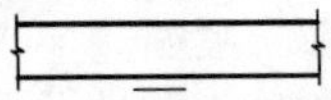		轴(混)流式管风机	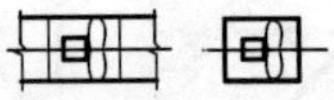	
圆弧形弯头			离心式管道风机	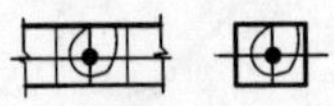	

11.3.2 通风平面图

通风平面图是通风施工图中的基本图样,它主要反映通风管道和设备的平面布置情况。

1. 通风平面图的图示特点

(1)比例。

通风平面图一般采用与房屋建筑图相同的比例。

(2)平面图的数量。

多层建筑原则上应分层绘制通风平面图。楼层平面的通风管道布置相同时,可绘制标准层平面图。

(3)房屋平面图。

在通风平面图中所画的房屋平面图不是用于房屋的土建施工，而仅作为通风系统平面布置和定位的基准。因此，仅需绘制房屋的墙身、柱、门窗洞、楼梯、台阶等主要构配件，图线用细实线。

(4)风管画法及标注。

在通风平面图中风管一般采用双线画法。如图11－18所示。风管的外廓线用粗实线绘制，风管法兰盘用中实线表示。圆形风管应用单点长画线画出其中心线。风管的管径或断面尺寸可直接标注在风管上或风管旁。圆形风管直径用“ϕ”表示；矩形风管断面尺寸用“$A \times B$”表示，“A”为该视图投影面的边长尺寸，“B”为另一边尺寸，如在平面图中表示“宽×高”，在剖面图中表示为“高×宽”，如图11－18所示。A、B的单位均为mm。

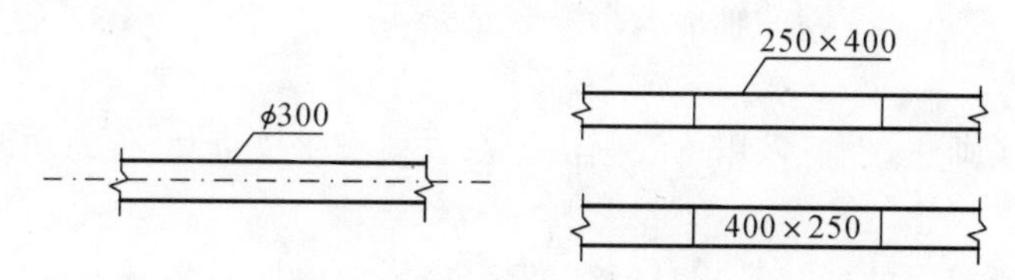

图11－18　风管画法及标注

风管的转向画法如图10－19所示。

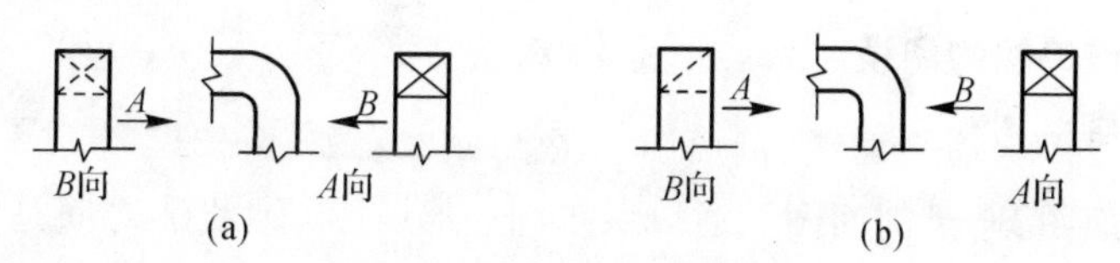

图11－19　风管的转向画法

(a)送风管；(b)回风管

(5)尺寸注法：

通风平面图中应注明设备、管道定位(中心、外轮廓)线与建筑定位(墙边、柱边、柱中)线间的关系，还需注明各管段的断面尺寸以及设备和部件的编号。

2. 通风平面图的识读

通过读图了解以下几方面的内容：

1)风管系统的构成、布置及风管上各部件、设备的位置，例如，异径管、三通接头、四通接头、弯管、检查孔、调节阀、防火阀等。

2)进风口、送风口的位置以及空气流动方向。

3)系统的编号，只有一个系统时不编号。

4)风机、电机等设备的形状、轮廓及定位尺寸。

11.3.3　通风剖面图

通风剖面图主要用来表示管道和设备在高度方向的布置情况及主要尺寸。

在同一张图纸上绘制通风剖面图和平面图时，平面图应在下，剖面图应在上，以便于对照阅读。

剖面图的剖切位置应选择在能反映通风系统全貌的位置，剖切符号应标注在平面图中。

在通风剖面图中，主要标注高度方向的尺寸和标高，如设备、管道、楼面、屋面、地面等处的标高。图中所注风管标高:对于圆形风管,以管中心为准;对于矩形风管,表示管底标高。

通风系统比较简单时,可以不画通风剖面图。

11.3.4 通风系统图

通风系统图是用来表示管道在空间的弯曲走向和交叉情况的图样,它能反映通风系统的全貌。通风系统图的图示特点包括以下几方面的内容。

1. 比例

一般采用与通风平面图相同的比例。

2. 轴向和变形系数

通风系统图采用正面斜轴测。即 OX 轴处于水平位置,OZ 轴处于垂直位置,位置 OY 轴一般与水平线成 45°夹角。三轴的轴向变形系数都是 1。

3. 风管画法

风管可采用双线画法,也可采用单线画法。双线画法比较直观,但绘图麻烦。

4. 尺寸标注

通风系统图中所标注的标高是相对标高,即以底层室内地面为±0.000。一般需要标注管道、设备、地面或楼面等的标高。此外,还应标注风管各段的断面尺寸以及设备和部件的尺寸和编号等。

11.3.5 通风施工图的阅读

看图时首先要看懂房屋平面图、剖面图。图 11-20、图 11-21、图 11-22 分别为某大厦多功能厅的通风平面图、通风剖面图及通风系统图,轴线①和轴线②之间是空调机房,轴线②和轴线⑤之间为多功能厅。

阅读通风施工图时,平面图、剖面图和系统图应互相配合对照查看。由图可以看出,空调箱设在轴线①和轴线②间的空调机房,进风口在室外轴Ⓐ外墙上,空调系统由此进风管从室外吸入新鲜空气。在空调机房轴②内墙上,有一个消声器 4,这是回风管,室内大部分空气由此消声器吸入回到空调机房。新风与回风在空调机房内混合后被空调箱吸入,经冷(热)处理,由空调箱顶部的出风口向上直通至屋面顶棚内,先经过防火阀,再经过消声器 2,流入送风管(1250 mm×500 mm),在这里分出第一个分支管(800 mm×500 mm),再往前流,经过管道(800 mm×500 mm),又分出第二个分支管(800 mm×250 mm),继续往前流,再分出第三个分支管(800 mm×250 mm),在每个分支管上有方形散流器 3(240 mm×240 mm),总共 6 个,新风便通过这些方形散流器送入多功能厅。

从图 11-21 的 1—1 剖面图可以看出,房间层高为 6 m,吊顶离地面高度为 3.5 m,送风干管和支管都安装于顶棚内,送风口直接开在吊顶面上,风管管底标高分别为 4.25 m 和 4 m,气流组织为上送下回。

从图 11-21 的 2—2 剖面图可以看出,送风管直接从空调箱上部接出,沿气流方向高度不断减小,从 500 mm 变成了 250 mm。从该剖面图也可以看到三个送风支管在这根总风管上的接口位置,在图中用 标出,支管尺寸分别为 500 mm×800 mm 、250 mm×800 mm、250 mm×800 mm。

系统轴测图清晰地表示出该空调系统的构成、管道空间走向及设备的布置情况。

将平面图、剖面图、系统图对照起来看,可以清楚地了解到整个空调系统的情况,多功能厅的空气从地面附近通过消声器 4 被吸入空调机房，同时新风从室外被吸入空调机房，新风与回风混合后从空调箱进风口被吸入空调箱内，经空调箱冷(热)处理后经送风管道送至多功能厅送风方形散流器风口，空气便被送入多功能厅。

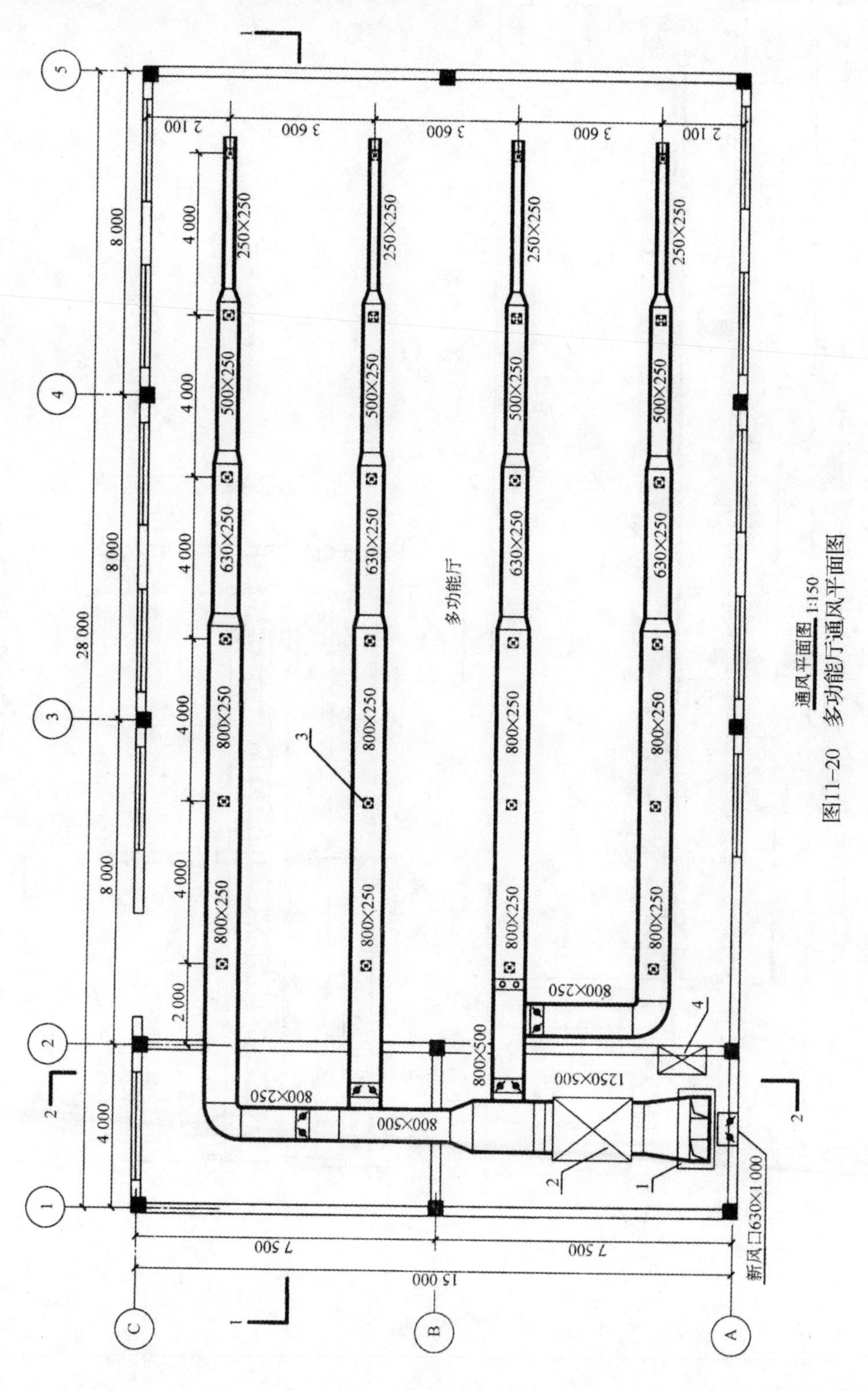

通风平面图 1:150

图11-20　多功能厅通风平面图

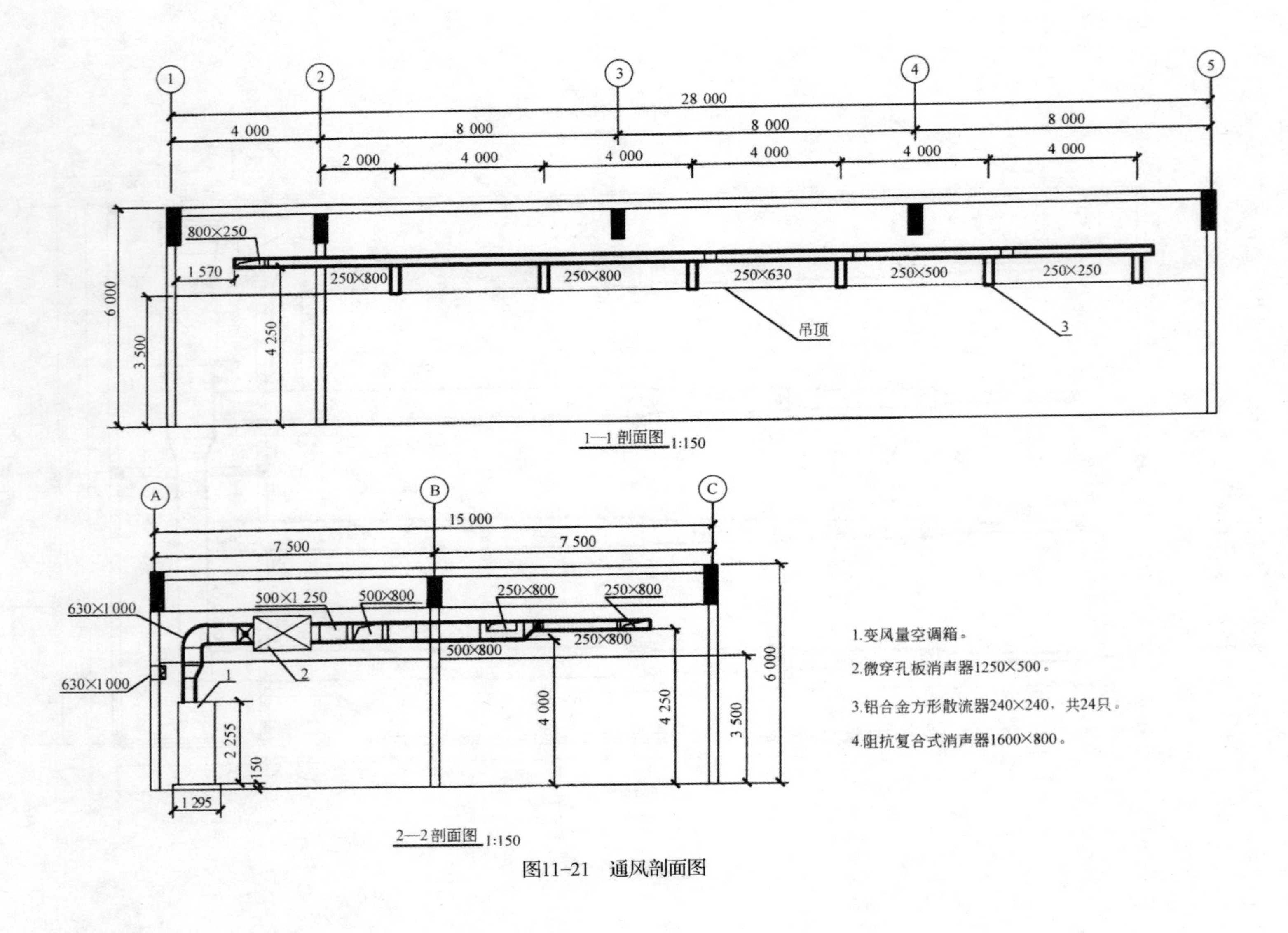

28 000
4 000
8 000
8 000
8 000
2 000
4 000
4 000
4 000
4 000
4 000
800×250
1 570
250×800
250×800
250×630
250×500
250×250
吊顶
3
6 000
3 500
4 250
1—1剖面图 1:150
15 000
7 500
7 500
630×1 000
500×1 250
500×800
250×800
250×800
250×800
500×800
630×1 000
1
2
2 255
150
1 295
4 000
4 250
3 500
6 000
2—2剖面图 1:150
1.变风量空调箱。
2.微穿孔板消声器1250×500。
3.铝合金方形散流器240×240，共24只。
4.阻抗复合式消声器1600×800。

图11-21 通风剖面图

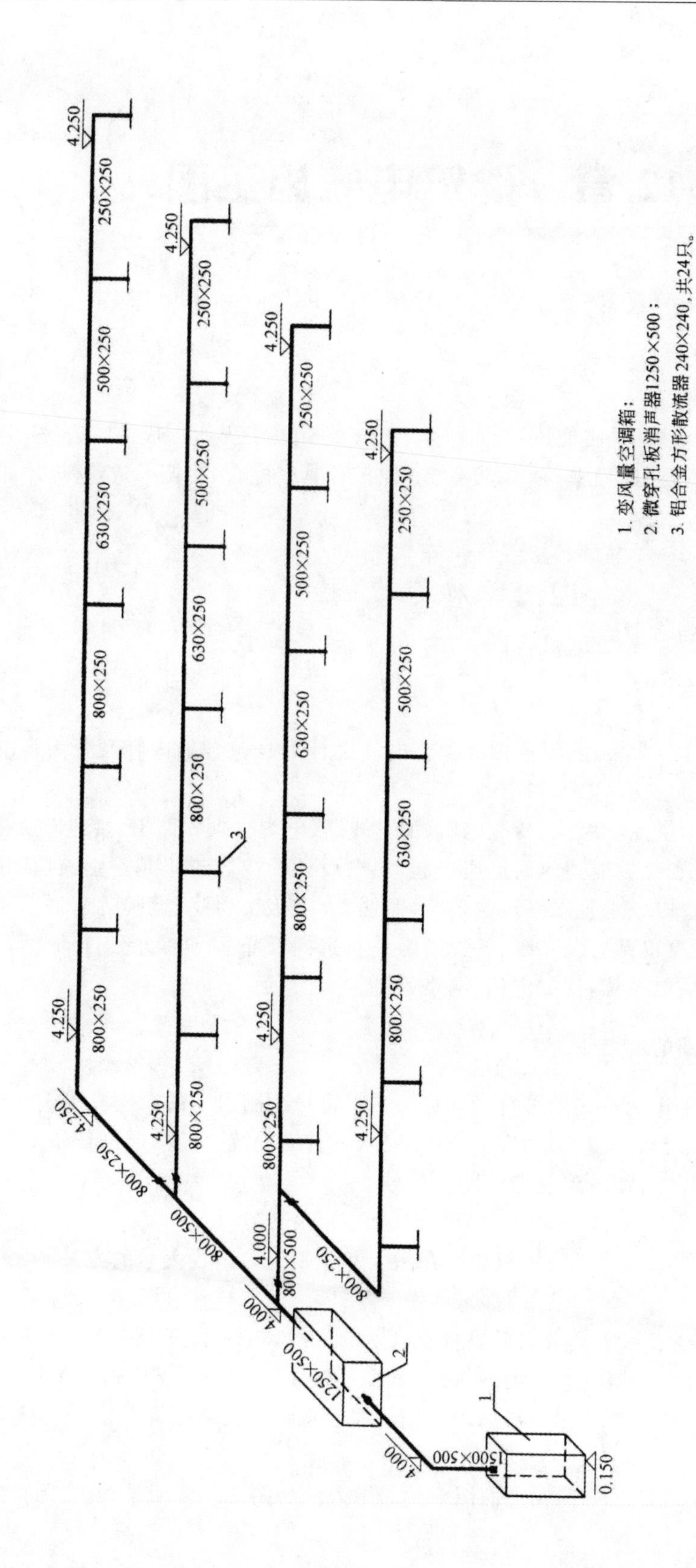

通风系统图　1:150

图11-22　通风系统图

第12章　建筑电气施工图

现代建筑是由建筑、结构、采暖通风、给水排水、电气等有关工程所形成的综合体，电气工程是其中的一部分，故在设计过程中，必须注意与其他工程紧密配合、协调一致，这样才能使建筑物的各项功能得以充分发挥。

12.1　概　　述

12.1.1　简介

建筑工程的电气设计分为民用、工业两大类。电气设计本身包含的内容又分为强电及弱电两部分。

强电设计的内容包括供配电系统、变配电所、配电线路、电力、照明、防雷、接地以及自动控制。随着科学的发展，特别是智能建筑的迅速兴起，弱电设计的内容越来越广泛，包括建筑物自动化(供配电、空调、给排水、垂直水平运输系统、照明、火灾报警、保安监控等)，通信系统网络化(综合布线、通信、计算机站房及系统、各种网络设备选择及布置等)，办公自动化等，在一般建筑中可能只有一些弱电系统，比如电话、网络、广播等。

12.1.2　建筑电气图的特点

建筑电气图大多是采用统一的图形符号并标注文字符号绘制出来的。构成建筑电气工程的设备、元件、线路很多，结构类型不一，安装方法各异，只有借助统一的图形符号和文字符号，才能表示清楚，表12-1为常用的建筑电气图形符号。

1. 导线的表示法

1)多线表示法。多线表示法是指每根导线在图上都分别用一条线表示的方法。如图12-1(a)所示。

2)单线表示法。单线表示法是指两根或两根以上的导线，在图上只用一条线表示。若要表示该组导线的根数，可加画相应数量的斜短线，如图12-1(b)所示，或只画一条斜短线，注写的数字表示导线的根数，如图12-1(c)所示。用双线表示时可省略不标。

2. 照明基本线路

一只开关控制一盏灯或多盏灯，在平面图上的表示方法如图12-2所示，其实际接线图如图12-3所示。

从实际接线图中可以了解以下几点：①接入灯座的是三根线；②开关必须串接在相线上，零线、地线不接开关，直接接灯座。

表 12－1　常用建筑电气图形符号

图　例	名　称	图　例	名　称	图　例	名　称
AP	动力配电箱		开关一般符号 单联单控开关	⊗★	灯，一般符号 如需要指出灯具类型，则在“★”位置标出数字或下列字母： W—壁灯　C—吸顶灯 R—筒灯　ST—备用照明　EN—密闭灯 SA—安全照明 EX—防爆灯　G—圆球灯　E—应急灯 L—花灯　P—吊灯 LL—局部照明灯
AL	照明配电箱	2	双联单控开关		
Wh	电度表（瓦时记）	N	n 联单控开关 n>3		
	熔断器		单极拉线开关		防水防尘灯
	管线引向符号（引上、引下）		带保护极的（电源）插座		单管荧光灯
	管线引向符号（由上引来，由下引来）		（电源）插座，插孔（一般符号）		双管荧光灯
	引线标记	K	暗装单相三孔空调插座		三管荧光灯
	按钮		带保护极密闭插座	n	多管荧光灯，n>3
	风机盘管调速开关		自带电源的应急照明灯		

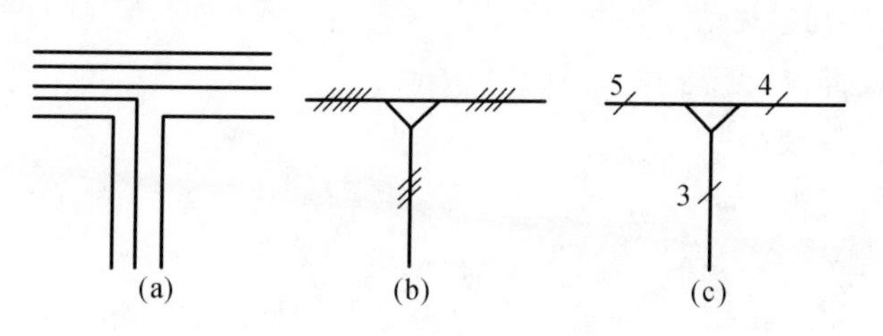

图 12－1　导线的表法

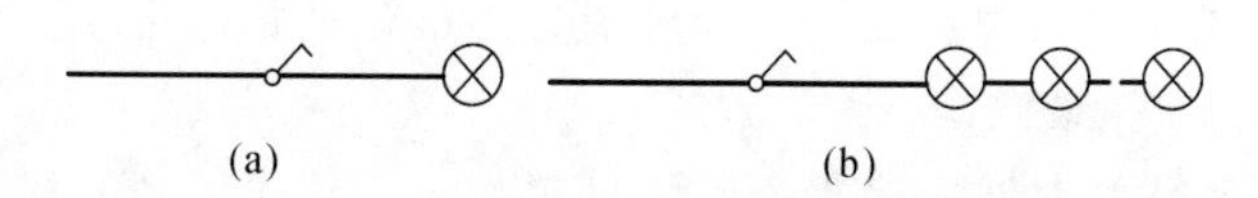

图 12－2　一个开关控制一盏灯或多盏灯的平面表示方法

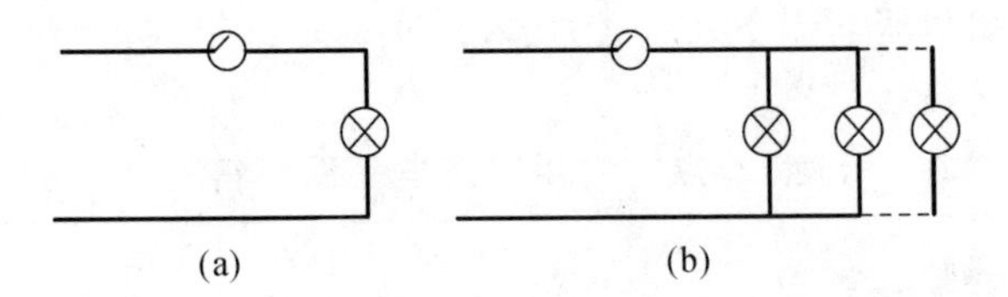

图 12-3　一个开关控制一盏灯或多盏灯的实际接线

图 12-4(a)为照明平面图,反映 3 盏灯、3 个开关及其线路的平面布置。在左侧房间里有两盏灯,由安装在进门右侧的两个开关控制。图 12-4(a)中灯与开关之间的连接关系,如图 12-4(b)所示。

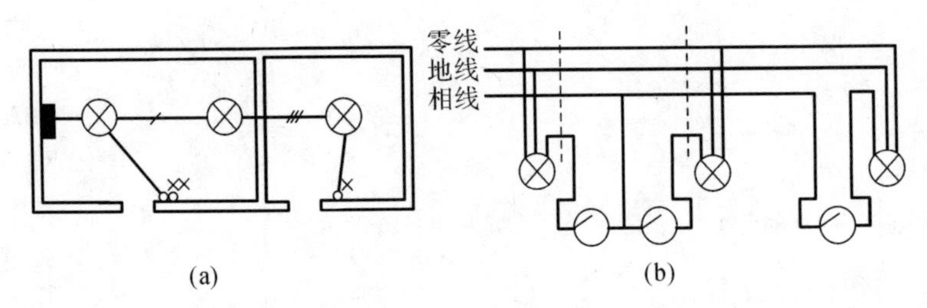

图 12-4　照明基本线路

(a)平面图;(b)实际接线图

3. 线路的标注方法

电力照明线路在平面图上均用粗实线表示,在图线旁标注必要的文字符号,以说明线路的用途、导线型号、规格、根数、线路敷设方式及敷设部位等。其标注基本格式是

$$ab-c(d\times e+f\times g)i-jh$$

式中:a——电缆的编号;

b——电缆的型号(不需要时可省略);

c——电缆根数;

d——电缆线芯数;

e——线芯截面,mm^2;

f——PE、N 线芯数;

g——线芯截面,mm^2;

i——线路敷设方式,见表 12-3;

j——线路敷设部位,见表 12-4;

h——线路敷设安装高度,m。

上述字母无内容时则省略。

例如:WP201 YJV-0.6/1kV—2(3×150+2×70) SC100-WS3.5,其中 WP201 为电缆的编号, YJV-0.6/1kV—2(3×150+2×70)为电缆的型号、规格,2 根电缆并联连接,SC100 表示电缆穿 DN100 的焊接钢管,WS3.5 表示沿墙面明敷,高度距地 3.5 m。

BLV(3×4) SC15-WC,表示 3 根截面分别为 4 mm^2 的铝芯聚氯乙烯绝缘电线,穿入直径为 15 mm 的焊接钢管沿墙暗敷设。

常用导线型号、敷设方式和敷设部位代号,见表 12-2 导线型号的标注、表 12-3 线路敷设方式的标注，表12-4线路敷设部位的标注[摘自09DX001《建筑电气工程设计常用图形和文字符号》(09D×001)]。

表12-2　导线型号

名　称	符号	名　称	符号
铝芯塑料护套线	BLVV	铜芯塑料绝缘线	BV
铜芯塑料护套线	BVV	铝芯橡皮绝缘电缆	XLV
铝芯聚氯乙烯线	BLV		

表12-3　线路敷设方式的标注

名　称	符号	名　称	符号
穿低压流体输送用焊接钢管敷设	SC	钢索敷设	M
穿电线管敷设	MT	穿塑料波纹电线管敷设	KPC
穿硬塑料导管敷设	PC	穿可挠金属电线保护套管敷设	CP
穿阻燃半硬塑料导管敷设	FPC	直埋敷设	DB
电缆桥架敷设	CT	电缆沟敷设	TC
金属线槽敷设	MR	混凝土排管敷设	CE
塑料线槽敷设	PR		

表12-4　导线敷设部位的标注

名　称	符号	名　称	符号
沿或跨梁(屋架)敷设	AB	暗敷设在柱内	CLC
暗敷在梁内	BC	沿墙面敷设	WS
沿或跨柱敷设	AC	暗敷设在墙内	WC
沿天棚或顶板面敷设	CE	吊顶内敷设	SCE
暗敷设在屋面或顶板内	CC	地板或地面下敷设	FC

4. 照明灯具的标注方法

照明灯具的文字标注方式为

$$a-b\,\frac{c\times d\times l}{e}f$$

当灯具安装方式为吸顶安装时，则标注应为

$$a-b\,\frac{c\times d\times l}{-}$$

式中：a——灯具的数量；

b——灯具的型号或编号(无则省略)；

c——每盏照明灯具的灯泡数；

d——灯泡安装容量，W；

e——灯泡安装高度，m，“—”表示吸顶安装；

f——灯具安装方式，见表 12－5；

l——光源的种类（常省略不标）。

灯具的安装方式主要有吸顶安装、嵌入式安装、吸壁安装及吊装等，其中吊装又分线吊、链吊及管吊。灯具安装方式的标注文字符号见表 12－5。常见光源的种类有白炽灯（IN）、荧光灯（FL）、汞灯（Hg）、钠灯（Na）等。

表 12－5　灯具安装方式的标注

名　称	标注文	名　称	标注文
线吊式	SW	顶棚内安装	CR
链吊式	CS	墙壁内安装	WR
管吊式	DS	支架上安装	S
壁装式	W	柱上安装	CL
吸顶式	C	座装	HM
嵌入式	R		

如标注为：$5-YG_2-2\,\dfrac{2\times40\times FL}{2.5}CS$，则表示有 5 盏型号 YG_2-2 型的荧光灯，每盏灯有 2 个 40 W 灯管，安装高度为 2.5 m，灯具链吊安装。照明灯具在图中也可不标注，而是在材料表中说明。

12.2　室内电气照明施工图

室内电气照明施工图是建筑电气图中最基本的图样之一，一般包括系统图、平面图、配电箱安装接线图等。

12.2.1　室内电气照明工程的组成

为了说明室内照明供电系统的组成，现以某住宅为例，具体说明如下：电源进户后首先进入总开关，再经过配电箱内的分熔丝盒进入电表，电表与户内各干线路上的闸刀开关和熔断器相通，有的还设分配电箱及分支线路，最后线路通至各电气照明设备，构成室内照明供电系统，如图 12－5 所示。

1）电源进户线：室外电网到房屋内总配电箱的一段供电总电缆线。

2）配电箱：接受和分配电能的装置，内部装有接通和切断电路的断路器或漏电开关，作为防止短路故障保护设备的熔断器以及记录耗电量的电表等。

3）干线：从总配电箱引至分配电箱的一段供电线路。

4）支线：从用户电表箱连接至室内电气照明设备的一段供电线路。

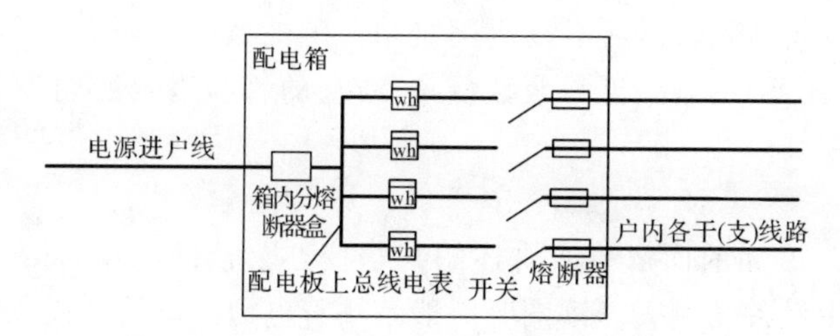

图 12-5　配电系统组成示意图

12.2.2　室内电气照明施工图的有关规定

1. 比例

室内照明平面图一般与房屋建筑平面图采用相同的比例。土建部分应完全按比例绘制，电气部分用图形符号绘制，可不完全按比例绘制。

2. 房屋平面图的画法

用细线画出房屋的墙身、柱、门窗洞、楼梯、台阶等主要构配件，房屋的细部和门窗代号等均可省略，但要画全轴线，标注轴线间尺寸。

3. 电气部分的画法

供电线路须用中或粗的单线绘制，不必考虑其可见性，一律画为实线。配电箱和各种器具按图例绘制。

4. 标注

供电线路要标注必要的文字符号，用以说明线路的用途、导线型号、规格、根数、线路敷设方式及敷设部位等。配电箱、灯具等也要按规定标注或列表说明。但供电线路、灯具和插座等的定位尺寸一般不标。线路的长度在安装时以实测尺寸为依据，在图中不标注其长度。开关和插座的高度一般也不标注，施工时按照施工及验收规范进行安装，比如，一般开关的高度为距地 1.3 m，距门框 0.15～0.20 m。

12.2.3　电气照明施工图的识读

识读电气照明施工图的基本方法是配电平面图与配电系统图配合读图。配电平面图主要表示电力照明设备(如灯具、插座、风扇等)和线路在房屋内的平面布置情况。配电系统图主要表示整个供电系统的主貌，二者是相辅相成的。一般是先看配电系统图，再看电气照明平面图，最后看安装和接线详图。

1. 配电平面图的识读

识读配电平面图时要掌握的主要内容如下：

1)电源进户线的引入位置、规格、敷设方式等。

2)配电箱的位置和型号，配电箱一般布置在楼梯间或走廊内。

3)供电线路中各条干线、支线的位置和走向，敷设方式和部位，以及导线的规格等。

4)照明灯具、控制开关、电源插座等的数量、种类、安装位置和相互连接关系。

2. 配电系统图的识读

配电系统图是表示建筑物内照明供电线路的全貌和连接关系的示意图，并不表示电气设施的具体安装位置，不是投影图，可不按比例绘制。配电系统图要表示出各层配电装置的组成、导线和器材（如熔断器）的规格型号及数量，穿线管的管径以及照明设备的容量值等，如图12－6所示。

3. 识读举例

图12－7～图12－9为前面章节所讲述的某学校办公楼的底层、标准层和顶层电气平面图，表12－6为其所用设备图例表。读图时一般是顺着电力流动的方向依次阅读，电力流动的方向为：电源进户线→配电箱→干线→支线→用电设备（如灯具、插座、开关等）。

表12－6　设备图例表

序号	图例	名称	型号规格	安装方式	备注
1		双管荧光灯	2×36 W（节能灯）	链吊梁下 0.2 m	自带电子镇流器
2		单管荧光灯	1×36 W（节能灯）	链吊梁下 0.2 m	自带电子镇流器
3		防水防潮节能灯	22 W	吸顶安装	
4	K	单相三孔空调插座	250 V，10 A	距地 1.8 m 暗装	
5	C	节能吸顶灯	22 W	吸顶安装	
6	MEB	总等电位联结箱 MEB		距地 0.3 m 暗装	
7		自带电源事故照明灯	22 W	2.5 m 壁装	自带蓄电池、开关及加装防水保护罩，供电时间≥30 min
8	E	LED，安全出口标志灯	1×13 W 加装防火罩	门上 0.2 m 暗装	
9		疏散指示灯	1×13 W 加装防火罩	0.5 m 暗装	
10	2 3	单（双、三）联单控开关	250 V，10 A	距地 1.3 m 暗装	
11	EN EN 2	单（双）联防溅单控开关	250 V，10 A	距地 1.3 m 暗装	
12	P	排气扇插座	250 V，10 A	距地 2.3 m 暗装	
13		安全型五孔插座	250 V，10 A	距地 0.3 m 暗装	
14		安全型三孔防溅插座	250 V，10 A	距地 1.8 m 暗装	
15		配电箱	详系统图	距地 1.5 m 暗装	
16		卫生间通风器	详设施图		
17	— — —	应急照明支线			
18	——	照明线			

本工程图附加电气设计说明如下：

1）本工程采用YJV22电缆穿管埋地进户，埋设深度为室外－800 mm，电压为380 V/220 V。

2）设漏电开关的配电箱，分支回路动作电流整定值为30 mA，主回路动作电流整定值为100 mA。

3）室内导线穿钢管沿楼板、梁及墙暗敷。

4）所有进出建筑物的电气管道均作防水处理，做法参见JD5－113。

5）所有电气管线密集处应避开结构承重梁或柱处理。

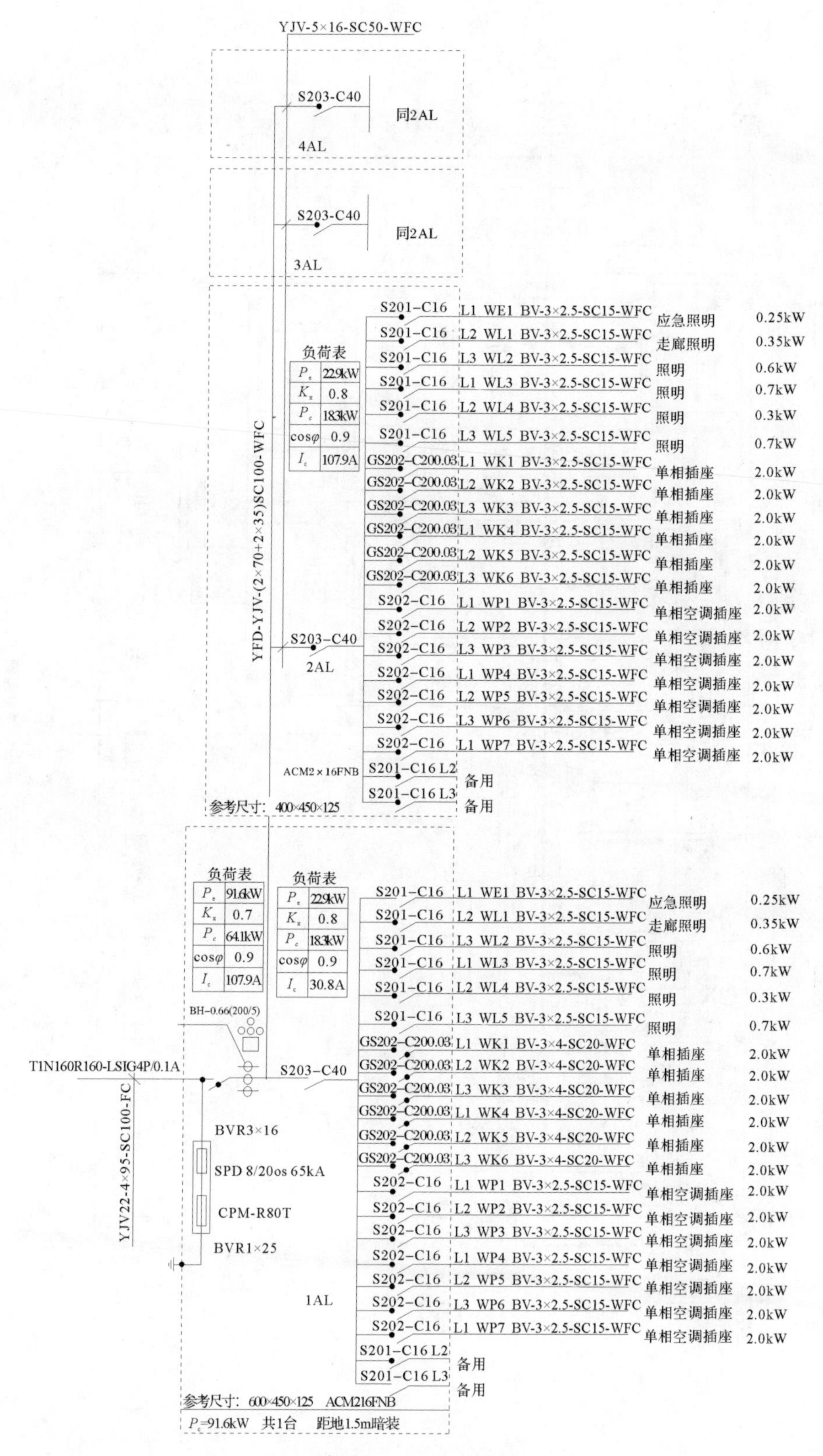
YJV-5×16-SC50-WFC
S203-C40
同2AL
4AL
S203-C40
同2AL
3AL
负荷表
P_e 22.9kW
K_x 0.8
P_c 18.3kW
cosφ 0.9
I_c 107.9A
YFD-YJV-(2×70+2×35)SC100-WFC
S203-C40
2AL
S201-C16 L1 WE1 BV-3×2.5-SC15-WFC 应急照明 0.25kW
S201-C16 L2 WL1 BV-3×2.5-SC15-WFC 走廊照明 0.35kW
S201-C16 L3 WL2 BV-3×2.5-SC15-WFC 照明 0.6kW
S201-C16 L1 WL3 BV-3×2.5-SC15-WFC 照明 0.7kW
S201-C16 L2 WL4 BV-3×2.5-SC15-WFC 照明 0.3kW
S201-C16 L3 WL5 BV-3×2.5-SC15-WFC 照明 0.7kW
GS202-C200.03 L1 WK1 BV-3×2.5-SC15-WFC 单相插座 2.0kW
GS202-C200.03 L2 WK2 BV-3×2.5-SC15-WFC 单相插座 2.0kW
GS202-C200.03 L3 WK3 BV-3×2.5-SC15-WFC 单相插座 2.0kW
GS202-C200.03 L1 WK4 BV-3×2.5-SC15-WFC 单相插座 2.0kW
GS202-C200.03 L2 WK5 BV-3×2.5-SC15-WFC 单相插座 2.0kW
GS202-C200.03 L3 WK6 BV-3×2.5-SC15-WFC 单相插座 2.0kW
S202-C16 L1 WP1 BV-3×2.5-SC15-WFC 单相空调插座 2.0kW
S202-C16 L2 WP2 BV-3×2.5-SC15-WFC 单相空调插座 2.0kW
S202-C16 L3 WP3 BV-3×2.5-SC15-WFC 单相空调插座 2.0kW
S202-C16 L1 WP4 BV-3×2.5-SC15-WFC 单相空调插座 2.0kW
S202-C16 L2 WP5 BV-3×2.5-SC15-WFC 单相空调插座 2.0kW
S202-C16 L3 WP6 BV-3×2.5-SC15-WFC 单相空调插座 2.0kW
S202-C16 L1 WP7 BV-3×2.5-SC15-WFC 单相空调插座 2.0kW
ACM2×16FNB
S201-C16 L2 备用
S201-C16 L3 备用
参考尺寸：400×450×125
负荷表
P_e 91.6kW
K_x 0.7
P_c 64.1kW
cosφ 0.9
I_c 107.9A
负荷表
P_e 22.9kW
K_x 0.8
P_c 18.3kW
cosφ 0.9
I_c 30.8A
BH-0.66(200/5)
T1N160R160-LSIG4P/0.1A
S203-C40
YJV22-4×95-SC100-FC
BVR3×16
SPD 8/20os 65kA
CPM-R80T
BVR1×25
1AL
S201-C16 L1 WE1 BV-3×2.5-SC15-WFC 应急照明 0.25kW
S201-C16 L2 WL1 BV-3×2.5-SC15-WFC 走廊照明 0.35kW
S201-C16 L3 WL2 BV-3×2.5-SC15-WFC 照明 0.6kW
S201-C16 L1 WL3 BV-3×2.5-SC15-WFC 照明 0.7kW
S201-C16 L2 WL4 BV-3×2.5-SC15-WFC 照明 0.3kW
S201-C16 L3 WL5 BV-3×2.5-SC15-WFC 照明 0.7kW
GS202-C200.03 L1 WK1 BV-3×4-SC20-WFC 单相插座 2.0kW
GS202-C200.03 L2 WK2 BV-3×4-SC20-WFC 单相插座 2.0kW
GS202-C200.03 L3 WK3 BV-3×4-SC20-WFC 单相插座 2.0kW
GS202-C200.03 L1 WK4 BV-3×4-SC20-WFC 单相插座 2.0kW
GS202-C200.03 L2 WK5 BV-3×4-SC20-WFC 单相插座 2.0kW
GS202-C200.03 L3 WK6 BV-3×4-SC20-WFC 单相插座 2.0kW
S202-C16 L1 WP1 BV-3×2.5-SC15-WFC 单相空调插座 2.0kW
S202-C16 L2 WP2 BV-3×2.5-SC15-WFC 单相空调插座 2.0kW
S202-C16 L3 WP3 BV-3×2.5-SC15-WFC 单相空调插座 2.0kW
S202-C16 L1 WP4 BV-3×2.5-SC15-WFC 单相空调插座 2.0kW
S202-C16 L2 WP5 BV-3×2.5-SC15-WFC 单相空调插座 2.0kW
S202-C16 L3 WP6 BV-3×2.5-SC15-WFC 单相空调插座 2.0kW
S202-C16 L1 WP7 BV-3×2.5-SC15-WFC 单相空调插座 2.0kW
S201-C16 L2 备用
S201-C16 L3 备用
参考尺寸：600×450×125 ACM216FNB
P_c=91.6kW 共1台 距地1.5m暗装

图 12-6　配电系统图

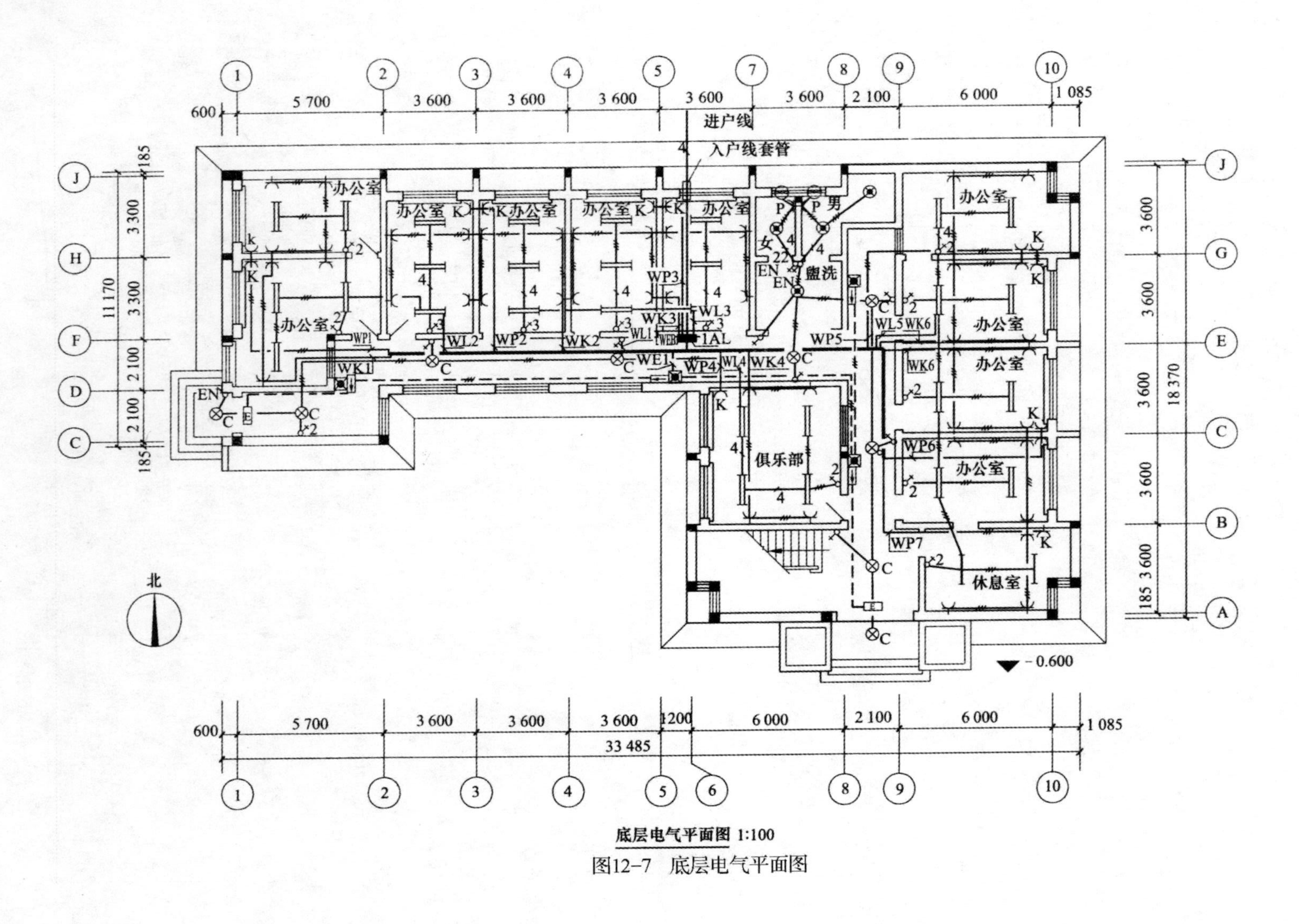

底层电气平面图 1:100

图12-7　底层电气平面图

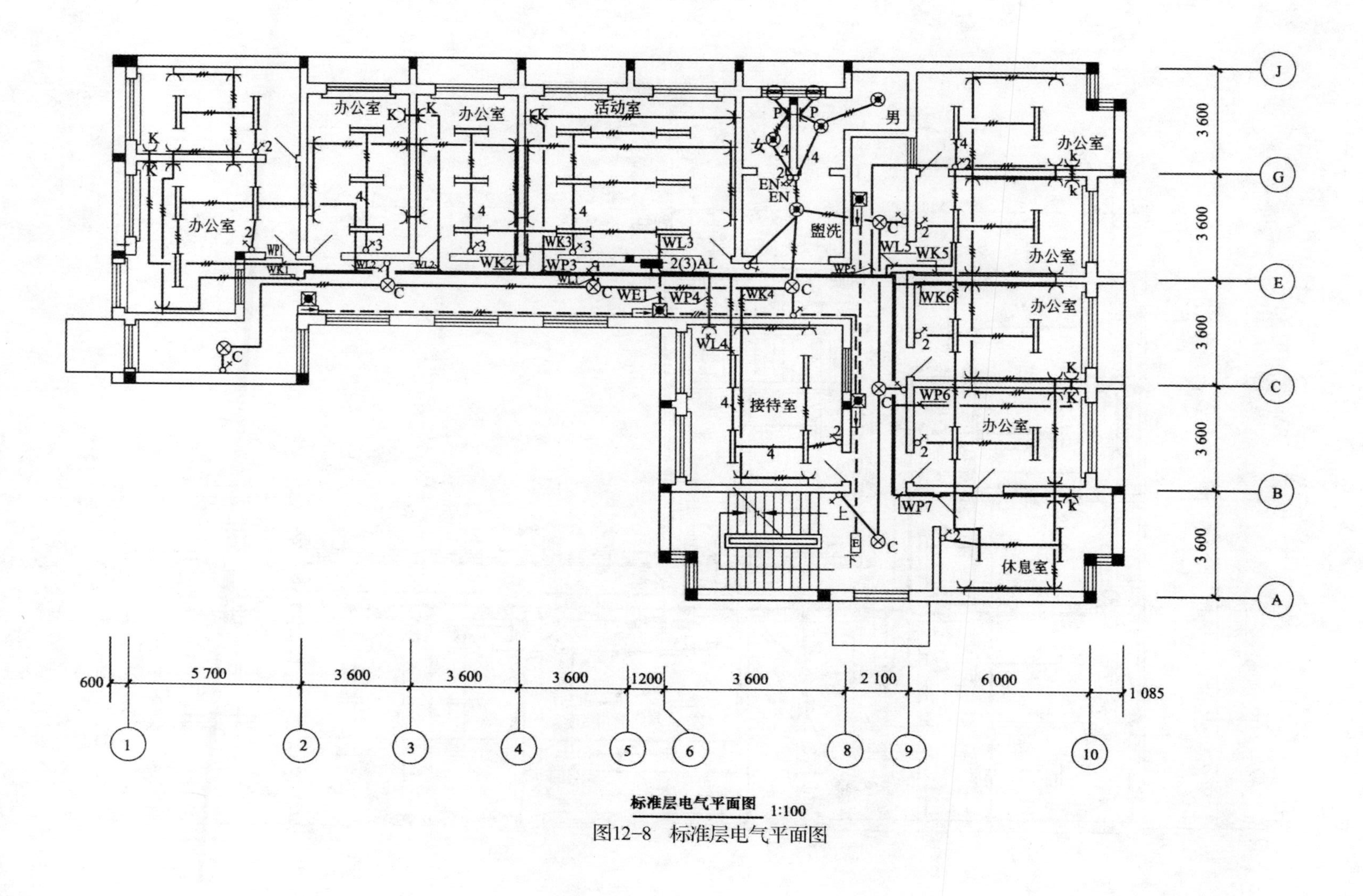

图12-8　标准层电气平面图

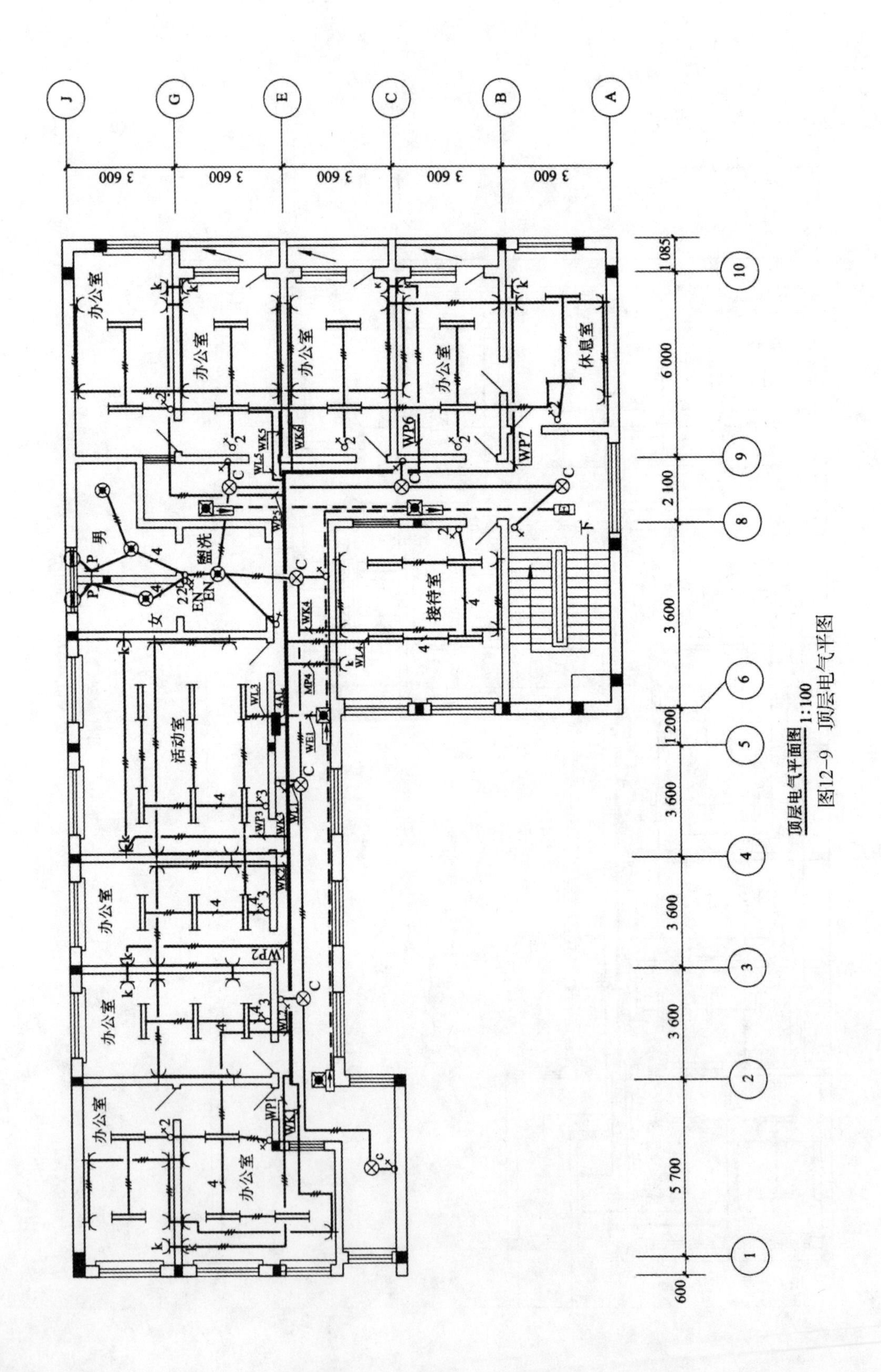

J
G
E
C
B
A
3 600
1
2
3
4
5
6
8
9
10
600
5 700
1 200
2 100
6 000
1 085
办公室
活动室
接待室
休息室
盥洗
男
女
WK1
WK2
WK3
WK4
WK5
WK6
WL1
WL2
WL3
WL4
WL5
WP1
WP2
WP3
WP4
WP5
WP6
WP7
WE1
4AL
下
顶层电气平面图
1:100

图12-9　顶层电气平图

从图 12 - 6 配电系统图可知，该照明工程采用三相四线制供电，电源进户线采用 YJV22 - 4×95 - SC100 - FC，表示 4 根铜芯塑料绝缘线，每根截面为 95 mm^2，穿在一根直径为 100 mm 的焊接钢管内，埋地暗敷设，通至配电箱，内有漏电开关，型号为 TIN160R160 - LSIG4P/0.1A，通过预支分支电缆分别向二、三、四层供电，主干电缆为 YFD - YJV -(3×70＋2×35)SC100 - WFC。分支电缆为 YJV - 5×16 - SC50 - WFC。在漏电开关后安装电表，其型号为 BH - 0.66(200/5)。底层为总配电箱，二、三、四层为分配电箱，由于各层分配电箱内的装置与接线完全相同，故系统图中对一、二层配电箱做了详细标注，三、四层均标注同二层(2AL)。每层的供电干线上都装有断路器开关，其型号为 S203 - C40。由分配电箱引出 19 条支路，其配电对象分别为：WE1 为应急照明支路，WL1～WL5 支路向照明灯供电，线路 BV - 3×2.5 - SC15 - WFC，表示 3 根铜芯塑料绝缘线，每根截面为 2.5 mm^2，穿直径为 15 mm^2 的钢管沿墙及顶棚暗敷。WK1～WK6 支路向单相五孔插座供电，线路为 BV - 3×4 - SC20 - WFC。WP1～WP7 支路向室内空调用三孔插座供电，线路为 BV - 3×2.5 - SC15 - WFC。预留 2 支路备用。

通过系统图可以大概了解该照明系统的组成和连接关系，但对于设备的布置，线路走向及各支路的连接情况必须通过平面图了解。看平面图时，可以按电流入户的方向顺序阅读，即配电箱→支路→支路上的用电设备。由于楼内各房间的用途基本相同，所以各房间的灯具形式、插座基本相同，只不过因房间大小不同，布置的数量不一样。以底层平面图为例，每个房间内布置有荧光灯、单相五孔插座、空调插座。荧光灯采用吊链安装，安装高度为 3.0 m，灯管功率 (2×36)W；单相五孔插座，暗装，安装高度 0.3 m；空调用插座采用单相三孔空调插座，暗装，安装高度 1.8 m。如轴线④、轴线⑦间的房间内有 6 盏双管荧光灯，用门侧的暗装三极开关控制，接在 WL3 支路上；暗装单相五孔插座 8 个，接在 WK3 支路上；暗装单相三孔空调插座 2 个，接在 WP3 支路上。楼梯间对面的房间内有 2 盏单管荧光灯，用门旁的暗装双极开关控制，接在 WL5 支路上；暗装单相五孔插座 3 个，接在 WK6 支路上；暗装单相三孔空调插座 1 个，接在 WP7 支路上。走廊内布置 7 盏天棚灯，吸顶暗装，每盏灯由一个暗装单极开关控制，2 个出入口处各有 1 盏天棚灯，都接在 WL1 支路上。盥洗间内较潮湿，装有 4 盏防水防尘灯，用 22 W 节能灯管吸顶安装，各自用开关控制，接在 WL1 支路上。盥洗间内还装有 2 个排气扇插座，分别控制男、女厕所内两个窗户上的卫生间通风器，接在 WL1 支路上。由于一、二、三、四层的房间用途基本相同，大小也基本相同，因此用电设备的布置基本一样。

各支路的连接情况如下：WE1 支路向疏散指示灯供电，WL1 支路向一层走廊、盥洗室和出入口处的照明灯供电；WL2 支路向轴线③西侧的室内照明灯供电；WL3 支路向轴线③～轴线⑦间所有房间的室内照明灯供电；WL4 支路向楼梯间北面相邻的房间(俱乐部或者接待室)内的照明灯供电；WL5 支路向轴线⑨～轴线⑩间所有房间内的照明灯供电；WK1 支路向轴线①～轴线②间房间内的单相五孔插座供电；WK2 支路向轴线②～轴线④间房间内的单相五孔插座供电；WK3 向轴线④～轴线⑦间房间内的单相五孔插座供电……WP1 支路向 *OH* 轴上的 2 个单相三孔空调插座供电；WP2 支路向轴③的 2 个三孔空调插座供电；WP3 支路向轴线⑤的 2 个单相三孔空调插座供电……各支路的相序的划分，系统图上表示得很清楚，即 WE1、WL3、WK1、WK4、WP1、WP4、WP7 接 A 相，WL1、WL4、WK2、WK5、WP2、WP5 接 B 相，WL2、WL5、WK3、WK6、WP3、WP6 接 C 相。

房间内线路、灯具斗插座比较多，为了表示得更清楚，从标准层电气平面图中取出轴线④、轴线⑨间的部分，采用放大的比例绘制，如图 12 - 10 所示。

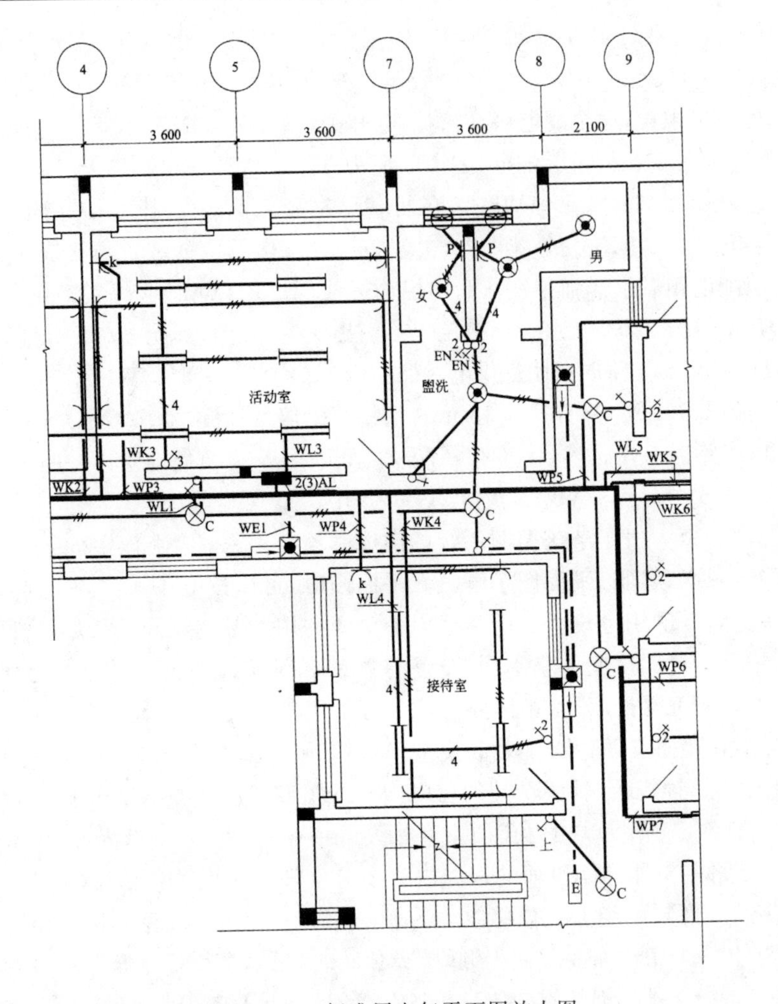

图 12－10　标准层电气平面图放大图

12.2.4　防雷平面图的识读

雷电是一种常见的自然现象，它能产生强烈的闪光、霹雳，有时落到地面上，击毁房屋、杀伤人畜，给人类带来极大危害，特别是随着我国建筑行业的迅猛发展，高层建筑日益增多。防止雷电的危害，保证建筑物及设备、人身的安全，就显得更为重要了。

图 12－11 所示为某学校办公楼的屋顶防雷平面图。读图分析如下：

(1)本工程防雷等级为三类。建筑的防雷装置满足防直击雷、防雷电感应及雷电波的侵入、设置总等电位联结。

(2)接闪器：在屋顶采用 ϕ10 镀锌圆钢制作避雷带，屋顶避雷带连接线网格不大于 20 m×20 m 或 24 m×16 m。

(3) 本工程共 7 处采用柱内钢筋(＞2×ϕ6)通长焊接上下贯通，作避雷引下线，暗设。距地 0.5 m 预留测量点，作法见 JD10－108(建筑电气安装工程图集)。

(4) 防雷接地采用联合接地装置，要求接地电阻不大于 1 Ω，施工后实测达不到要求时，可增设接地极。

由图 12－11 可知，该办公楼避雷带采用 ϕ10 镀钵圆钢沿屋面四周女儿墙敷设(明设)，支持卡间距为 1 m，转弯处为 250 mm。在四周墙上共敷设 7 根引下线，与埋于地下的接地体连接。为了满足屋顶避雷带连接线网格不大于 20 m×20 m 或 24 m×16 m，在屋顶上采用 $\phi 12$ 镀锌圆钢暗设两根跨接线。

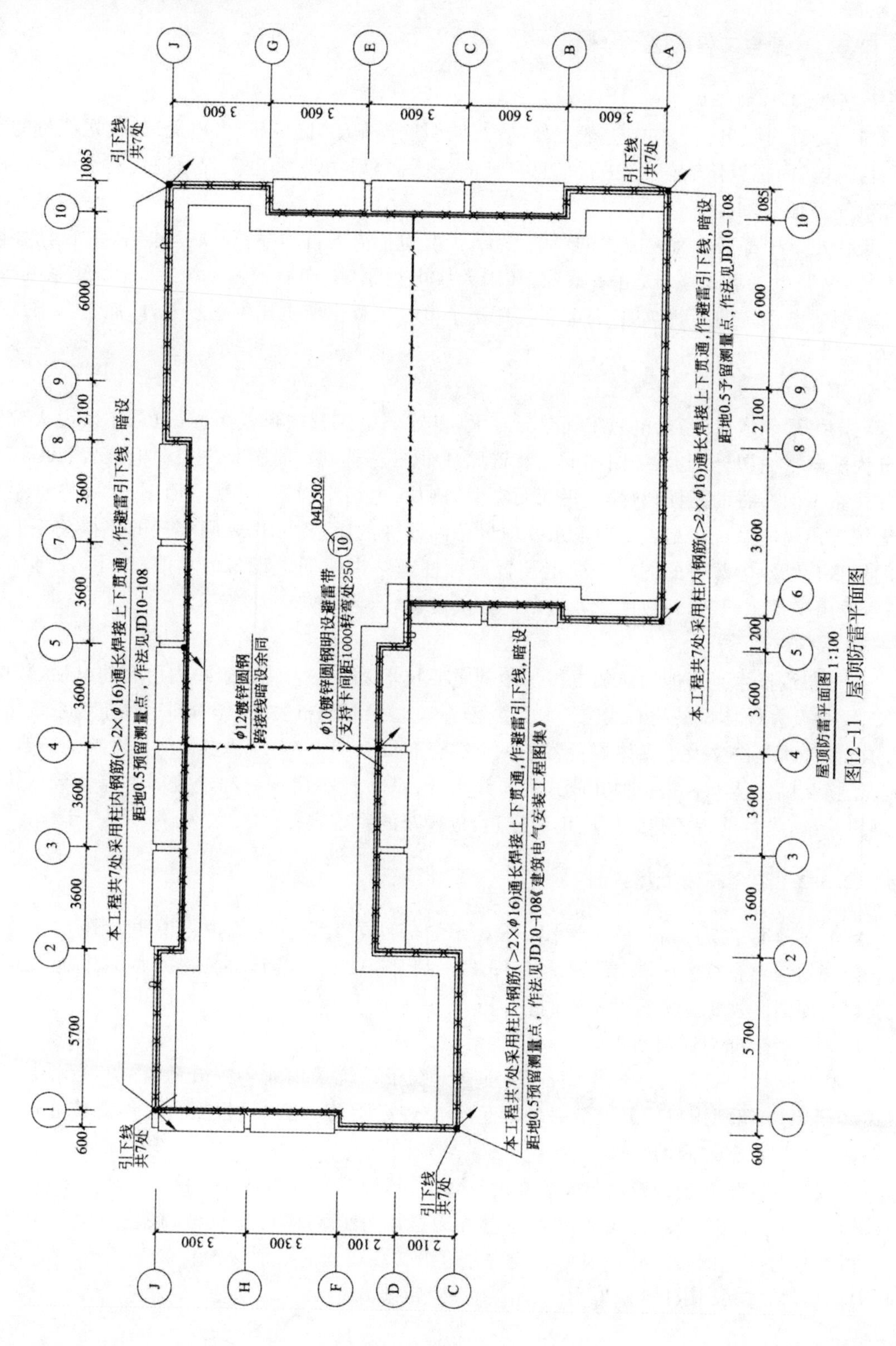

图12-11　屋顶防雷平面图

12.3 弱电工程图

12.3.1 弱电工程概述

1. 弱电工程的组成

弱电是针对强电而言的。一般把像动力、照明这样基于“高电压、大电流”的输送能量的电力称为强电；而把以传输信号，进行信息交换的“电”称为弱电。弱电工程是现代建筑中不可缺少的电气工程。

现代建筑中都安装有较完善的弱电系统，主要包括火灾自动报警及联动控制系统、防盗防范系统、闭路电视监视系统、电话系统、共用天线电视系统、广播音响系统、综合布线系统等。随着新型弱电系统的不断增加，弱电工程在整个电气工程中所占比例逐步攀升，而且要求越来越高。

2. 弱电工程图的种类

弱电工程领域广，各弱电系统间差异较大，以致弱电工程图形式多样，但总体来说大致可以分为弱电平面图、弱电系统图和弱电装置原理框图。弱电平面图是决定弱电装置、设备、元件和线路平面布置的图样，与强电平面图类似，例如：电话平面图、电视平面图、火灾自动报警平面图等。弱电系统图是表示弱电系统中设备和元件的组成，元件之间相互的连接关系及它们的规格、型号、参数等的图样。弱电装置原理框图是说明弱电设备的功能、作用、原理的图纸，主要用于系统调试，一般由专业设备厂家负责。

3. 综合布线系统

综合布线技术是智能建筑弱电技术中的重要技术之一。它将建筑物内所有的电话、数据、图文、图像及多媒体设备的布线综合(或组合)在一套标准的布线系统上，即这种布线系统将所有的电话、数据、图文及多媒体设备置于一个综合布线系统中，实现了多种信息系统的兼容、共用和互换互调性能。它是一种开放式的布线系统，是一种在建筑物和建筑群中综合数据传输的网络系统，是目前智能建筑中应用最成熟、最普及的系统之一。

12.3.2 综合布线工程实例

本节对前面章节所讲述的某学校办公楼综合布线方案设计实例进行说明。图 12－12 为该办公楼的综合布线系统图，图 12－13、图 12－14、图 12－15 为该办公楼的底层、标准层和顶层弱电平面图。表 12－7 为设备图例表。

该办公楼数据与通信系统如下：

1)由市政引光纤进宽带网络设备箱，垂直干线子系统采用大多数语音电缆和光纤共用的形式，由配线架箱到用户信息点全部采用五类双绞线配线。用户可根据自己的需要通过实现末端在语音和数据之间的转换。

2)数据与通信系统的敷设与安装参见 02X101－3《综合布线系统工程设计施工图集》。

3)本系统金属桥架、配线架及各种设备的金属外壳均应可靠接地，接地电阻不应大于 1 Ω。进线信号线缆的金属外皮应可靠接适并适当加装适配的浪涌保护装置。

4)出线插座采用 RJ45 超五类型，暗装，底边距地 0.3 m。

表 12－7　弱电图例表

序号	图例	名称	型号规格	安装方式	备注
1	TP	电话插孔		距地 0.3 m 暗装	
2	TO	网络插孔		距地 0.3 m 暗装	
3	IDF	跳线架		距地 2.2 m 暗装	
4	MDF	综合布线配线架		距地 2.2 m 暗装	
5		金属线槽		梁下吊装	规格详见平面图及系统图

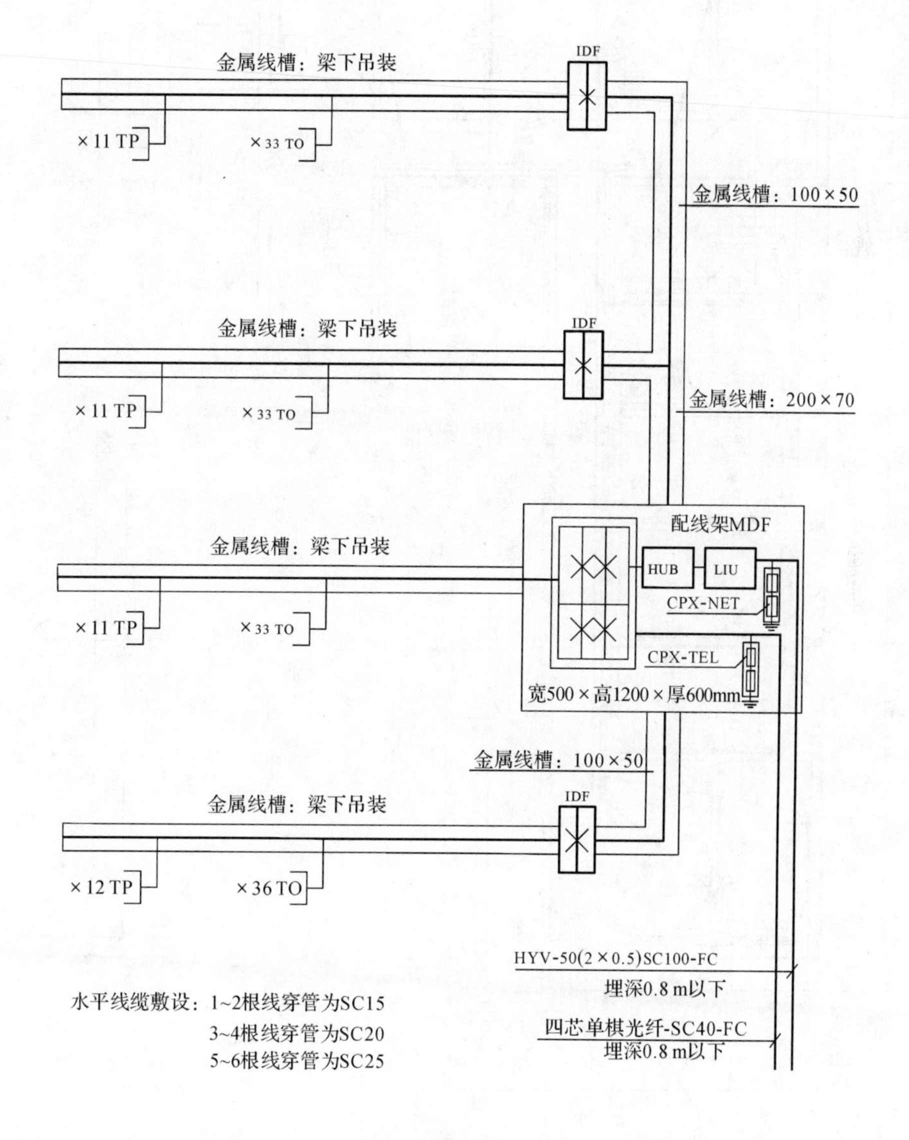

图 12－12　综合布线系统图

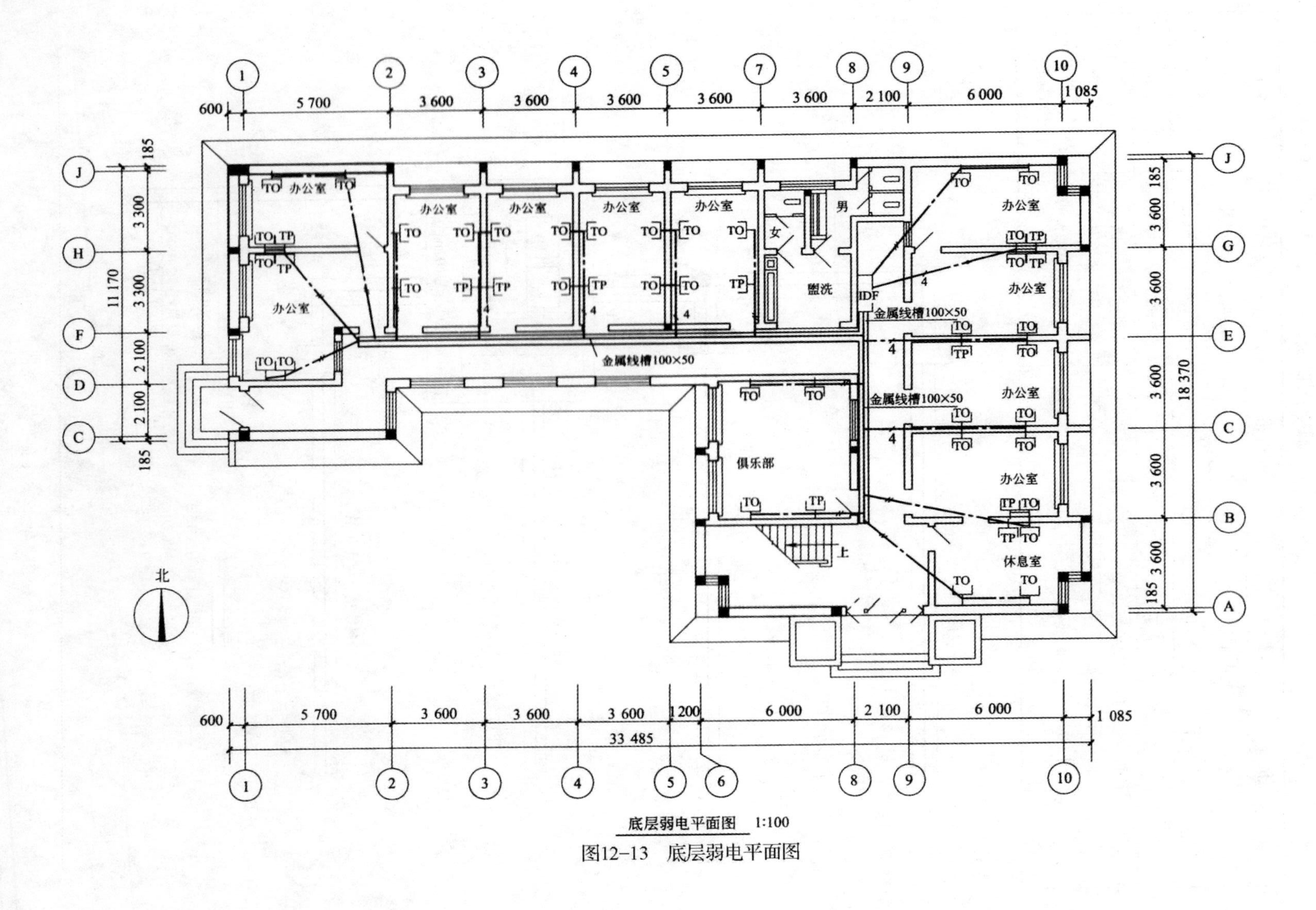

底层弱电平面图 1:100

图12-13 底层弱电平面图

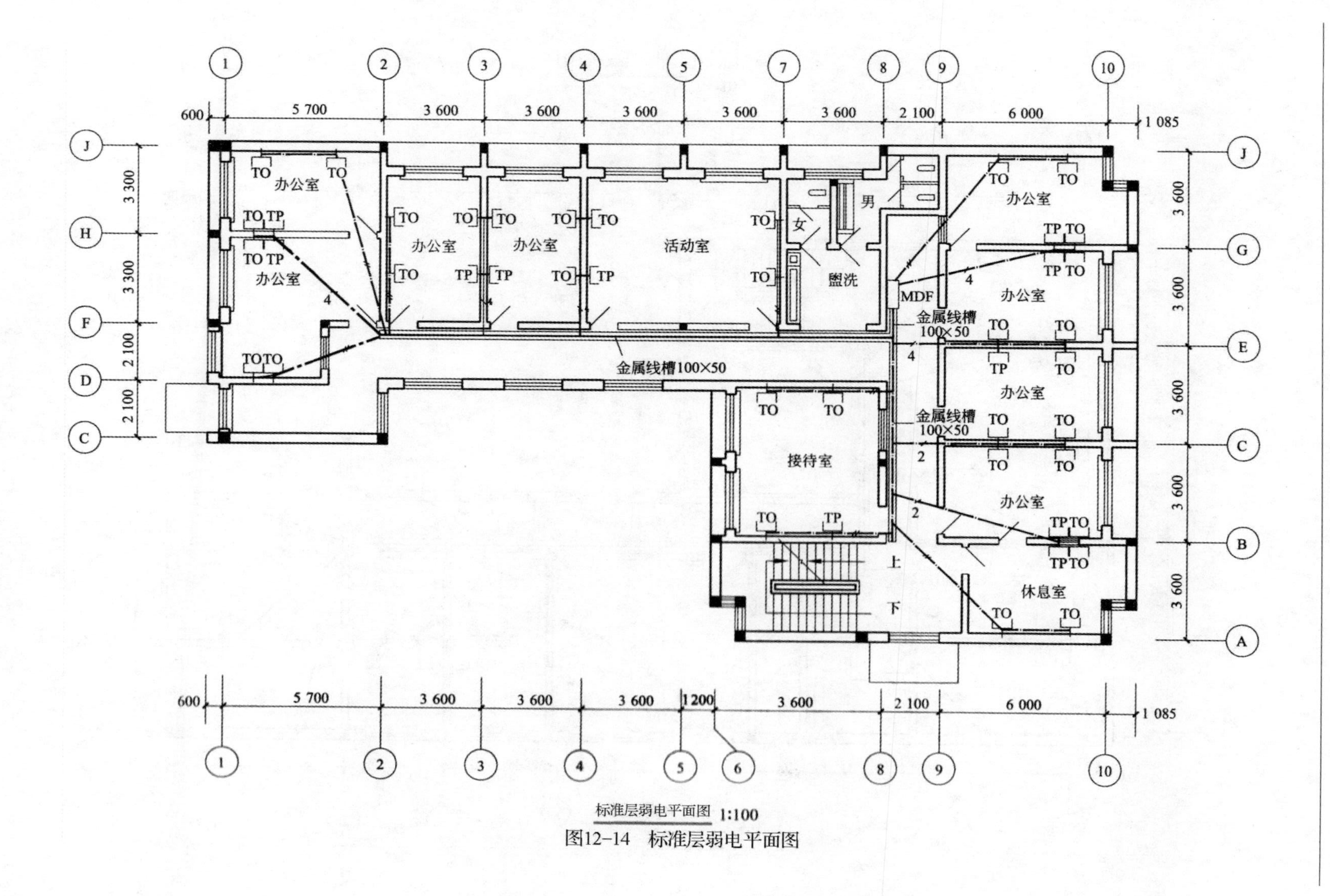

图12-14　标准层弱电平面图

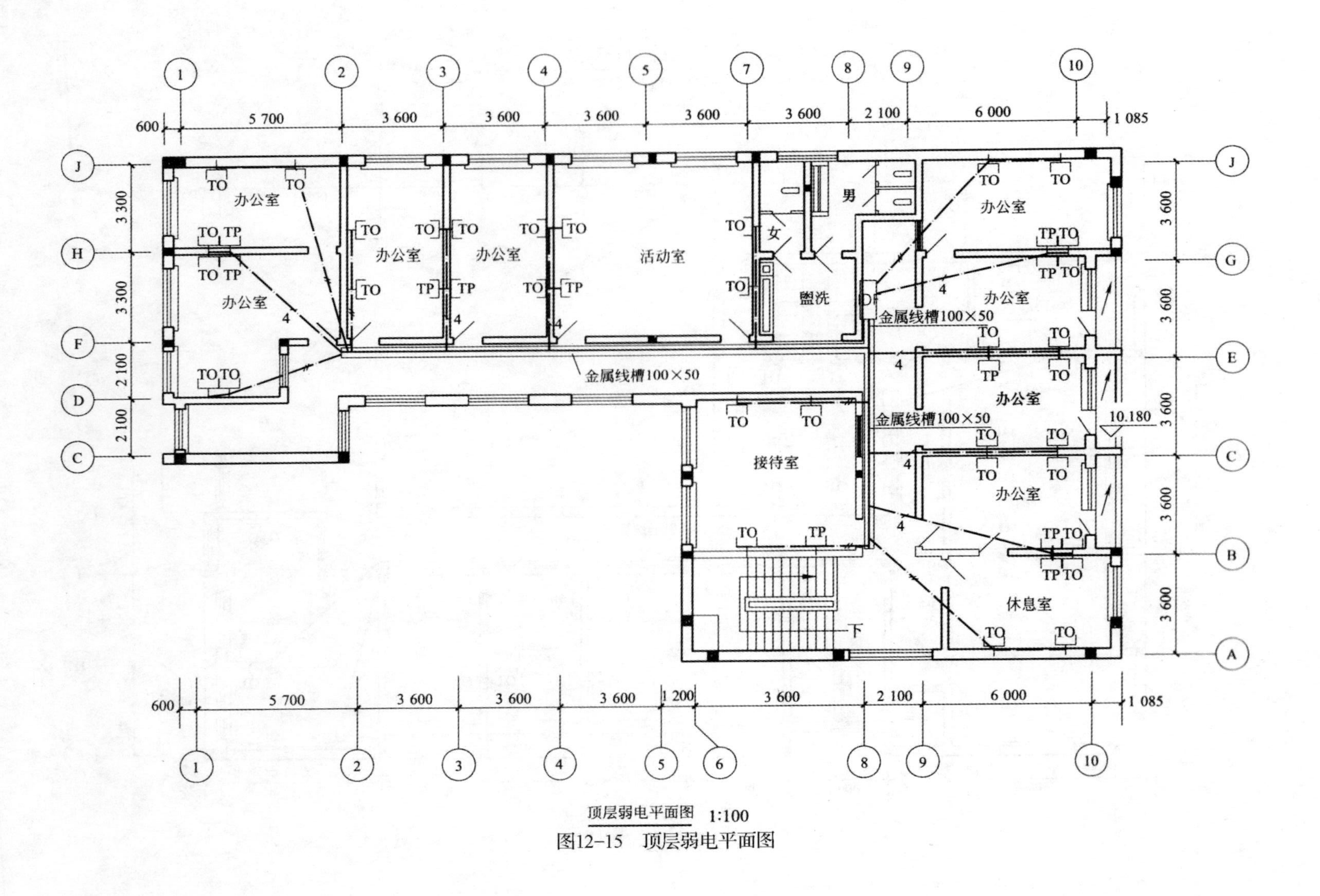

顶层弱电平面图 1:100

图12-15 顶层弱电平面图

参 考 文 献

[1] 白丽红,闫小春.建筑工程制图与识图 [M].3 版.北京:北京大学出版社,2019.
[2] 牟明,芦金凤,马扬扬.工程制图与 CAD [M].北京:清华大学出版社,2018.
[3] 雷光明,杨谆.土木工程制图[M].北京:科学出版社,2015.
[4] 莫证波,高丽燕.土建工程制图[M].北京:中国电力出版社,2016.
[5] 王毅.建筑工程制图与识图[M].北京:清华大学出版社,2020.
[6] 张黎,鲍安红 ,邹祖银.土建工程制图[M].北京:北京大学出版社,2015.
[7] 苏梦香.工程制图[M].西安:西安电子科技大学出版社,2018.
[8] 刘志麟.建筑制图[M].北京:机械工业出版社,2015.
[9] 唐人卫.画法几何及土木工程制图 [M].4 版.南京:东南大学出版社,2018.
[10] 白静.土木工程图学[M].上海:同济大学出版社,2015.
[11] 黄絮.土木工程制图[M].北京:中国建筑工业出版社,2016.
[12] 曹雪梅.建筑制图与识图[M].2 版.北京:北京大学出版社,2020.
[13] 施建俊.土木工程制图与 CAD 基础[M].北京:机械工业出版社,2016.
[14] 周佳新,王志勇,土木工程制图[M].北京:化学工业出版社,2015.
[15] 孟莉,姚远,李志勋,等.建筑工程制图与识图[M].北京:清华大学出版社,2018.
[16] 游普元.建筑制图 [M].重庆:重庆大学出版社,2019.
[17] 张岩.建筑工程制图 [M].3 版.北京:中国建筑工业出版社,2013.